中 国 国 家 标 准 汇 编

637

GB 31327～31635

（2014 年制定）

中国标准出版社　编

中国标准出版社

北　京

图书在版编目(CIP)数据

中国国家标准汇编:2014 年制定.637:
GB 31327～31635/中国标准出版社编.—北京:
中国标准出版社,2015.11
ISBN 978-7-5066-8006-6

Ⅰ.①中… Ⅱ.①中… Ⅲ.①国家标准-
汇编-中国-2014 Ⅳ.①T-652.1

中国版本图书馆 CIP 数据核字(2015)第 184078 号

中国标准出版社出版发行
北京市朝阳区和平里西街甲 2 号(100029)
北京市西城区三里河北街 16 号(100045)

网址 www.spc.net.cn
总编室:(010)68533533 发行中心:(010)51780238
读者服务部:(010)68523946

中国标准出版社秦皇岛印刷厂印刷
各地新华书店经销

*

开本 880×1230 1/16 印张 28.25 字数 869 千字
2015 年 11 月第一版 2015 年 11 月第一次印刷

*

定价 220.00 元

如有印装差错 由本社发行中心调换

出 版 说 明

1.《中国国家标准汇编》是一部大型综合性国家标准全集。自1983年起，按国家标准顺序号以精装本、平装本两种装帧形式陆续分册汇编出版。它在一定程度上反映了我国建国以来标准化事业发展的基本情况和主要成就，是各级标准化管理机构，工矿企事业单位，农林牧副渔系统，科研、设计、教学等部门必不可少的工具书。

2.《中国国家标准汇编》收入我国每年正式发布的全部国家标准，分为“制定”卷和“修订”卷两种编辑版本。

“制定”卷收入上一年度我国发布的、新制定的国家标准，顺延前年度标准编号分成若干分册，封面和书脊上注明“20××年制定”字样及分册号，分册号一直连续。各分册中的标准是按照标准编号顺序连续排列的，如有标准顺序号缺号的，除特殊情况注明外，暂为空号。

“修订”卷收入上一年度我国发布的、被修订的国家标准，视篇幅分设若干分册，但与“制定”卷分册号无关联，仅在封面和书脊上注明“20××年修订-1,-2,-3,……”字样。“修订”卷各分册中的标准，仍按标准编号顺序排列(但不连续)；如有遗漏的，均在当年最后一分册中补齐。需提请读者注意的是，个别非顺延前年度标准编号的新制定的国家标准没有收入在“制定”卷中，而是收入在“修订”卷中。

读者配套购买《中国国家标准汇编》“制定”卷和“修订”卷则可收齐由我社出版的上一年度我国制定和修订的全部国家标准。

3. 由于读者需求的变化，自1996年起，《中国国家标准汇编》仅出版精装本。

4. 2014年我国制修订国家标准共1 611项。本分册为“2014年制定”卷第637分册，收入国家标准GB 31327～31635的最新版本。

中国标准出版社

2015年8月

目　录

ICS 13.020.01
J 88

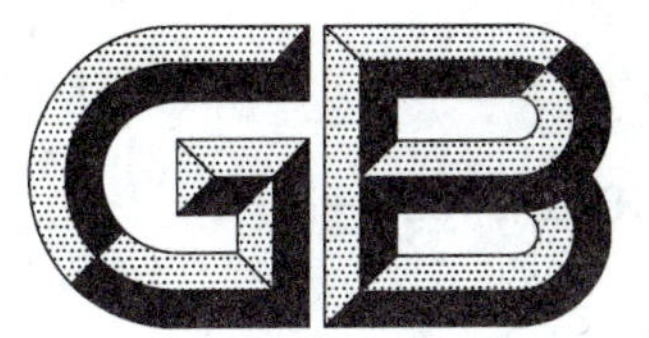

中华人民共和国国家标准

GB/T 31327—2014

海水淡化预处理膜系统设计规范

Specification of membrane system for seawater desalination pretreatment

2014-12-05 发布 2015-06-01 实施

中华人民共和国国家质量监督检验检疫总局
中国国家标准化管理委员会 发布

前　言

本标准按照 GB/T 1.1—2009 给出的规则起草。

本标准由全国分离膜标准化技术委员会(SAC/TC 382)提出并归口。

本标准起草单位:杭州水处理技术研究开发中心有限公司、天津膜天膜科技股份有限公司、山东招金膜天有限责任公司、杭州(火炬)西斗门膜工业有限公司、南京工业大学、华东理工大学。

本标准主要起草人:谭永文、沈菊李、戴海平、杨波、郑宏林、王乐译、王薇、褚红、邢卫红、许振良、王新艳。

海水淡化预处理膜系统设计规范

1 范围

本标准规定了海水淡化预处理膜系统的组件选择、系统设计、设备组成、设备布置与安装，以及自动化控制等。

本标准适用于以超(微)滤膜为代表的压力驱动型膜过滤海水淡化预处理系统设计，应用于其他水处理工程的超(微)滤膜系统的设计可参照使用。

2 规范性引用文件

下列文件对于本文件的应用是必不可少的。凡是注日期的引用文件，仅注日期的版本适用于本文件。凡是不注日期的引用文件，其最新版本(包括所有的修改单)适用于本文件。

GB/T 17219—1998 生活饮用水输配水设备及防护材料的安全性评价标准

GB/T 20103 膜分离技术 术语

GB/T 50619—2010 火力发电厂海水淡化工程设计规范

HY/T 112—2008 超滤膜及其组件

3 术语和定义

GB/T 20103 和 GB/T 50619 界定的以及下列术语和定义适用于本文件。为了便于使用，以下重复列出了 GB/T 20103 和 GB/T 50619 中的某些术语和定义。

3.1

超滤 ultrafiltration

以压力为驱动力，分离分子量范围为几百至几百万的溶质和微粒的过程。

[GB/T 20103—2006，定义 5.2.1]

3.2

微滤 microfiltration

以压力为驱动力，分离 0.01 μm 至数 μm 的微粒的过程。

[GB/T 20103—2006，定义 5.2.2]

3.3

反渗透 reverse osmosis

在高于渗透压差的压力作用下，溶剂(如水)通过半透膜进入膜的低压侧，而溶液中的其他组分(如盐)被阻挡在膜的高压侧并随浓溶液排出，从而达到有效分离的过程。

[GB/T 20103—2006，定义 4.2.2]

3.4

通量 flux

单位时间单位膜面积透过组分的量。

[GB/T 20103—2006，定义 2.1.33]

3.5

跨膜压差 transmembrane pressure；TMP

原水侧进出口压力平均值和产水侧压力的差，即膜两侧平均压力差。

3.6

污泥密度指数　silt density index;SDI

由堵塞0.45 μm微孔滤膜的速率计算得出的,表征水中细微悬浮固体物含量的指数。

[GB/T 50619—2010,定义2.0.7]

3.7

产水率　producing water ratio

扣除自用水量后的净产水量与进水量的百分比。

[GB/T 50619—2010,定义2.0.12]

3.8

膜污染　membrane fouling

料液中的某些组分在膜表面或膜孔中沉积导致膜性能下降的过程。

[GB/T 20103—2006,定义7.2.2]

3.9

化学加强反洗　chemically enhanced backwash

在超(微)滤膜产水侧加入一定浓度的化学药剂,通过反冲洗、浸泡等方式,将在过滤过程中形成于膜进水侧的污染物清洗下来的过程。

3.10

化学清洗　chemical cleaning

利用化学药品去除膜的污染物的过程。

[GB/T 20103—2006,定义7.2.8]

4　超(微)滤膜组件选择

4.1　膜组件的功能和主要用途

超(微)滤膜组件的功能和主要用途见表1。

表1　超(微)滤膜组件的功能和主要用途

组件类型	功　能	主要用途
超滤(UF)	去除胶体、蛋白质、微生物和大分子有机物	反渗透或纳滤系统预处理,饮用水净化,中水回用等
微滤(MF)	去除悬浮颗粒、细菌、部分病毒及大尺度胶体	反渗透或纳滤系统预处理,饮用水去浊,中水回用等

4.2　膜材质

海水淡化预处理宜选择具有耐污染、易清洗、化学性能稳定、通量大、产水水质稳定等特性的膜材质,如聚醚砜(PES)、聚砜(PS)、聚偏氟乙烯(PVDF)、纤维素(CA)、聚丙烯腈(PAN)、聚丙烯(PP)、聚乙烯(PE)、聚氯乙烯(PVC)、聚四氟乙烯(PTFE)、无机陶瓷等。

4.3　膜及其组件结构形式

海水淡化预处理膜组件宜选择结构紧凑、操作压力低、易清洗、能耗及运行费用低等特性的结构形式,如中空纤维、管式、平板式、卷式等。

5 海水淡化预处理膜系统设计

5.1 一般规定

5.1.1 应根据进水水质、处理水量和反渗透系统进水水质要求，选择超(微)滤膜材质、组件形式和过滤模式。

5.1.2 海水淡化预处理膜系统由给水泵、保安过滤器、超(微)滤膜装置、反洗和化学加强反洗装置、气擦洗装置、化学清洗装置、仪器仪表、管道、阀门和自控系统等组成。

5.1.3 海水淡化预处理膜系统基本工艺流程示意见图1。

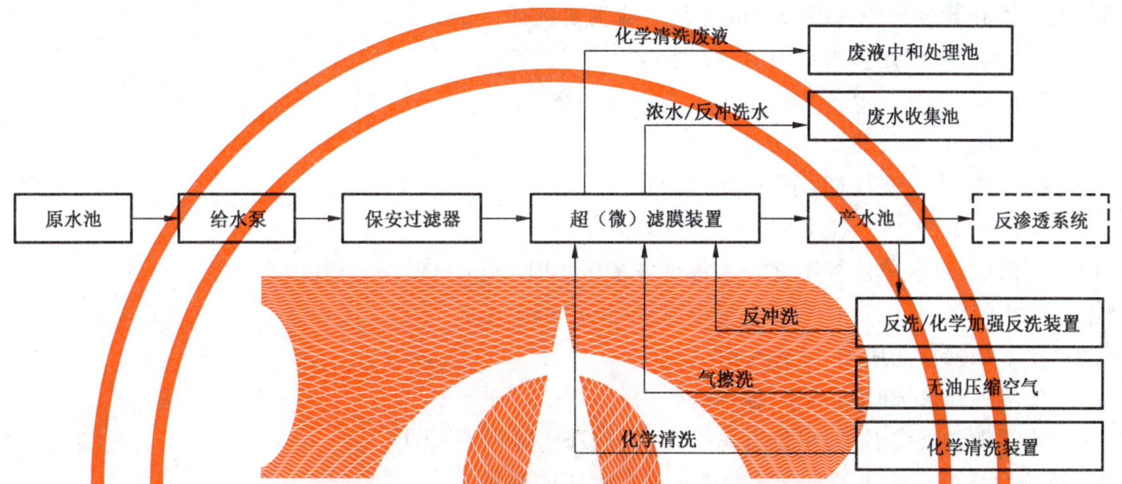

图1 海水淡化预处理膜系统基本工艺流程示意图

5.1.4 海水淡化预处理膜系统的过滤模式可采用死端过滤或错流过滤。

5.1.5 超(微)滤膜组件的使用寿命不低于3年。

5.1.6 海水淡化预处理膜系统产生的废水应处理达标后排放，应符合GB/T 50619—2010的8.0.3的规定。

5.2 水质要求

5.2.1 海水淡化预处理膜系统的进水水质宜符合表2的要求。

表2 海水淡化预处理膜系统的进水水质要求

项 目	单 位	指 标
温度	℃	5～40
pH值	—	3～10
浊度	NTU	≤15
油类含量	mg/L	≤1
最大颗粒粒径	μm	≤200

5.2.2 当进水水质的单个或多个项目不符合表2的指标值时，宜增加前处理工艺。

5.2.3 前处理工艺宜根据海水水质和预处理膜系统的进水水质要求确定选用混凝、气浮、澄清、介质过滤等工艺。前处理系统的设计宜参照GB/T 50619—2010的4.2.1和4.2.2的规定。

5.2.4 海水淡化预处理膜系统的产水水质应符合表3的规定。

表3 海水淡化预处理膜系统的产水水质要求

项　目	单　位	指　标
污泥密度指数 SDI(15 min)	—	≤3
浊度	NTU	≤0.2

5.3 工艺参数

5.3.1 海水淡化预处理膜系统设计的工艺参数主要包括：

a) 产水量,单位立方米每小时(m^3/h)；
b) 膜通量,单位升每平方米每小时[$L/(m^2 \cdot h)$]；
c) 操作压力,单位兆帕(MPa)；
d) 气擦洗、水反洗周期,单位小时(h)；
e) 单次气擦洗、水反洗时间,单位秒(s)；
f) 气擦洗强度,单位标准立方米每平方米每小时[$Nm^3/(m^2 \cdot h)$]；
g) 反洗强度,单位升每平方米每小时[$L/(m^2 \cdot h)$]；
h) 化学加强反洗周期,单位小时(h)；
i) 化学加强反洗时间,单位秒(s)；
j) 化学加强反洗强度,单位升每平方米每小时[$L/(m^2 \cdot h)$]。

5.3.2 超(微)滤膜装置的工艺设计参数宜符合表4的要求。

表4 超(微)滤膜装置的工艺设计参数

工艺参数	单　位	设计推荐值
膜通量	$L/(m^2 \cdot h)$	≥40
操作压力	MPa	≤0.3
反洗强度	$L/(m^2 \cdot h)$	≥90
反洗时间	s	≥30
反洗周期	h	≥0.5
反洗压力	MPa	≤0.25
气擦洗强度	$Nm^3/(m^2 \cdot h)$	≥0.1
气擦洗时间	s	≥10
气擦洗周期	h	≥0.5
气擦洗压力	MPa	≤0.1
化学加强反洗周期	h	≥12

5.4 工艺设计

5.4.1 过滤工艺宜采用全自动恒流或恒压控制。

5.4.2 过滤模式的选择如下：

a） 当超(微)滤膜组件的进水浊度小于3 NTU时，宜采用死端过滤模式；

b） 当超(微)滤膜组件的进水浊度大于3 NTU时，宜采用错流过滤模式。

5.4.3 膜通量宜选取现场试验或同类工程的数据。

5.4.4 产水量按式(1)计算：

$$Q = n \times S \times q_s \times 10^{-3} \qquad (1)$$

式中：

Q ——产水量，单位立方米每小时(m^3/h)；

n ——膜组件的数量；

S ——单支膜组件的膜面积，单位平方米(m^2)；

q_s ——设计膜通量，单位升每平方米每小时[$L/(m^2 \cdot h)$]。

5.4.5 海水水温的变化会影响超(微)滤膜过滤的产水量。设计温度25 ℃，不同海水水温下的产水量可用式(2)计算：

$$Q_t = Q \times (1 + 0.021\,5)^{t-25} \qquad (2)$$

式中：

Q_t ——实际运行水温下的产水量，单位立方米每小时(m^3/h)；

Q ——设计产水量，单位立方米每小时(m^3/h)；

t ——实际运行状态下的水温，单位摄氏度(℃)。

5.4.6 海水淡化预处理膜系统的工艺参数应根据原水水质、产水要求，按膜组件制造商提供的设计软件计算，并结合工程现场实际情况综合考虑确定。膜系统的产水率、回流比、跨膜压差工艺参数可按下列公式计算：

a） 产水率按式(3)计算：

$$P_r = Q_p / Q_f \times 100\% \qquad (3)$$

式中：

P_r ——产水率，%；

Q_p ——净产水量，单位立方米每小时(m^3/h)；

Q_f ——进水量，单位立方米每小时(m^3/h)。

注：净产水量为总产水量扣除系统自耗水量。

b） 错流过滤膜系统的回流比按式(4)计算：

$$R_f = Q_c / Q_f \qquad (4)$$

式中：

R_f——回流比；

Q_c——浓水流量，单位立方米每小时(m^3/h)；

Q_f——进水流量，单位立方米每小时(m^3/h)。

c） 错流过滤膜系统的跨膜压差按式(5)计算：

$$\mathrm{TMP} = \frac{p_f + p_c}{2} - p_p \qquad (5)$$

式中：

TMP ——跨膜压差，单位兆帕(MPa)；

p_f ——进水压力，单位兆帕(MPa)；

p_c ——浓水压力，单位兆帕(MPa)；

p_p ——产水压力，单位兆帕(MPa)。

d） 死端过滤膜系统的跨膜压差按式(6)计算：

$$\mathrm{TMP} = p_f - p_p \qquad (6)$$

式中：

TMP ——跨膜压差，单位兆帕(MPa)；

p_f ——进水压力，单位兆帕(MPa)；

p_p ——产水压力，单位兆帕(MPa)。

5.4.7 根据超(微)滤膜组件性能、产水量、反洗周期、化学清洗周期和反渗透海水淡化系统运行工况等条件，设计单套超(微)滤膜过滤装置的膜组件数和装置套数。

5.4.8 海水淡化预处理膜系统宜模块化设计，配置全自动操作运行的控制系统。

5.4.9 海水淡化预处理膜系统的污染与化学清洗宜按以下方式进行：

a) 系统进水压力超过初始压力 0.1 MPa 时，应进行化学清洗。

b) 化学清洗剂的选择应根据污染物类型、污染程度、组件的形式和膜材质的物化性质等来确定。宜选用的超(微)滤膜组件的化学加强反洗和化学清洗配方参见表 5。

表 5 超(微)滤膜组件宜选用的化学加强反洗和化学清洗配方

清洗类型		化学药剂	清洗溶液浓度与 pH 值
化学加强反洗	酸洗	盐酸	0.1% HCl
	碱洗	氢氧化钠+次氯酸钠	0.05% NaOH+0.1% NaClO(有效氯计)
化学清洗	酸洗	柠檬酸、盐酸	pH 值 1～2
	碱洗	氢氧化钠+次氯酸钠	pH 值 11～13(有效氯≤2 000 mg/L)
注：根据膜制造商的参数技术说明，选用具体的配方和清洗工艺。			

c) 使用多种药液进行化学清洗时，药液与药液更换之间应使用清水彻底清洗膜系统。每支组件所需药液量为每支组件中的存量加上配管中的药液量。

d) 使用碱液清洗时药液温度宜低于 35 ℃，使用酸液清洗时药液温度宜低于 40 ℃。每种药液化学清洗所需时间为 1 h～3 h。

6 海水淡化预处理膜系统设备

6.1 设备配置

6.1.1 海水淡化预处理膜系统应配置超(微)滤膜装置、给水泵、保安过滤器、气擦洗装置、反洗和化学加强反洗装置、化学清洗装置等设备。

6.1.2 应根据海水淡化工程的规模和要求确定超(微)滤膜装置的规模和套数。

6.1.3 当预处理膜系统的超(微)滤膜装置少于 5 套时宜设 1 套备用，5 套及以上时可设备用。

6.1.4 应根据超(微)滤膜装置的进水量和进水压力配置给水泵，水泵电机宜采用变频控制。

6.1.5 应在超(微)滤膜装置前配置自动清洗的保安过滤器，其过滤精度宜不大于 200 μm。

6.1.6 应在超(微)滤膜装置的进、出口配置压力表、流量计、浊度仪、SDI 仪等水量和水质监测设备。

6.1.7 超(微)滤膜装置应具有膜组件完整性检测功能。采用气泡观察法检测超滤膜组件的完整性宜按 HY/T 112—2008 的 6.8 的规定执行。

6.1.8 应根据单套超(微)滤膜装置完整性检测的要求和膜组件气擦洗的要求，配置无油压缩空气气源和相应的配套设备。

6.2 反洗和化学加强反洗装置

6.2.1 根据单套超(微)滤膜装置的反洗方式、反洗压力和反洗通量的要求，配置一套超(微)滤膜反洗装置。

6.2.2 反洗装置主要由反洗水泵、过滤器、仪表、管道、阀门等设备组成，当装置用于化学加强反洗时还包括加药计量泵、溶液计量箱等。

6.2.3 反洗用水宜采用超(微)滤产水。

6.3 化学清洗装置

6.3.1 根据单套超(微)滤膜装置的化学清洗方式、清洗压力和清洗容量的要求，配置一套超(微)滤膜化学清洗装置。

6.3.2 化学清洗装置主要由化学清洗水泵、过滤器、清洗溶液箱、仪表、管道、阀件等设备组成。

6.3.3 化学清洗用水宜采用反渗透产水或市政供水。

6.4 管路系统要求

6.4.1 海水淡化预处理膜系统的管路设计压力等级为PN0.6，宜按母管制配置，各管路的管径宜按1.0 m/s～2.0 m/s流速的要求计算确定。

6.4.2 海水过流设备与管道应具有耐腐蚀性能，材质选用应按照GB/T 50619—2010中附录B的规定。当海水淡化产水作为市政供水时，材质选用还应符合GB/T 17219—1998中第3章的规定。

6.4.3 药品溶液箱和输送管道材质宜采用玻璃钢、塑料或钢塑复合材质。

7 设备布置与安装

7.1 预处理膜系统设备应布置于通风良好的室内环境中，防冰冻和日照，环境温度宜为5 ℃～40 ℃。

7.2 超(微)滤膜组件宜采用立式或卧式排布。多个超(微)滤膜组件组成的装置宜采用对称形式排布，进水总管、产水总管宜布置在两排组件中间，并在一端设置进水阀、产水阀、浓水阀、进气阀、排气阀、反洗阀、排污阀和取样阀。宜根据单套装置的进、出水量确定管径和阀门尺寸。

7.3 超(微)滤膜装置之间宜留有0.8 m～1.5 m间距的检修通道。设备布置应考虑安装和更换超(微)滤膜组件的空间要求。

7.4 超(微)滤膜的反洗和化学清洗装置宜靠近超(微)滤膜装置，并设排气、冲淋、地沟等设施。

7.5 电气设备应配置接地、漏电保护等设施。

7.6 反洗排污和化学清洗排污应分管排放，化学清洗排污应排放至中和池处理后达标排放。

8 自控系统

8.1 自控系统宜包含下述功能：

a) 控制和显示海水淡化预处理膜系统的运行过程和阀门状态，采集运行参数，如压力、流量等；

b) 设置故障识别、报警和自动停机等。

8.2 自控系统中控制器、网络、电源宜冗余配置，宜留有与其他控制系统的通讯接口。

ICS 13.020.01
Z 01

中华人民共和国国家标准

GB/T 31328—2014

海水淡化反渗透系统运行管理规范

Specification of operation and management for reverse osmosis seawater desalination system

2014-12-05 发布 2015-06-01 实施

中华人民共和国国家质量监督检验检疫总局
中国国家标准化管理委员会 发布

前言

本标准按照 GB/T 1.1—2009 给出的规则起草。

本标准由全国分离膜标准化技术委员会(SAC/TC 382)提出并归口。

本标准起草单位:杭州水处理技术研究开发中心有限公司、国家海洋局天津海水淡化与综合利用研究所、杭州(火炬)西斗门膜工业有限公司、蓝星(杭州)膜工业有限公司、中国冶金科工集团有限公司、舟山市六横水务有限公司、天津膜天膜科技股份有限公司。

本标准主要起草人:杨波、陈文松、康晓晖、张希建、孙秋里、赵河立、郑宏林、张瑶玲、潘献辉、樊雄、唐万明、戴海平、王薇。

海水淡化反渗透系统运行管理规范

1 范围

本标准规定了海水淡化反渗透系统运行管理的工作内容，包括运行准备、运行管理、安全、健康和环境要求等。

本标准适用于日产千吨级以上的海水淡化反渗透系统的运行管理，其他反渗透系统的运行管理参照使用。

2 规范性引用文件

下列文件对于本文件的应用是必不可少的。凡是注日期的引用文件，仅注日期的版本适用于本文件。凡是不注日期的引用文件，其最新版本(包括所有的修改单)适用于本文件。

GB 2894 安全标志及其使用导则

GB 5749 生活饮用水卫生标准

GB 12348 工业企业厂界环境噪声排放标准

GB/T 20103 膜分离技术 术语

DL/T 572 电力变压器运行规程

3 术语和定义

GB/T 20103 界定的以及下列术语和定义适用于本文件。为了便于使用，以下重复列出了 GB/T 20103 中的某些术语和定义。

3.1

反渗透 reverse osmosis

在高于渗透压差的压力作用下，溶剂(如水)通过半透膜进入膜的低压侧，而溶液中的其他组分(如盐)被阻挡在膜的高压侧并随浓溶液排出，从而达到有效分离的过程。

[GB/T 20103—2006，定义 4.2.2]

3.2

膜组件 membrane module

由膜元件、壳体、内联接件、端板和密封圈等组成的实用器件。

注：膜组件的壳体里可含有一个或数个膜元件。

[GB/T 20103—2006，定义 2.2.3]

3.3

海水淡化反渗透系统 reverse osmosis system for seawater desalination

由海水取水、预处理、反渗透膜组件、高压泵、能量回收装置、后处理等设备和设施组成的系统。

3.4

化学加强反洗 chemically enhanced backwash

在超(微)滤膜产水侧加入一定浓度的化学药剂，通过反冲洗、浸泡等方式，将在过滤过程中形成于膜进水侧的污染物清洗下来的过程。

3.5

化学清洗　chemical cleaning

利用化学药品去除膜的污染物的过程。

[GB/T 20103—2006,定义 7.2.8]

3.6

淡化水　desalted water

用各种脱盐方法制得的含有溶解性固体小于 1 000 mg/L 的水。

[GB/T 20103—2006,定义 2.3.5]

4　运行准备

4.1　技术资料

4.1.1　应成立海水淡化反渗透系统运行部门,明确部门职责和要求。

4.1.2　运行部门应做好海水淡化工程竣工资料的接收和归档。

4.1.3　运行部门应保持资料的完整、准确和可追溯。

4.1.4　运行管理应具备的技术资料见附录 A。

4.2　制度和规程

4.2.1　值班制度

4.2.1.1　应规定值班的方式和时间。

4.2.1.2　值班人员的职责如下:

a)　应坚守工作岗位,不准擅自离岗,因故需要离开时,除经运行管理人员批准外,应有代班人员值班;

b)　应经常巡视分析仪表的工作情况,准时抄表,定期进行检查和试验;

c)　应做好各种记录,做到字迹清楚、正确详细,以备检查;

d)　应按规定时间巡查设备运行状况,发现问题及时报告管理人员;

e)　保持工作场所整洁,不应放置与工作无关的物品。

4.2.2　运行记录规程

4.2.2.1　应规定系统操作顺序和运行参数资料记录格式,具体运行参数资料见附录 B,并建立运行日志。

4.2.2.2　应规定系统的定时巡视和检查要求,按时记录现场运行数据,并与自动化数据进行核对,发现异常情况应按规定逐级报告,分析原因,及时处理。

4.2.2.3　应规定值班人员运行数据分析的职责,值班人员交班前应对当班运行数据进行分析,做好交班记录,做好运行数据的统计和分析,判断反渗透系统的运行状况。

4.2.3　交接班制度

4.2.3.1　应规定交接班的职责。交接班应逐项进行,交接内容确认无误后,双方应有相应的记录及签名。

4.2.3.2　交接班工作内容宜包括:

a)　系统运行状态;

b) 设备运行、负荷情况；

c) 操作情况及尚未执行的操作；

d) 检修维护情况及尚未结束的工作；

e) 本班发生的故障、异常及处理情况；

f) 信号装置、报警器动作情况；

g) 各种记录、图纸、工具和钥匙等；

h) 清洁工作；

i) 应传达的上级要求、注意事项。

4.2.3.3 正在处理故障时不宜进行交接班。

4.2.4 巡视检查制度

4.2.4.1 宜根据巡视检查内容，将巡视分为定期巡视、故障巡视和特殊巡视。

4.2.4.2 应选择一条可巡视全部项目的最短路线。

4.2.4.3 每八小时内的定期巡视不宜少于三次，并作好巡视记录。

4.2.4.4 规定巡视检查内容如下：

a) 运行中的设备；

b) 处在备用状态的设备；

c) 照明及通风设施；

d) 消防设施；

e) 电缆沟、构架及房屋；

f) 保护、接地及报警装置。

4.2.5 运行故障报警管理规程

4.2.5.1 应在日常运行检查、维护过程中巡视和检查报警装置。

4.2.5.2 根据不同的报警信息，及时识别故障种类（见附录 C），并采取相应的应急处理方法（见附录 D），排除故障。报警信息可以通过指示灯、蜂鸣器、仪表和人机界面等渠道获得。

4.2.5.3 应及时记录故障的发生原因、排除措施及处置结果。

4.2.5.4 适时对故障情况应用数据分析，形成分析报告。

4.2.6 培训

4.2.6.1 岗位培训，方式可采用授课、技术问答、操作演练及技术交流等形式。

4.2.6.2 培训内容，包括：各工序的理论和操作培训、应急处置培训、安全及健康和环境培训、计算机应用培训和技术专题讲座等。

4.2.6.3 培训考核，对员工培训情况应进行考核评定。

4.3 值班人员

4.3.1 值班人员基本行为规范

值班人员应遵守以下基本行为规范：

a) 具备良好的职业道德和责任心；

b) 遵守各项规章制度；

c) 掌握与本职工作相关的业务知识；

d） 掌握业务规程和岗位操作规范；

e） 具有良好的卫生行为。

4.3.2 值班人员的培训

4.3.2.1 值班人员应进行岗前培训，合格后上岗。

4.3.2.2 值班人员培训内容包括：

a） 运行部门制定的制度和规程，见4.2；

b） 考核制度。

4.3.2.3 应定期进行员工职业技能的培训及考核评定。

5 运行管理

5.1 一般规定

5.1.1 应建立设备台账，按单元划分管理责任人，并宜挂牌标示。

5.1.2 设备的启动、停止、清洗、维护应按照操作规程进行。

5.1.3 运行前应检查设备、仪表、阀门等是否处于正常状态。

5.1.4 应定期检查、维护和检修设备，根据设备运行情况制定大修计划。

5.1.5 清洗液和配药用水宜采用反渗透产水或其他淡水。

5.1.6 各项制度、操作规程、定期巡视路线图、配电系统模拟图、消防疏散通道示意图等宜制成图板张贴上墙。

5.2 设备及其辅助系统运行管理要求

5.2.1 取水设施

5.2.1.1 应定期检查和维护海水取水管、格栅、滤网、取水泵和预埋件等取水设施，观察是否存在污堵、海洋生物滋长和海水腐蚀等情况。

5.2.1.2 取水设备启动时应观察流量、压力、电流、液位等，发现异常应及时检查和维修。

5.2.1.3 应定期巡查取水口海域的水质情况，发现异常应进行取样分析，及时调整预处理运行参数。水质超出设计范围，宜停止取水。

5.2.1.4 应定期清理格栅异物。

5.2.2 预处理设施

5.2.2.1 预处理设施的运行管理一般包括：加药设备、混凝澄清（沉淀）设备、介质过滤设备和设施、超（微）滤膜设备、保安过滤器、水箱（池）等设施的管理，预处理出水水质应符合反渗透膜的进水要求。

5.2.2.2 加药设备的运行管理内容如下：

a） 加药设备投运时，检查和记录出口压力、流量等，发现异常宜按照附录D的方法进行处理；

b） 应根据水质、流量的变化调整加药量；

c） 应定时检查、校正加药设备，包括计量泵、过滤器和仪表等。

5.2.2.3 应定时检查药箱液位，及时补充药剂。

5.2.2.4 混凝澄清（沉淀）设备的运行管理内容如下：

a） 定期巡检混凝澄清（沉淀）设备，观察处理效果，采取相应措施；

b） 应定时排泥，根据进水浊度变化调整排泥时间和频率；

c） 定期检测进水、出水浊度，异常时调整运行参数和加药量。

5.2.2.5 介质过滤设备和设施的运行管理内容如下：

a) 介质过滤设备和设施应定期检测出水浊度和 SDI 值，出水水质不符合后续设备的进水指标时，应反洗；
b) 应按照运行压差或进出水水质变化调整反洗频率和时间；
c) 反洗时，观察滤料料层膨胀和反洗水质情况，调整反洗参数；
d) 反洗结束后，应检测出水水质，合格后投运；
e) 定期观察滤料污染情况，污染严重时应更换滤料。

5.2.2.6 超(微)滤膜设备的运行管理内容如下：

a) 设备投运时，检查进、出口压力、流量和出水水质等；
b) 应定时进行反洗和化学加强反洗；
c) 反洗时，应将流量、压降等数据与设计值对比，观察膜性能恢复情况，必要时，调整反洗频率和时间；
d) 当反洗频率过高、出水水质和流量不能满足反渗透装置进水要求时，检查原因，并进行化学清洗；
e) 必要时应进行膜完整性检测；
f) 当采取以上所有措施，出水水质或流量仍达不到反渗透进水要求时，应更换超(微)滤膜组件。

5.2.2.7 保安过滤器的运行管理内容如下：

a) 运行时应检查进、出口压差；
b) 根据滤芯使用说明及时更换滤芯；
c) 当滤芯更换周期小于设计时间时，应检查滤芯的污染情况，必要时分析污染物成分；
d) 定期开盖检查滤芯，发现异常及时处理。

5.2.3 水泵

5.2.3.1 应按照水泵使用说明制定水泵维护检修管理规程，定期检查维护。

5.2.3.2 运行时应观察水泵的流量、压力、电流、噪音和温度等，发现异常应及时处理。

5.2.4 能量回收装置

5.2.4.1 在反渗透装置停运和检修后再次启动时，应在反渗透膜组件加压前，彻底地排出反渗透膜组件内夹带的气体，必要时采用手动操作模式。

5.2.4.2 在更换滤芯、膜元件和维修管道等操作后，应清理、冲洗反渗透膜组件内的异物，确保进入能量回收装置的高压浓水或低压海水中颗粒物质的直径小于 10 μm。

5.2.4.3 检查和调节能量回收装置低压海水(或低压浓水)、高压海水(或高压浓水)的流量、压力。在进行调节操作时，确保在厂家规定的流量、压力范围内运行。

5.2.4.4 应记录能量回收装置相关的运行参数。

5.2.4.5 能量回收装置储存和工作的环境温度范围为 1 ℃～40 ℃。

5.2.4.6 监测能量回收装置的振动和噪声，定期维护和保养。

5.2.5 反渗透膜组件

5.2.5.1 反渗透膜组件的启动与运行要求如下：

a) 进水水质应符合所用反渗透膜组件的进水要求；
b) 反渗透膜组件运行前应排尽膜组件中的空气；
c) 应缓慢提升膜组件的进水压力，同时观察与能量回收装置流量和压力的匹配情况；
d) 稳定运行后，应及时记录运行参数，保证流量和回收率达到设计要求，见附录 B；

e) 当运行压力、产水流量和电导率等发生异常时,应按照操作规程及时处理。

5.2.5.2 反渗透膜组件停止运行要求如下:

a) 应按操作规程的要求,缓慢降低反渗透膜组件的进水压力;
b) 停止运行后,用预处理水或淡化水冲洗整个反渗透膜组件;
c) 停止运行期间,反渗透膜组件和管道内的水不能流失;
d) 若停机时间在一个月内,宜每 1 d～2 d 低压冲洗或启动运行反渗透装置不少于 0.5 h;
e) 若停机时间超过一个月,宜向反渗透膜组件内注满保护液,并根据保护液种类定期更换;
f) 反渗透装置厂房的室温宜为 5 ℃～40 ℃。

5.2.6 辅助系统

5.2.6.1 冲洗系统要求如下:

a) 停止运行前,应确保留有足够的冲洗所需淡水;
b) 应测试排放口海水的电导率或氯离子浓度,确保膜组件内的浓海水被充分置换。

5.2.6.2 化学清洗系统要求如下:

a) 应根据膜污染情况,配制相应的清洗液,控制清洗液温度;
b) 清洗时注意观察清洗液颜色和 pH 值的变化,污染严重时,应补加药剂或更换清洗液,重新清洗;
c) 清洗效果不明显时,应调整清洗液配方;
d) 每次清洗完毕后,应排净清洗水箱、管道和清洗滤器内的清洗液,并用淡水将残液冲洗干净,化学清洗残液应中和达标后排放;
e) 宜对清洗残液进行化学分析,确认膜污染类型,以调整预处理运行参数。

5.2.7 管道系统

5.2.7.1 高压管路宜设置安全保护设施和标识。

5.2.7.2 定期检查维护管道、紧固件、连接件、管道抱箍、管支架等,必要时进行更换。

5.2.8 后处理设备

5.2.8.1 淡化水作为饮用水时,应杀菌、消毒和矿化,出厂水的水质应达到 GB 5749 的规定。

5.2.8.2 淡化水作为工业用水时,应按照不同行业要求进行后处理设备的运行管理。

5.3 电气系统运行管理要求

5.3.1 常规运行管理

5.3.1.1 应设立完善的组织机构,实行专人负责制,持证上岗。

5.3.1.2 配电室应保持良好的通风及照明,门窗开启灵活。

5.3.1.3 应按照电气操作规程操作配电设备,保证设备正常运行。

5.3.1.4 应定期进行设备维护、检修。

5.3.1.5 非电气工作人员进入配电室,应经专业工程师或部门经理批准并在机电值班工作人员陪同下方可入内。

5.3.1.6 不得擅自更改配电室机电设备的线路及器材,若需更改,应经审查同意后方可进行。

5.3.2 专项运行管理

5.3.2.1 高压配电的运行管理内容如下:

a) 正常运行时，应每小时巡视检查高压配电柜一次。合闸送电后应立即巡视检查，并作详细数据记录；

b) 遇到特殊状况（如灾害天气、地震等）应及时启动应急措施，切断高压电源，并告知当地供电中心。

5.3.2.2 低压配电的运行管理内容如下：

a) 每班巡视不宜少于两次，记录设备运行的环境温度、电流、电压、功率因数等数据；

b) 带变频器及软启动器的低压配电柜宜检测湿度、温度，并应控制在产品允许的范围内；

c) 自动空气开关跳开或熔断时，应查明原因再进行恢复，必要时允许试送电一次。

5.3.2.3 变压器运行管理按 DL/T 572 的规定执行。

5.4 仪表控制运行管理要求

5.4.1 自控系统运行管理

5.4.1.1 保证自控系统运行环境良好，避免高温、潮湿、灰尘及频繁振动。

5.4.1.2 熟悉自控系统的硬件结构，各通讯模块的功能及控制流程。

5.4.1.3 定期检查自控系统的电压及频率是否正常，指示灯是否正常闪亮。

5.4.1.4 定期吹扫内部灰尘，保证风道的畅通和元件的绝缘。

5.4.1.5 每半年或季度检查基本单元和扩展单元是否安装牢固，接线螺钉是否松动，若发现松动应及时紧固。

5.4.1.6 电池和继电器输出触点为损耗性器件，使用一段时间后，应视情况更换。

5.4.2 仪表运行管理

5.4.2.1 定期查看仪表指示、记录是否正常，现场一次仪表（变送器）指示值和控制室显示值是否一致。

5.4.2.2 仪表电源电压和气源气压应在规定范围内，禁止在仪表电源上搭接临时负载。

5.4.2.3 定期检查仪表及其连接件的损坏和腐蚀情况，以及仪表和工艺接口泄漏情况。

5.4.2.4 定期检查和试验所有在线传感器，设定时间延时保护和报警等。

5.4.2.5 定期按仪表说明书要求，清洗和校准在线检测仪表。

5.4.3 阀门运行管理

5.4.3.1 阀门的开关指示应与实际显示（或上位机显示）一致，调节器输出指示和调节阀阀位应一致。

5.4.3.2 气动阀门的供气气压、电动阀门的供电电压应满足要求。

5.4.3.3 定期对阀门转动部件进行润滑。室外阀门安装使用的螺栓、螺母的外露部分应采取相应防腐措施，防止螺纹锈蚀。

5.5 公用工程运行管理

5.5.1 公用工程提供的数量和质量应充分满足生产运行的需求，保证反渗透系统正常安全的运行。

5.5.2 排水系统应定期巡查，保证排放顺畅。

5.5.3 应在反渗透系统运行期间内保证配电和供气的不间断。

5.5.4 应保证厂房内供暖系统满足温度需求。

6 安全、健康和环境要求

6.1 一般规定

海水淡化反渗透系统投运前，应确定安全、健康和环境管理体系的组织构架，落实管理责任，建立适宜的安全、健康和环境管理体系。

6.2 管理规定

6.2.1 识别员工和参观人员进入作业区的不安全因素。

6.2.2 建立事故管理台账,登记各类事故和未遂事件。

6.2.3 明确划分和标识生产区、加药腐蚀区、防火区、吊装区和普通作业区。

6.2.4 应对生产区域实施安全标识,安全标识的使用按 GB 2894 的规定。

6.2.5 应设立专职安全生产管理人员,应规定公司、部门和班组三级安全检查的要求和检查频率。

6.2.6 应制定消防器材、劳动防护用品的管理和使用规章制度。

6.2.7 在岗位附近醒目位置悬挂或张贴安全、健康和环境管理规定。

6.3 培训规定

6.3.1 对员工进行安全、健康和环境培训教育,提高员工的安全、健康及环保意识,保障安全生产,确保员工在生产过程中的安全与健康。

6.3.2 主要负责人和安全生产管理人员应参加安全资格培训,并取得执业资格证书。

6.3.3 内部员工、承包商、来访者、新上岗、调整工作岗位、离岗一年以上重新上岗或工伤复岗人员应在参加安全、健康和环境培训后,才能进入相应岗位或场所。

6.3.4 安全、健康和环境教育培训包括安全生产文件、安全管理制度、安全操作规程、防护知识、典型事故案例等。

6.3.5 在大修、重点项目检修或重大危险性作业时,安全管理部门应督促指导作业前的安全教育,制定安全防护预案和对策。

6.4 管理措施

6.4.1 识别海水淡化反渗透系统生产运行过程中的不安全因素,制定动火、检修、受限空间、吊装、高处作业、电气检修和锁定等安全防护措施。

6.4.2 普通检修、维修作业需办理作业许可证。涉及登高作业、电气焊、电气锁定和进入受限空间等特殊作业环境时应办理特许作业证。

6.4.3 低电压作业、电气焊、进入受限空间作业等特殊作业环境时,除应办理作业许可证外,作业时还应设置监护人员,确保作业安全。

6.4.4 应在确认系统停止运行、卸压后,方可进行高压设备、管线和仪表的维修作业。

6.4.5 应根据化学试剂的组成和性质分类存放,并由专人保管。

6.4.6 进入腐蚀性区域前,应查阅该区域的化学危险品手册,并检查劳保用品落实情况。

6.4.7 应根据设备特点配置消防器材,建立消防台账,并定期检查消防设施。

6.4.8 对蒸汽和热水使用区域应设置警戒色,防止人员烫伤。

6.4.9 所有设备确保在无异常噪声的状态下工作,噪声应符合 GB 12348 规定,对噪声超标的设备应采取隔音措施。

附 录 A
（规范性附录）
海水淡化反渗透系统运行管理应具备的技术资料

本附录给出了海水反渗透系统运行管理应具备的技术资料：

a） 工艺流程图；
b） 平面布置图；
c） 单体设备配管图；
d） 系统管道布置图；
e） 电气原理图；
f） 电气接线图；
g） 水平衡图；
h） 系统设备一览表；
i） 运行数据记录表；
j） 故障报警数据记录表；
k） 维修记录表；
l） 设备使用说明书及系统运行说明书；
m） 控制逻辑图；
n） 原材料和器材出厂质量的合格证明或检验记录；
o） 工程试验报告或记录；
p） 工程检查验收记录；
q） 定期的运行专题分析总结；
r） 各类设备的操作规程。

附 录 B
（规范性附录）
海水淡化反渗透系统运行参数资料

B.1 概述

本附录给出了海水淡化工程竣工交接及反渗透系统运行管理应包括的参数资料。

B.2 取水系统

取水系统参数，应包括：流量(m^3/h)、压力(MPa)和浊度(NTU)。

B.3 预处理系统

预处理参数，应包括：加药量(mg/L)、浊度(NTU)、SDI值、流量(m^3/h)、压力(MPa)、pH值、ORP值(mV)、水泵电压(V)和电流(A)。

B.4 反渗透膜组件

反渗透膜组件参数，应包括：流量，即进水流量(m^3/h)、产水流量(m^3/h)、浓水流量(m^3/h)；压力，即进水压力(MPa)、产水压力(MPa)、浓水压力(MPa)；电导率，即进水电导率(μS/cm)、产水电导率(μS/cm)；温度，即进水温度(℃)、产水温度(℃)；pH值；设备累积运行时间(h)；高压泵、提升泵电压(V)和电流(A)。

B.5 能量回收装置

能量回收装置参数，应包括：高压进水压力(或差值)(MPa)、出水压力(或差值)(MPa)；低压进水压力(或差值)(MPa)、出水压力(或差值)(MPa)；高压进水(或出水)流量(m^3/h)、低压进水(或出水)流量(m^3/h)。

B.6 后处理系统

后处理系统参数，应包括：压力(MPa)、电导率(μS/cm)、pH值、余氯(mg/L)、加药量(mg/L)。

B.7 其他数据

定期检测原海水和产水水质。如果产水作为市政供水，所选项目按GB 5749规定的指标进行检测。

附 录 C
（资料性附录）
故障和报警的分类及引起的后果

表C.1、表C.2和表C.3分别给出了海水淡化反渗透系统仪表、电气、设备及其辅助系统故障和报警的分类及引起的后果。

表 C.1 仪表故障和报警的分类及引起的后果

故障名称		报警现象	严重程度[a]	引起的后果
在线仪表	传感器故障	检测值异常	中度	有可能引起保护性停机
	二次仪表故障	检测值异常	中度	有可能引起保护性停机
阀门	阀体故障	无法正常开关阀门或漏水	中度	单元设备无法正常运行
	位置反馈故障	阀门开关指示异常	中度	单元设备无法全自动运行
仪表电源	总电源故障	所有仪表异常	重度	系统紧急停机
	单元设备电源故障	对应的单元设备所有仪表异常	轻度	对应的单元设备紧急停机
	直流电源故障	对应的单元设备部分仪表异常	轻度	对应的单元设备有可能紧急停机

[a] 严重程度的表述：
轻度：信息提示或并不影响运行；
中度：不及时处理会影响局部、个别设备的停止运行；
重度：整个设备的停止运行。

表 C.2 电气故障和报警的分类及引起的后果

故障名称		报警现象	严重程度[a]	引起的后果
低压电气	变频器故障	无法正常启动	中度	对应的单元设备有可能紧急停机
	软启动器故障	无法正常启动	中度	对应的单元设备有可能紧急停机
	空气开关故障	无法正常启动	中度	对应的单元设备紧急停机
	交流接触器故障	无法正常启动	中度	对应的单元设备紧急停机
	热继电器故障	无法正常启动	中度	对应的单元设备紧急停机
	中间继电器故障	无法正常启动或正常指示	中度	对应的单元设备无法正常控制、指示等
	按钮故障	无法正常手动启停控制	轻度	对应的单元设备无法正常启停控制
	指示灯故障	无法正常指示状态	轻度	对应的单元设备无法正常状态指示
	电工仪表故障	无法正常显示运行参数	轻度或中度	参数异常有可能引起单元设备停机

表 C.2（续）

故障名称		报警现象	严重程度[a]	引起的后果
高压电气	高压进线柜故障	整厂无法正常供电	重度	所有设备紧急停机
	计量柜故障	无法正常计量用电量	中度	供电部门无法正常收费
	电压转换柜故障	无法提供计量表用电、控制用电等	中度或重度	有可能引起高压配电系统故障并导致所有设备紧急停机
	变压器柜故障	变压器无法正常供电	中度或重度	变压器对应的负载无法正常运行
	母联柜故障	双路进线失去作用	中度或重度	失电一路所有负载紧急停机

[a] 严重程度的表述：

轻度：信息提示或并不影响运行；

中度：不及时处理会影响局部、个别设备的停止运行；

重度：整个设备的停止运行。

表 C.3　设备及其辅助系统故障和报警的分类及引起的后果

故障名称		报警现象	严重程度[a]	引起的后果
工艺设备	水泵电机故障	运行电流过大 电机运行有异响	中度	将引起负载驱动单元过载
	反渗透膜组件故障	产水电导、产水流量和压差出现明显变化	中度或重度	产水不合格； 产水量不足，膜元件需清洗或损坏
	能量回收装置故障	进水电导、产水电导还有产水流量出现明显变化	中度或重度	产水不合格； 产水量不足； 吨水能耗大幅度增加
	预处理系统故障	产水量不足 产水量指标不合格	中度或重度	反渗透装置无法连续运行； 反渗透装置无法正常运行
	后处理系统故障	产品水指标不合格	中度或重度	无法正常供应合格产品水
辅助/公共设备	压缩空气故障	气压过低	中度或重度	气动执行单元无法正常运行，系统将非正常停机
	加药系统故障	水质指标出现异常	中度或重度	无法按工艺要求加药，影响水质
	消防系统故障	无法正常投运，火警信号无法联网消防中心	中度或重度	一旦出现火情，将出现严重后果消防中心无法准确获得消防信息
	通风系统故障	空气指标出现异常	轻度或中度	室内空气无法正常循环
	照明系统故障	照明出现异常	轻度或中度	对正常运行、巡检产生较大影响
	空调/暖通系统故障	空调/暖通出现异常	轻度或中度	对温度、湿度要求高的场合产生较大影响

[a] 严重程度的表述：

轻度：信息提示或并不影响运行；

中度：不及时处理会影响局部、个别设备的停止运行；

重度：整个设备的停止运行。

附 录 D
（资料性附录）
故障应急处理方法

表 D.1、表 D.2 和表 D.3 分别给出了海水淡化反渗透系统运行管理过程中仪表、电气、设备及其辅助系统的故障应急处理方法。

表 D.1 仪表故障应急处理方法

故障名称		解决方法
在线仪表	传感器故障	更换传感器
	二次仪表故障	解除仪表连锁，更换二次仪表
阀门	阀体故障	检查阀门是否被异物堵住，电压、气压是否合格，螺栓连接是否紧固
	位置反馈故障	检查阀门接线是否正确，打开阀位反馈器，开闭阀门，观察凸轮是否旋转到位
仪表电源	总电源故障	检查总电源电压频率是否符合要求，线缆是否损坏；电源转换元件是否正常工作
	单元设备电源故障	检查进线电源电压频率是否符合要求，电源转换元件是否正常工作
	直流电源故障	检查电源电压频率是否符合要求，直流电源模块及 UPS 是否正常工作

表 D.2 电气故障应急处理方法

故障名称		解决方法
低压电气	变频器故障	查看变频器故障报警代码，查找说明书找到报警原因及解决方法
	软启动器故障	查看软启动故障报警代码，查找说明书找到报警原因及解决方法
	空气开关故障	更换空气开关
	交流接触器故障	更换交流接触器
	热继电器故障	更换热继电器
	中间继电器故障	更换中间继电器
	按钮故障	更换按钮
	指示灯故障	更换指示灯
	电工仪表故障	查看故障报警代码，查找说明书找到报警原因及解决方法
高压电气	高压进线柜故障	检查绝缘是否损坏，操作机构是否正常，控制回路是否正常，人为操作方式是否符合规程，工作环境是否符合要求
	计量柜故障	检查计量元件是否正常工作，接线是否牢固，接地是否正常
	PT 柜故障	检查计量元件是否正常工作，接线是否牢固，接地是否正常
	变压器柜故障	根据故障现象判断故障原因，解决故障问题后方可运行
	母联柜故障	检查控制回路是否正常，联锁机构是否正常
变压器	变压器故障	停止使用该变压器，更换变压器
	冷却系统故障	检查系统电源是否正常，接线是否有问题
	检测系统故障	查找异常运行参数引起的原因，找相应解决方法

表 D.3 设备及其辅助系统故障应急处理方法

故障名称		解决方法
工艺设备	水泵电机故障	检测电机是否堵转、过载、三相平衡,电压是否正常
	反渗透膜系统故障	检查膜元件连接件是否松动、断裂,更换相应的膜元件连接件; 膜元件清洗;检查单支膜元件性能,更换不合格膜元件
	能量回收装置故障	查看使用说明书,检查各单元运行参数;判断故障原因,修理或更换损坏零部件
	预处理系统故障	查看设计图纸、运行数据等,检查各单元运行参数;判断故障原因,修理或更换损坏零部件
	后处理系统故障	查看设计图纸、运行数据等,检查各单元运行参数;判断故障原因,修理或更换损坏零部件
辅助/公共设备	压缩空气故障	查看使用说明书,检查空气压缩机,管道阀门;判断故障原因,修理或更换损坏零部件
	加药系统故障	查看使用说明书,检查加药泵,管道阀门;判断故障原因,修理或更换损坏零部件
	消防系统故障	查看设计图纸、使用说明书,检查消防泵、消防控制系统、消防网络、管道阀门等;判断故障原因,修理或更换损坏零部件
	通风系统故障	查看使用说明书,检查风扇、控制系统、管道阀门;判断故障原因,修理或更换损坏零部件
	照明系统故障	查看使用说明书,检查灯具、照明供电系统;判断故障原因,修理或更换损坏零部件
	空调/暖通系统故障	查看使用说明书,检查空调、暖通系统;判断故障原因,修理或更换损坏零部件

ICS 71.100.40;13.060.25
G 76

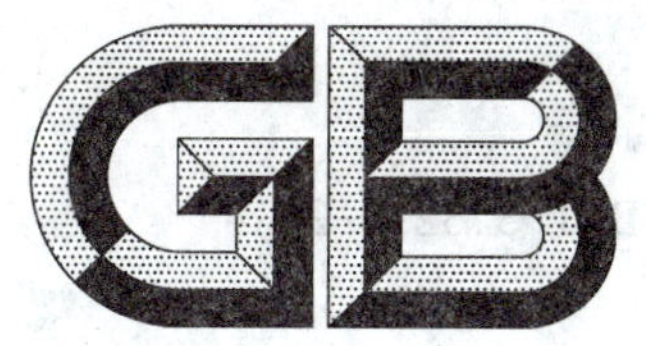

中华人民共和国国家标准

GB/T 31329—2014

循环冷却水节水技术规范

Technical specification for saving water of circulating cooling water

2014-12-05 发布　　2015-06-01 实施

中华人民共和国国家质量监督检验检疫总局
中国国家标准化管理委员会　发布

前言

本标准按照GB/T 1.1—2009给出的规则起草。

本标准由中国石油和化学工业联合会提出。

本标准由全国化学标准化技术委员会水处理剂分会(SAC/TC 63/SC 5)归口。

本标准起草单位:中海油天津化工研究设计院、中国石油化工股份有限公司北京北化院燕山分院、广州市特种承压设备检测研究院、光明化工研究设计院、上海未来企业有限公司、南京御水科技有限公司、石家庄开发区德赛化工有限公司、河南清水源科技股份有限公司、深圳市华测检测有限公司、上海轻工业研究所有限公司。

本标准主要起草人:郑书忠、闫岩、杨麟、郭喜民、樊大勇、刘昕、陈伟、李永广、李翠娥、郭勇、裘瑛。

循环冷却水节水技术规范

1 范围

本标准规定了敞开式间接循环冷却水系统节水技术要求。

本标准适用于以地表水、地下水、海水淡化水和再生水等为补充水，采用化学处理技术达到节水减排为目标的循环冷却水系统。

2 规范性引用文件

下列文件对于本文件的应用是必不可少的。凡是注日期的引用文件，仅注日期的版本适用于本文件。凡是不注日期的引用文件，其最新版本(包括所有的修改单)适用于本文件。

GB/T 6682 分析实验室用水规格和试验方法(GB/T 6682—2008,ISO 3696:1987,MOD)

GB 8978 污水综合排放标准

GB/T 16632 水处理剂阻垢性能的测定 碳酸钙沉积法

GB/T 18175 水处理剂缓蚀性能的测定 旋转挂片法

GB/T 21534 工业用水节水 术语

GB 50050 工业循环冷却水处理设计规范

GB 50335 污水再生利用工程设计规范

HG/T 2160 冷却水动态模拟试验方法

HG/T 3523 冷却水化学处理标准腐蚀试片技术条件

HG/T 3778 冷却水系统化学清洗、预膜处理技术规则

3 术语和定义

GB/T 21534、GB 50050 界定的术语和定义适用于本文件。

4 总则

4.1 循环冷却水节水技术规范应根据系统冷却方式、全厂水量平衡、水源水量及水质、材质及运行条件等因素，全面考虑腐蚀、结垢、菌藻及水生物的滋生因素，选用节水效率高、环境友好、使用安全的水处理技术和水处理药剂。

4.2 循环冷却水节水技术规范应满足推广先进的工业节水技术，提高水的重复利用率的要求。

4.3 循环冷却水节水技术规范应发展高效循环冷却水处理技术，在保证系统安全、节能的前提下，提高循环冷却水的浓缩倍数。循环冷却水系统应选择技术先进、能耗低、自用水耗少的水处理设备。

4.4 循环冷却水节水技术规范应满足保护环境的要求，应采用高效、低毒、化学稳定性好的水处理药剂，并优先使用可生物降解性水处理药剂，严格限制使用有毒、有害的水处理药剂。

4.5 循环冷却水节水工艺和技术宜积极借鉴国内外先进的生产实践经验、科研成果和专利技术，积极采用具有先进技术的绿色化学药剂、信息自动化的监控技术及节水设备等新技术。

5 技术要求

5.1 循环冷却水补充水水质要求

5.1.1 采用地表水、地下水及海水淡化水为补充水的水源时，应根据水源水质、冷却水水质控制指标和工况条件等，经技术经济比较，选择适当的循环冷却水浓缩倍数。运行过程中应确保补充水水质满足安全、节能、节水的要求。地表水、地下水或海水淡化水用作敞开式间接循环冷却水系统补充水时，水质经处理后应符合表1的规定。

表1 地表水、地下水、海水淡化水作为敞开式间接循环冷却水系统补充水的水质要求

项 目	允许值
浊度(NTU)	≤3
pH值	6.0～8.5
总铁(Fe)/(mg/L)	≤0.3
Cl^-/(mg/L)	≤200
NH_3-N/(mg/L)	≤0.5
石油类/(mg/L)	≤0.3
COD_{Cr}/(mg/L)	≤15

5.1.2 采用再生水作为补充水的水源时，水质应符合表2的规定，方可直接补入循环水系统，否则宜进行深度处理。

表2 再生水作为补充水的水质要求

项 目	允许值
pH值	6.5～8.5
悬浮物/(mg/L)	≤5
浊度(NTU)	≤5
BOD_5/(mg/L)	≤10
COD_{Cr}/(mg/L)	≤40
总铁(Fe)/(mg/L)	≤0.3
余氯/(mg/L)	≥0.1
钙离子(以 $CaCO_3$ 计)/(mg/L)	≤250
甲基橙碱度(以 $CaCO_3$ 计)/(mg/L)	≤200
NH_3-N/(mg/L)	≤5；有铜材时≤1
总磷(以 PO_4^{3-} 计)/(mg/L)	≤3
溶解性总固体/(mg/L)	≤1 000
石油类/(mg/L)	≤5
细菌总数/(个/mL)(菌落数)	<1 000

5.2 循环冷却水系统控制指标

5.2.1 以地表水、地下水及海水淡化水做补充水水源时

5.2.1.1 换热设备传热面水侧污垢热阻值应小于 $3.0\times10^{-4}\,m^2\cdot K/W$。

5.2.1.2 换热设备传热面水侧黏附速率不大于 15 mg/(cm^2·月)，石油化工行业不大于 20 mg/(cm^2·月)。

5.2.1.3 碳钢换热设备传热面水侧腐蚀速率小于 0.075 mm/a，铜合金和不锈钢换热设备传热面水侧腐蚀速率小于 0.005 mm/a；海水淡化水为补充水时，碳钢换热设备传热面水侧腐蚀速率小于 0.10 mm/a，铜合金和不锈钢换热设备传热面水侧腐蚀速率小于 0.005 mm/a。

5.2.1.4 循环冷却水异养菌总数不大于 1.0×10^5 个/mL。

5.2.1.5 循环冷却水生物黏泥不大于 2.0 mL/m^3，石油化工行业不大于 3.0 mL/m^3。

5.2.2 以再生水作为补充水的水源时

5.2.2.1 换热设备传热面水侧污垢热阻值应小于 $3.0\times10^{-4}\,m^2\cdot K/W$。

5.2.2.2 换热设备传热面水侧黏附速率不大于 20 mg/(cm^2·月)，石油化工行业不大于 25 mg/(cm^2·月)。

5.2.2.3 碳钢换热设备传热面水侧腐蚀速率小于 0.075 mm/a，铜合金和不锈钢换热设备传热面水侧腐蚀速率小于 0.005 mm/a。

5.2.2.4 循环冷却水异养菌总数不大于 1.0×10^5 个/mL。

5.2.2.5 循环冷却水生物黏泥不大于 4.0 mL/m^3，石油化工行业不大于 5.0 mL/m^3。

5.2.3 循环冷却水系统的浓缩倍数应符合表 3 的要求

表 3 循环冷却水浓缩倍数

补充水水源	浓缩倍数
地表水、地下水或海水淡化水	≥5.0
再生水	≥3.0

5.2.4 循环冷却水系统水质控制指标如表 4 的要求

表 4 循环冷却水水质控制指标

项目	要求使用条件	允许值
浊度(NTU)	根据生产工艺要求确定	≤20
	换热设备为板式、翅片管式、螺旋板式	≤10
pH 值	—	7.0～9.2
钙硬度＋甲基橙碱度(以 $CaCO_3$ 计)/(mg/L)	—	≤1 500
总 Fe/(mg/L)	—	≤1.5
Cl^-/(mg/L)	碳钢换热设备	≤1 000
	不锈钢换热设备[a]	≤700

表 4（续）

项目	要求使用条件	允许值
SO_4^{2-}/(mg/L)	—	≤2 000
$Mg^{2+}\times SiO_2$（Mg^{2+} 以 $CaCO_3$ 计）/(mg/L)	—	≤25 000
NH_3-N/(mg/L)	—	≤10
石油类/(mg/L)	非炼油企业	≤5
	炼油企业	≤10
COD_{Cr}/(mg/L)	地表水、地下水、海水淡化水	≤100
	再生水	≤150
[a] 不锈钢牌号为 TP316、TP316L 时，Cl^-≤1 000 mg/L； 不锈钢牌号为 TP317、TP317L 时，Cl^-≤5 000 mg/L。		

5.3 循环冷却水节水处理技术要求

5.3.1 提高循环冷却水的浓缩倍数

5.3.1.1 一般要求

补水水质、浓缩倍数能够满足本规范要求时，可采用 pH 值自然平衡处理技术；补水水质不符合要求，浓缩倍数不能满足本规范要求时，应对补充水或循环水（旁流水）进行处理，处理技术可采用软化、加酸、脱盐或部分脱盐等。

5.3.1.2 软化处理技术

5.3.1.2.1 水质软化处理技术有：石灰软化法、石灰-碳酸钠软化法、弱酸树脂离子交换法、钠离子交换法等。

5.3.1.2.2 软化水处理的水量应根据循环冷却水系统运行参数、循环水水质要求和软化处理后能达到的水质指标经技术经济比较确定，采用弱酸树脂离子交换法时还应考虑对循环冷却水 pH 值的影响。

5.3.1.2.3 软化处理过程中产生的废水应回收利用，如可作为冲渣水和熄焦水等。无利用价值并符合排放标准或经处理后符合排放标准的可外排。

5.3.1.3 脱盐或部分脱盐处理技术

5.3.1.3.1 脱盐或部分脱盐处理技术有：反渗透、离子交换（含弱酸弱碱树脂离子交换法）、电渗析、电容性去离子技术等。

5.3.1.3.2 脱盐或部分脱盐处理的水量应根据循环冷却水系统运行参数、循环水水质要求和脱盐处理后能达到的水质指标经技术经济比较确定。可采用对部分补水进行处理或部分循环冷却水进行旁流处理。

5.3.1.3.3 脱盐或部分脱盐处理时应尽可能的提高产水率，处理产生的浓水或者废水应回收利用，无利用价值并符合排放标准或经处理后符合排放标准的可外排。

5.3.1.4 加酸处理技术

5.3.1.4.1 加酸量应根据循环冷却水系统运行参数、循环水控制指标和补水水质指标确定。

5.3.1.4.2 采用加酸处理技术时宜使用浓硫酸，投加浓硫酸应采用自动加酸装置，并采取相应的安全措施。

5.3.2 循环水水质稳定处理技术

5.3.2.1 一般要求

对于循环冷却水处理无论采用 pH 值自然平衡处理技术，还是采用软化、加酸、脱盐或部分脱盐等处理技术，均需要进行水质稳定处理，包括阻垢、缓蚀、微生物控制和清洗预膜技术。

5.3.2.2 阻垢缓蚀处理技术

5.3.2.2.1 阻垢缓蚀剂品种的选择及其用量，应根据补充水水质和循环冷却水系统材质按 GB/T 16632、GB/T 18175、HG/T 2160 对水处理药剂进行阻垢缓蚀性能评价。

5.3.2.2.2 应选择高效、稳定、配伍性良好的环境友好型阻垢缓蚀剂。

5.3.2.3 微生物控制技术

5.3.2.3.1 应根据微生物的种类如异养菌、铁细菌、硫酸盐还原菌、硝化菌等选择适宜的杀生剂或其他控制技术。

5.3.2.3.2 为避免微生物产生抗药性，应交替使用氧化型杀生剂和非氧化型杀生剂。

5.3.2.3.3 定期投加黏泥剥离剂。

5.3.2.4 清洗和预膜技术

5.3.2.4.1 循环冷却水系统开车前宜进行清洗和预膜处理。

5.3.2.4.2 应根据换热设备传热表面的污垢腐蚀情况及生产工艺状况，选择相应的清洗剂和清洗方式。

5.3.2.4.3 预膜剂及预膜方案应根据换热设备的材质、水质、温度等条件确定。

5.3.3 再生水回用处理技术

5.3.3.1 鼓励使用再生水作为补充水，当其用量占总补水量的 50%以上时，再生水的水质应符合本标准再生水的指标要求。

5.3.3.2 以再生水做补水的循环冷却水系统应加强杀菌处理，对于含有铜材设备的需考虑氨氮的影响。

5.3.3.3 循环水排污水的利用

应建立分级用水制度，并建立不同水种的管网；在水平衡许可的条件下，清循环水的排污水宜作为下一级污循环、浊循环、冲灰水等的补充水使用。循环冷却水系统排水有害物质的含量应满足后续水处理系统水质要求，最终排放应满足 GB 8978 要求。

6 管理要求

6.1 应建立供水管网平面图、全厂水量平衡图、水处理系统流程图。

6.2 使用单位应结合本单位实际情况做好加药处理、补充水处理和旁流处理工作，确保污垢热阻值、黏附速率、腐蚀速度、异养菌总数、生物黏泥量、浓缩倍数、补充水水质、循环冷却水水质符合本规范的要求。

6.3 使用单位及时记录水处理药剂使用种类、数量和时间；认真做好补充水处理、旁流水处理、再生水处理设备的操作，并及时记录操作参数。

6.4 应建立水冷器日常检漏制度，应尽量减少循环冷却水系统的跑、冒、滴、漏，降低循环水损失率。

6.5 循环冷却水系统除了在符合 HG/T 3778 规定的条件下进行化学清洗、预膜外，当出现下列条件之一者，也应及时计划安排化学清洗、预膜并对技术处理方案进行调整：

——换热设备传热面水侧污垢热阻值超过本规范的要求；

——换热设备传热面水侧黏附速率大于本规范的规定；

——碳钢换热设备传热面水侧腐蚀速率超出本规范的限定值。

6.6 循环冷却水系统应严格闭路循环，不得将循环水任意排放，也不得将其他不符合循环水补水标准的水排入循环水系统。

6.7 使用单位应建立以下制度：

——节水降耗效果评价制度；

——水处理药剂质量分析和性能评价制度；

——污垢热阻值、黏附速率、腐蚀速率、浓缩倍数定期评价制度；

——补充水、旁流处理水、循环冷却水水质定期分析制度；

——排污管理制度；

——垢样分析制度。

6.8 应对循环冷却水系统进出水温差、补充水量、旁流处理水量、排污水量、蒸发损失水量、风吹损失水量、非正常损失水量、循环水用作其他工艺用水量、循环冷却水量、浓缩倍数定期进行统计、分析：

——每个循环冷却水系统补充水管、冷却水出水管、排污管、循环水用作其他工艺用水管应装设具有瞬间指示和累计功能的流量计，补充水量、循环冷却水量、排污水量、其他工艺用水量按流量计统计；

——每个冷却塔进、出水管应分别设置温度测量装置；

——浓缩倍数。

循环冷却水浓缩倍数按式(1)计算：

$$N=\frac{\rho_{\text{K循}}}{\rho_{\text{K补}}} \qquad \cdots\cdots(1)$$

式中：

N ——循环水浓缩倍数；

$\rho_{\text{K循}}$ ——循环冷却水中钾离子的质量浓度的数值，单位为毫克每升(mg/L)；

$\rho_{\text{K补}}$ ——补充水中钾离子的质量浓度的数值，单位为毫克每升(mg/L)。

注：也可采用在系统中相对稳定的其他离子。

6.9 使用单位每天应记录补充水量、排污水量、循环冷却水量，并计算浓缩倍数。每月应对其进行统计分析。

6.10 定期对水质进行全分析，检测指标参见附录 A 表 A.1。

6.11 定期对垢样进行全分析，检测指标参见附录 A 表 A.2。

6.12 按如下要求，腐蚀速率每月至少监测一次：

——腐蚀试管、腐蚀试片的材质应与换热设备传热面的材质相同；

——腐蚀试片的制作应符合 HG/T 3523 的规定；

——腐蚀试管的孔径应经计算确定，腐蚀试管内的流速应与换热设备传热面的流速相同，腐蚀试管的制作技术要求可参照 HG/T 3523 的规定；

——每月按失重法监测腐蚀试管、腐蚀试片的腐蚀速率，监测装置内同时放置有腐蚀试管和腐蚀试片的，以腐蚀试管的腐蚀数据为准，腐蚀试片数据作参考；

——腐蚀速率应符合本规范的规定，当腐蚀速率超过规定时，应查明原因，及时处理。

6.13 黏附速率每季度至少监测一次,当黏附速率超过本规范规定时,应查明原因,及时处理。

6.14 每周监测异养菌总数一次,当异养菌总数超过本规范规定时,应查明原因,及时处理。

6.15 每周监测生物黏泥一次,当生物黏泥超过本规范规定时,应查明原因,及时处理。

6.16 应严格管理塔池出口滤网,防止杂物堵塞水冷器。

附 录 A
（资料性附录）
标准中所使用的表式

表 A.1、表 A.2 分别给出了水质分析、垢样分析用表的表式。

表 A.1 水质分析表

单位名称			分析日期		取样日期	
			水样名称		取样人姓名	
分析项目	补充水 mg/L	循环水 mg/L		分析项目	补充水 mg/L	循环水 mg/L
K^+				pH 值		
Ca^{2+}				总硬度		
Mg^{2+}				酚酞碱度		
可溶性铁				总碱度		
Cu^{2+}				耗氧量		
氨氮				悬浮物		
OH^-				溶解固形物		
HCO_3^-				电导率		
CO_3^{2-}				浊度		
Cl^-				溶解氧		
SiO_3^{2-}				油含量		
SO_4^{2-}						
总磷						
NO_3^-						
NO_2^-						
总铁						
浓缩倍数						
黏泥量						
细菌数						
备注	可按需要选择测定项目					
分析				审核		

表 A.2 垢样分析报告

单位名称：	系统名称：
取样设备位号：	取样部位：
样品名称：	报告日期：
取样日期：	分析者：
项 目	结 果
外观	
550 ℃灼烧失重/%	
950 ℃灼烧失重/%	
CaO/%	
Fe_2O_3/%	
P_2O_5/%	
MgO/%	
ZnO/%	
SiO_2/%	
Al_2O_3/%	
CuO/%	
其他	
备注	可按需要选择测定项目
取样部位照片	取样部位照片

ICS 83.140.50
G 43

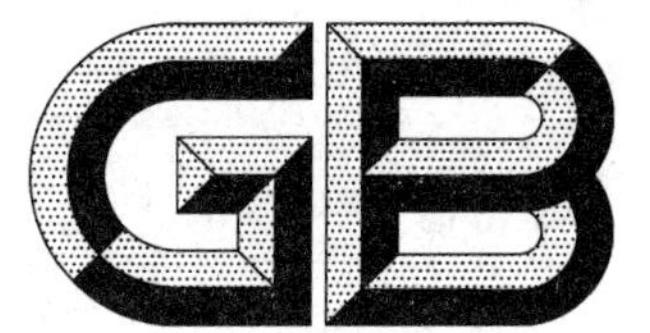

中华人民共和国国家标准

GB/T 31330—2014

汽车循环球式动力转向器唇形密封圈性能试验方法

The performance test procedures of recirculating ball power steering lips seals

2014-12-05 发布 2015-06-01 实施

中华人民共和国国家质量监督检验检疫总局
中国国家标准化管理委员会 发布

前　言

本标准按照GB/T 1.1—2009给出的规则起草。

本标准由中国石油和化学工业联合会提出。

本标准由全国橡胶与橡胶制品标准化技术委员会密封制品分技术委员会(SAC/TC 35/SC 3)归口。

本标准起草单位:重庆杜克高压密封件有限公司、西北橡胶塑料研究设计院、安徽库伯油封有限公司、青岛北海密封技术有限公司、青岛海力威新材料科技股份有限公司、成都盛帮密封件股份有限公司。

本标准主要起草人员:杜长春、曹元礼、陈增宝、郝伯华、纪顺本、郑东、孙卫华、沈光斌、徐立刚、范德波、李云飞、唐梦婧。

汽车循环球式动力转向器唇形密封圈性能试验方法

1 范围

本标准规定了汽车循环球式动力转向器唇形密封圈(以下简称密封圈)的性能试验方法。

本标准适用于安装在汽车循环球式动力转向器做正、反转运动的输出轴、输入轴上的高压摆动密封圈和低压摆动密封圈。

2 规范性引用文件

下列文件对于本文件的应用是必不可少的。凡是注日期的引用文件,仅注日期的版本适用于本文件。凡是不注日期的引用文件,其最新版本(包括所有的修改单)适用于本文件。

GB/T 13871.3 密封元件为弹性体材料的旋转轴唇形密封圈 第3部分:贮存、搬运和安装

GB/T 24795.1 商用车车桥旋转轴唇形密封圈 第1部分:结构、尺寸和公差

GB/T 24795.2—2011 商用车车桥旋转轴唇形密封圈 第2部分:性能试验方法

3 试验设备通用要求

3.1 适应不同内径和外径的密封圈,轴和密封圈腔体尺寸应可以改变,且可以方便的拆卸和更换。

3.2 密封圈腔体应符合GB/T 24795.1的规定。

3.3 密封圈腔体内孔表面粗糙度应不大于 *Ra* 1.6。

3.4 轴应符合GB/T 24795.1的规定。

3.5 轴表面粗糙度 *Ra* 0.2～*Ra* 0.4,表面硬度55 HRC～63 HRC。

3.6 轴转速误差应控制在设定值的±3%以内。

3.7 试验设备应能够保持试验液体的温度误差在±3 ℃以内。

3.8 试验设备应能够将试验压力控制在设定值的±5%以内。

3.9 在未设置动静偏心的情况下,试验设备腔体内孔相对于主轴的同轴度应不大于0.03 mm。

3.10 试验设备应配置泄漏液体接收器。

3.11 试验介质加热可采用系统循环加热法。

4 密封圈安装要求

4.1 安装密封圈之前,应检验密封圈是否符合相关图样或规范的要求,同时检查试验设备是否符合3的要求。

4.2 密封圈应按GB/T 13871.3的规定进行安装。

5 性能试验

5.1 高压摆动密封圈性能试验

5.1.1 高温密封试验

5.1.1.1 试验设备

图1为高温密封试验设备的典型示意图。该设备应具有动静偏心可调、电动机转速及转向可调、施加侧向力(侧向力可调)、试验压力可调和压力过载保护功能。试验设备主要技术参数见表1。

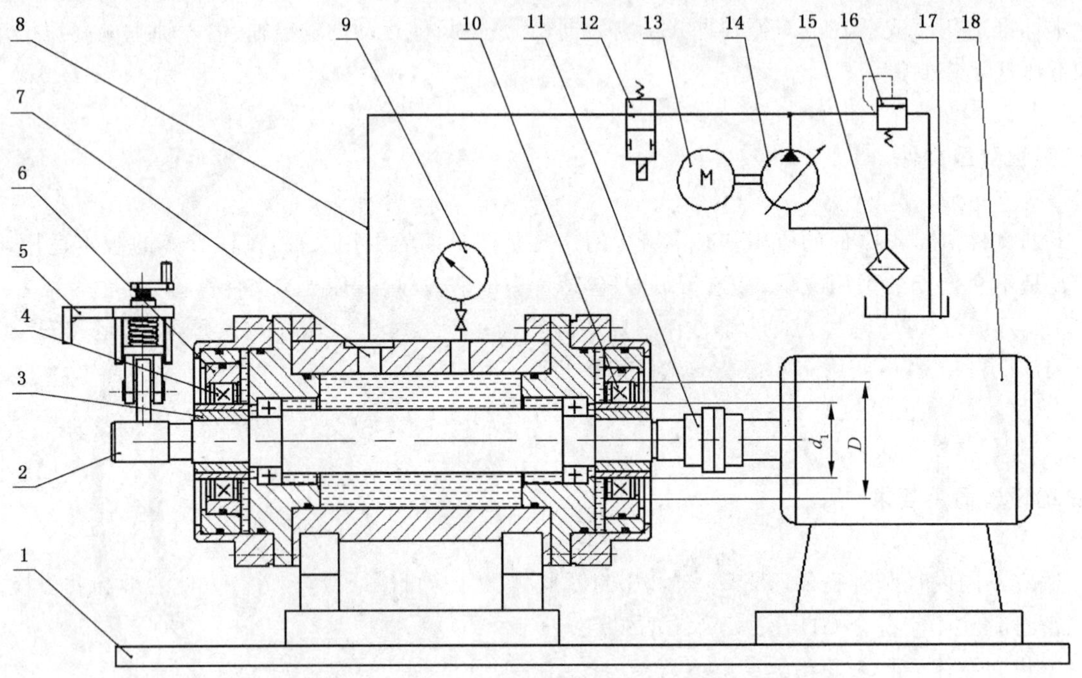

说明：

d_1	——轴直径；	8	——油管；
D	——腔体直径。	9	——压力计；
1	——底座；	11	——联轴器；
2	——主轴；	12	——方向控制阀；
3	——轴偏心套；	13、18	——电动机；
4、10	——被试密封圈；	14	——液压泵；
5	——侧向力装置；	15	——过滤器；
6	——密封圈腔体偏心套；	16	——溢流阀；
7	——进油口；	17	——油箱。

图1 高温密封试验设备典型示意图

表1 高温密封试验设备主要技术参数表

项目	技术参数
偏心量调整范围/mm	0～1
温度范围/℃	0～150

表 1（续）

项目	技术参数
压力范围/MPa	0～30
轴转速/(r/min)	0～120
轴摆动角度/(°)	±720

5.1.1.2 试验条件

试验条件如下：

a) 密封圈偏心量：按表 2 设定。

b) 试验温度：油温 135 ℃±3 ℃。

c) 轴转速：10 r/min～20 r/min，应在循环周期 3%的时间内，由 0 升至最大值（允许误差±5%），或由最大值降至 0，如图 2 所示。

d) 试验压力：转向器总成最大工作压力（脉冲压力），应在循环周期 3%的时间内，由 0 升至最大值（允许误差±5%），或由最大值降至 0，且与轴转速循环周期同步，如图 3 所示。

e) 侧向力：与用户协商确定。

f) 摆动角度：±50°。

g) 试验介质：转向器实际使用的液压油。

h) 试验循环次数：20 万次。

注：正反旋转各 50°为 1 次循环。

表 2 高压摆动密封圈高温密封试验动、静偏心量设定 单位为毫米

名 称	轴径 d_1				
	$20<d_1\leqslant40$	$40<d_1\leqslant60$	$60<d_1\leqslant80$	$80<d_1\leqslant120$	$120<d_1\leqslant160$
静偏心量	0.10	0.15	0.15	0.20	0.20
动偏心量	0.10	0.15	0.20	0.25	0.30
注：轴径 d_1 大于 160 mm 的高压摆动密封圈偏心量的设定与用户协商确定。					

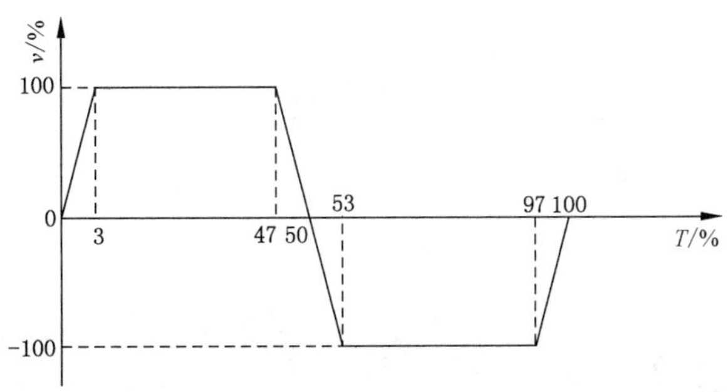

说明：

v——轴转速；

T——循环周期。

注：0～50%循环周期内正向旋转；50%～100%循环周期内反向旋转。

图 2 轴转速循环一个周期变化示意图

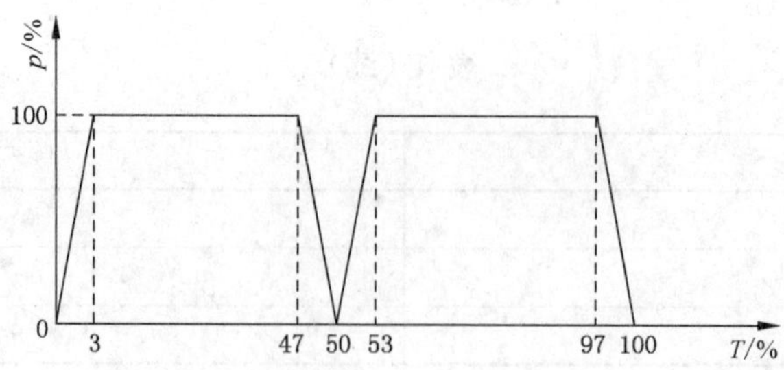

说明：
p——试验压力；
T——循环周期。

图 3　试验压力循环一个周期变化示意图

5.1.1.3　试验程序

试验程序如下：

a)　将 2 只密封圈，按 4.2 的要求安装到试验设备上。

b)　每运行 2 万次循环，停机 2 h 为一个试验周期，共运行 10 个试验周期。

c)　在一个试验周期中每 2 h 检测一次泄漏情况和测量泄漏量，同时记录温度、压力和转速。

5.1.1.4　记录

在试验记录表中记录所有的试验数据。试验记录表参见附录 A。

5.1.1.5　判定标准

经试验，2 只密封圈均无可见渗漏或泄漏，该项试验通过。

5.1.2　低温密封试验

5.1.2.1　试验设备

图 4 为低温密封试验设备的典型示意图。该设备应具有动静偏心可调、试验压力可调、电动机转速及转向可调、温度可调和压力过载保护功能。试验设备主要技术参数见表 3。

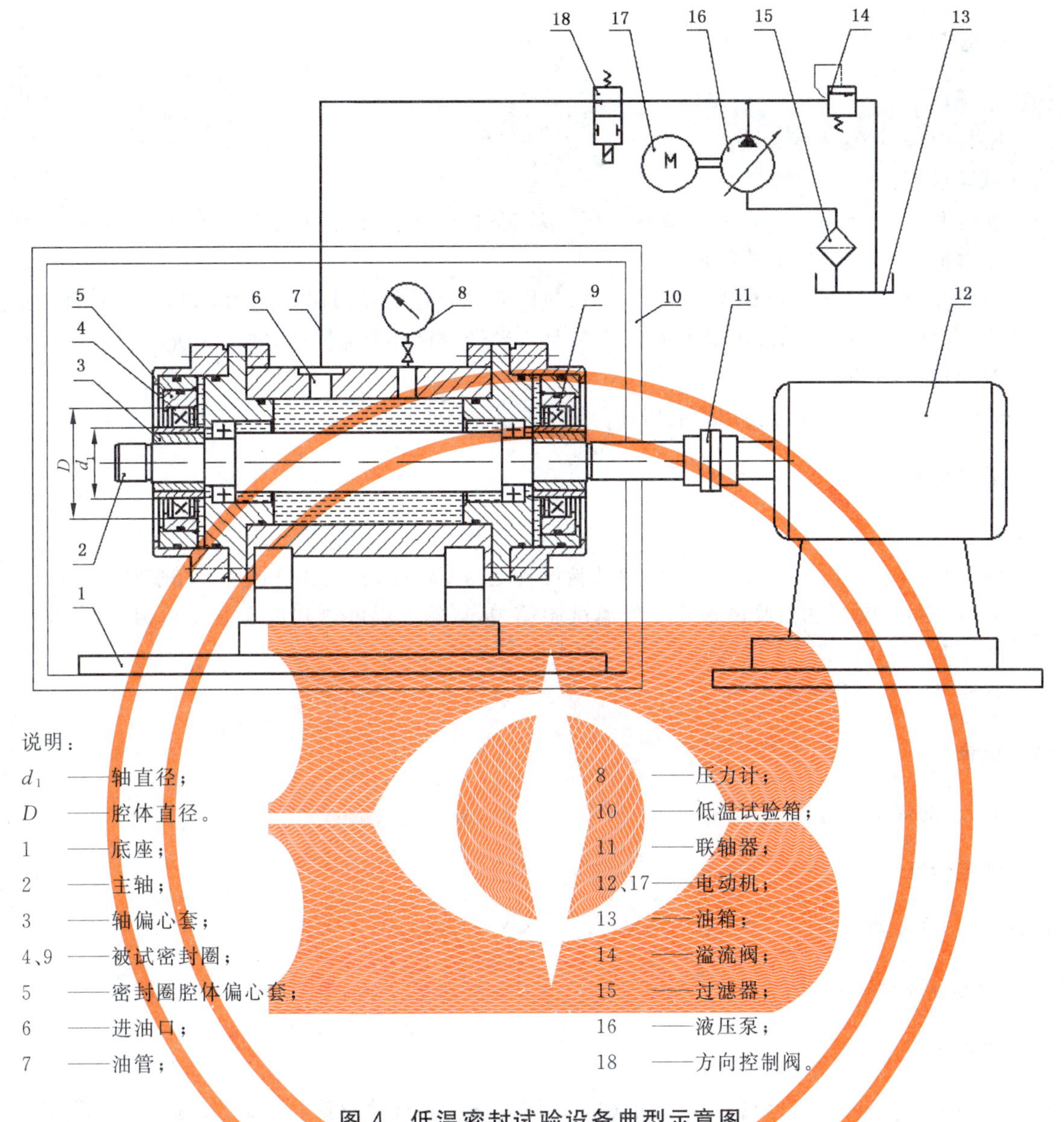

说明：

d_1 ——轴直径；

D ——腔体直径。

1 ——底座；

2 ——主轴；

3 ——轴偏心套；

4、9 ——被试密封圈；

5 ——密封圈腔体偏心套；

6 ——进油口；

7 ——油管；

8 ——压力计；

10 ——低温试验箱；

11 ——联轴器；

12、17——电动机；

13 ——油箱；

14 ——溢流阀；

15 ——过滤器；

16 ——液压泵；

18 ——方向控制阀。

图 4 低温密封试验设备典型示意图

表 3 低温密封试验设备主要技术参数表

项目	技术参数
偏心量调整范围/mm	0～1
温度范围/℃	0～−70
压力范围/MPa	0～30
轴转速/(r/min)	0～120
轴摆动角度/(°)	±720

5.1.2.2 试验条件

试验条件如下：

a) 密封圈偏心量:按表2设定。

b) 试验温度:−40 ℃±3 ℃。

c) 轴转速:10 r/min～20 r/min,应在循环周期3%的时间内,由0升至最大值(允许误差±5%),或由最大值降至0,如图2所示。

d) 试验压力:转向器总成最大工作压力(脉冲压力),应在循环周期3%的时间内,由0升至最大值(允许误差±5%),或由最大值降至0,且与轴转速循环周期同步,如图3所示。

e) 摆动角度:±50°。

f) 试验介质:转向器实际使用的液压油。

5.1.2.3 试验程序

试验程序如下：

a) 将2只密封圈,按4.2的要求安装到试验设备上,并将试验介质注满试验设备腔体。

b) 将安装好密封圈的试验设备放入低温试验箱内,待箱内温度达到设定温度后保持16 h,然后按5.1.2.2中的试验条件运行不少于10次摆动循环。

c) 观察并记录试验情况。

5.1.2.4 记录

按5.1.1.4的规定进行。

5.1.2.5 判定标准

应符合5.1.1.5的规定。

5.1.3 极限高压密封试验

5.1.3.1 试验设备

图5为极限高压密封试验设备的典型示意图。该设备应具有动静偏心可调、试验压力可调和压力过载保护功能。试验设备主要技术参数见表4。

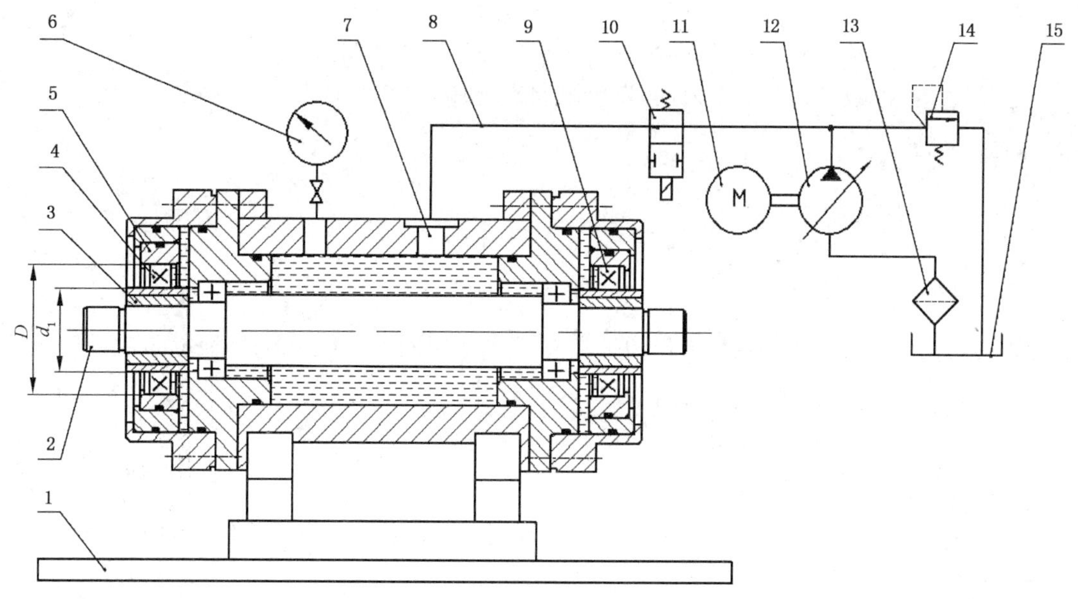

说明：

d_1	——轴直径；	7	——进油口；
D	——腔体直径。	8	——油管；
1	——底座；	10	——方向控制阀；
2	——主轴；	11	——电动机；
3	——轴偏心套；	12	——液压泵；
4、9	——被试密封圈；	13	——过滤器；
5	——密封圈腔体偏心套；	14	——溢流阀；
6	——压力计；	15	——油箱。

图 5 极限高压密封试验设备典型示意图

表 4 极限高压密封试验设备主要技术参数表

项目	技术参数
偏心量调整范围/mm	0～1
压力范围/MPa	0～60

5.1.3.2 试验条件

试验条件如下：

a) 密封圈偏心量：按表 2 设定。

b) 试验压力：从 0 MPa 开始加压，以每 5 MPa 为一个压力等级，直至加压到转向器总成额定工作压力的 3 倍。

c) 试验介质：转向器实际使用的液压油。

5.1.3.3 试验程序

试验程序如下：

a) 将 2 只密封圈，按 4.2 的要求安装到试验设备上。

b) 按每 5 MPa 为一个压力等级加压，在每个压力等级下保持 5 min，直至加压到转向器总成额定工作压力的 3 倍，检查整个试验过程有无液压油渗漏或泄漏。

c) 记录发生渗漏或泄漏时的压力(若发生渗漏或泄漏)。

5.1.3.4 记录

按 5.1.1.4 的规定进行。

5.1.3.5 判定标准

试验压力达到转向器总成额定工作压力 3 倍时，2 只密封圈无可见渗漏或泄漏，该项试验通过。

5.1.4 耐负压试验

5.1.4.1 试验设备

图 6 为耐负压试验设备的典型示意图。该设备应具有动静偏心可调和试验压力可调功能。试验设备主要技术参数见表 5。

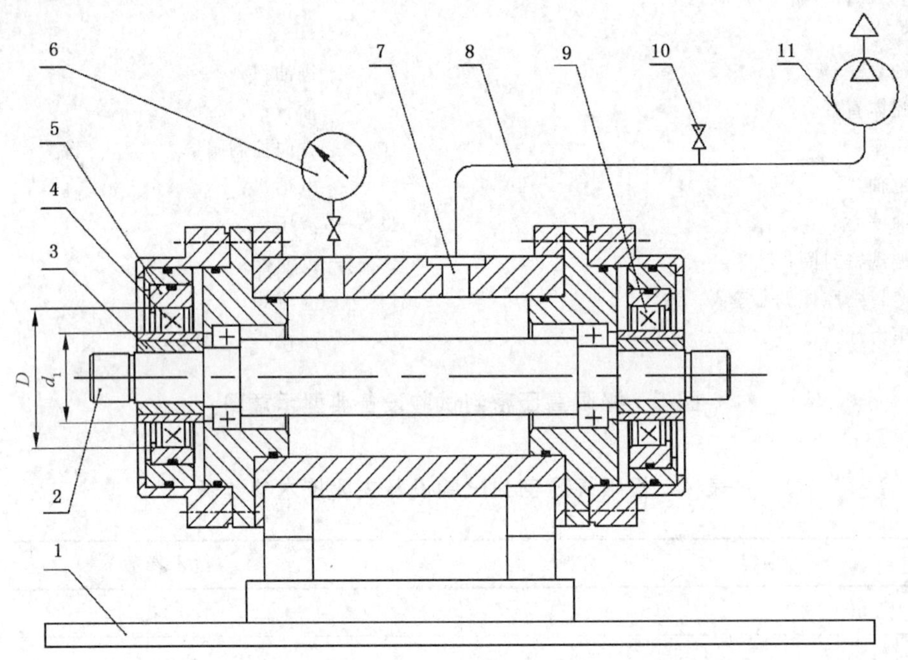

说明：

d_1 ——轴直径；

D ——腔体直径。

1 ——底座；

2 ——主轴；

3 ——轴偏心套；

4、9 ——被试密封圈；

5 ——密封圈腔体偏心套；

6 ——真空表；

7 ——进油口；

8 ——气管；

10 ——截止阀；

11 ——真空泵。

图 6 耐负压试验设备典型示意图

表 5 耐负压试验设备主要技术参数表

项目	技术参数
偏心量调整范围/mm	0～1
压力范围/MPa	0～－0.1

5.1.4.2 试验条件

试验条件如下：

a) 密封圈偏心量：按表 2 设定。
b) 试验压力：不大于 －92 kPa。
c) 试验介质：空气。

5.1.4.3 试验程序

试验程序如下：

a) 将 2 只密封圈，按 4.2 的要求安装到试验设备上。
b) 在密封圈接触油腔体的一侧抽取空气至 5.1.4.2 中的试验压力后，关闭截止阀，保持 5 min，观察压力变化情况。

5.1.4.4 记录

按 5.1.1.4 的规定进行。

5.1.4.5 判定标准

密封腔体压力在规定的试验条件下保持 5 min 不变，该项试验通过。

5.1.5 疲劳试验

5.1.5.1 试验设备

图 7 为疲劳试验设备的典型示意图。该设备应具有动静偏心可调、电动机转速及转向可调、试验压力可调和压力过载保护功能。试验设备主要技术参数见表 6。

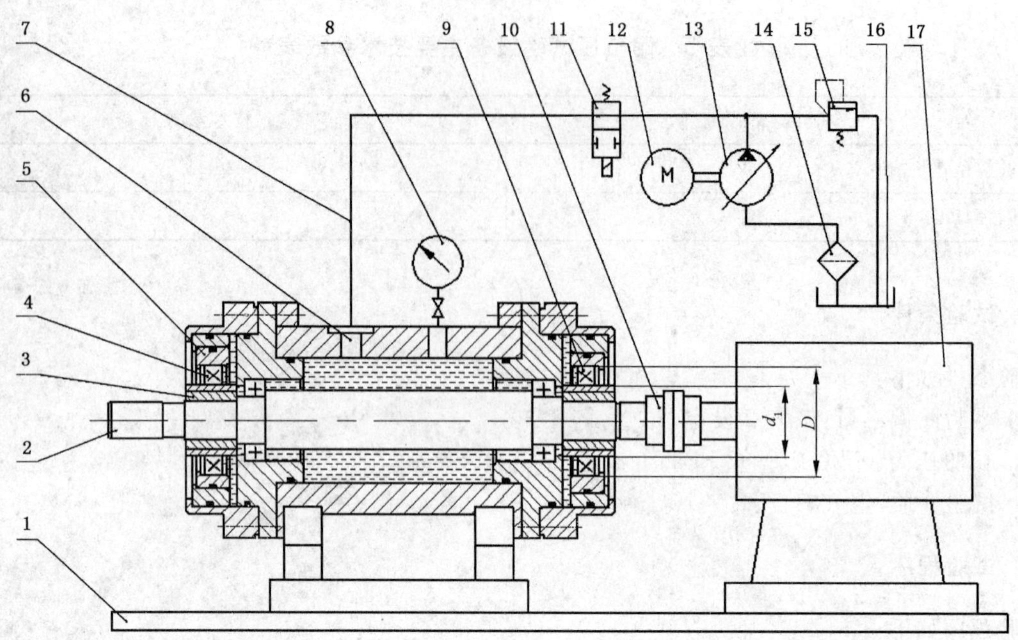

说明：

d_1	——轴直径；	8	——压力计；
D	——腔体直径。	10	——联轴器；
1	——底座；	11	——方向控制阀；
2	——主轴；	12	——电动机；
3	——轴偏心套；	13	——液压泵；
4、9	——被试密封圈；	14	——过滤器；
5	——密封圈腔体偏心套；	15	——溢流阀；
6	——进油口；	16	——油箱；
7	——油管；	17	——摆动驱动器。

图 7　疲劳试验设备典型示意图

表 6　疲劳试验设备主要技术参数表

项目	技术参数
偏心量调整范围/mm	0～1
压力范围/MPa	0～30
交变载荷频率/Hz	0～1.5
轴摆动角度/(°)	±360

5.1.5.2　试验条件

试验条件如下：

a)　密封圈偏心量：按表 2 设定。

b)　交变载荷频率：0.6 Hz～1.2 Hz。

c)　摆动角度：±10°。

d)　试验压力：转向器总成的额定工作压力。

e) 试验介质:转向器实际使用的液压油。

f) 试验循环次数:100 万次。

注:正反旋转各 10°为 1 次循环。

5.1.5.3 试验程序

试验程序如下:

a) 将 2 只密封圈,按 4.2 的要求安装到试验设备上。

b) 试验设备的油压达到转向器总成额定工作压力后,在轴端按 5.1.5.2 的规定施加交变载荷,进行 100 万次循环。

c) 每 2 h 检查一次泄漏情况和测量泄漏量,同时记录压力。

5.1.5.4 记录

按 5.1.1.4 的规定进行。

5.1.5.5 判定标准

应符合 5.1.1.5 的规定。

5.1.6 泥浆试验

5.1.6.1 试验设备

图 8 为泥浆试验设备的典型示意图。该设备应具有动静偏心可调、泥浆自动搅拌及喷射、电动机转速及转向可调、试验压力可调和压力过载保护功能。试验设备主要技术参数见表 7。

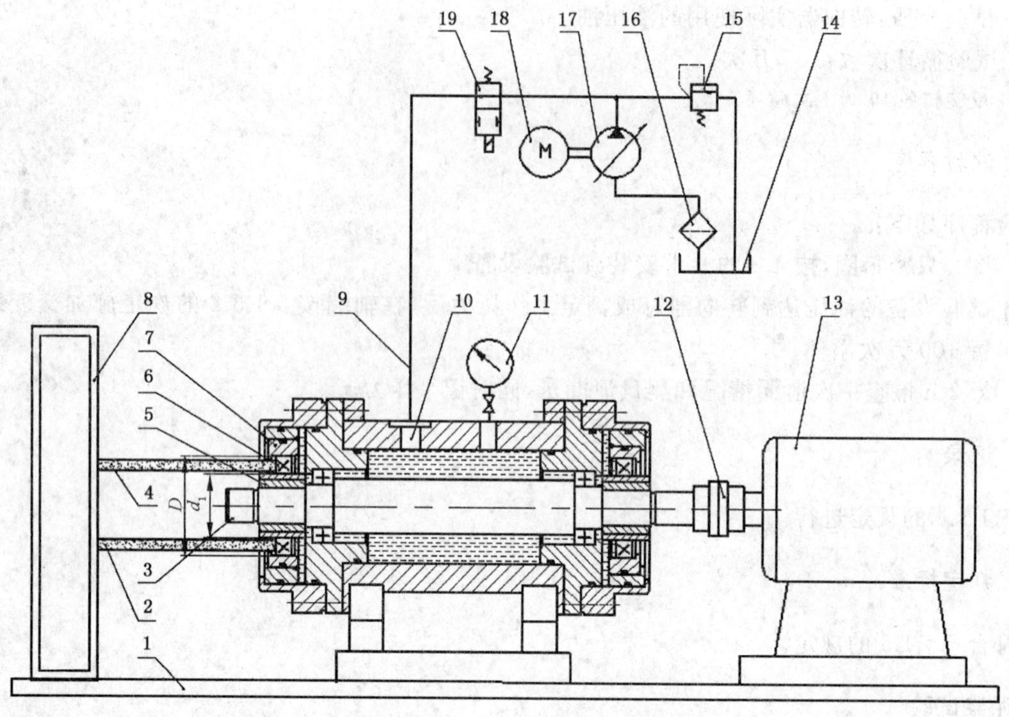

说明：
d_1——轴直径；
D——腔体直径。
1——底座；
2——泥浆；
3——主轴；
4——泥浆喷射管；
5——轴偏心套；
6——被试密封圈；
7——密封圈腔体偏心套；
8——泥浆搅拌及喷射装置；
9——油管；
10——进油口；
11——压力计；
12——联轴器；
13、18——电动机；
14——油箱；
15——溢流阀；
16——过滤器；
17——液压泵；
19——方向控制阀。

图 8 泥浆试验设备典型示意图

表 7 泥浆试验设备主要技术参数表

项目	技术参数
偏心量调整范围/mm	0～1
压力范围/MPa	0～10
轴转速/(r/min)	0～120
轴摆动角度/(°)	±720

5.1.6.2 试验条件

试验条件如下：

a) 密封圈偏心量：按表 2 设定。

b) 轴转速：10 r/min～20 r/min，应在循环周期 3% 的时间内，由 0 升至最大值(允许误差±5%)，或由最大值降至 0，如图 2 所示。

c) 试验压力：转向器总成最大工作压力（脉冲压力），应在循环周期3%的时间内，由0升至最大值（允许误差±5%），或由最大值降至0，且与轴转速循环周期同步，如图3所示。
d) 试验介质：转向器实际使用的液压油。
e) 摆动角度：±50°。
f) 试验循环次数：20万次。
g) 试验泥浆：见GB/T 24795.2—2011中的7.7.2。

5.1.6.3 试验程序

试验程序如下：
a) 将1只密封圈，按4.2的要求安装到试验设备上。
b) 将泥浆喷射管端口调整到以不接触密封圈为宜，且距密封圈表面不大于20 mm。
c) 试验设备启动5 min后开始试验，泥浆以2 L/min的流量喷射10个循环后停止泥浆喷射，试验设备继续运行90个循环为一个试验周期，连续进行2 000个试验周期。
d) 在试验过程中，200个试验周期后停机2 h，同时观察漏油情况。

5.1.6.4 记录

按5.1.1.4的规定进行。

5.1.6.5 判定标准

密封圈无渗漏油、无泥浆侵入，该项试验通过。

5.2 低压摆动密封圈性能试验

5.2.1 高温密封试验

5.2.1.1 试验设备

如图1所示。

5.2.1.2 试验条件

试验条件如下：
a) 密封圈偏心量：按表8设定。
b) 轴转速：20 r/min～30 r/min，应在循环周期3%的时间内，由0升至最大值（允许误差±5%），或由最大值降至0，如图2所示。
c) 试验温度、试验压力、摆动角度、试验介质和试验循环次数见5.1.1.2中的b)、d)、f)、g)、h)。

表8 低压摆动密封圈高温密封试验动、静偏心量设定

单位为毫米

项目名称	轴径 d_1				
	$5<d_1\leqslant 15$	$15<d_1\leqslant 25$	$25<d_1\leqslant 35$	$35<d_1\leqslant 45$	$45<d_1\leqslant 55$
静偏心量	0.10	0.15	0.15	0.20	0.20
动偏心量	0.10	0.15	0.20	0.25	0.30
注：轴径 d_1 大于55 mm的低压摆动密封圈偏心量的设定与用户协商确定。					

5.2.1.3 试验程序

按5.1.1.3的规定进行。

5.2.1.4 记录

按5.1.1.4的规定进行。

5.2.1.5 判定标准

应符合5.1.1.5的规定。

5.2.2 低温密封试验

5.2.2.1 试验设备

如图4所示。

5.2.2.2 试验条件

试验条件如下:

a) 密封圈偏心量:按表8设定。
b) 轴转速:20 r/min~30 r/min,应在循环周期3%的时间内,由0升至最大值(允许误差±5%),或由最大值降至0,如图2所示。
c) 试验温度、试验压力、摆动角度和试验介质见5.1.2.2中的b)、d)、e)、f)。

5.2.2.3 试验程序

试验程序如下:

a) 将2只密封圈,按4.2的要求安装到试验设备上,并将试验设备腔体加注满试验介质。
b) 将安装好密封圈的试验设备放入低温试验箱内,待箱内温度达到设定温度后保持16 h,然后按5.2.2.2中的试验条件运行不少于10次摆动循环。
c) 观察并记录试验情况。

5.2.2.4 记录

按5.1.1.4的规定进行。

5.2.2.5 判定标准

应符合5.1.1.5的规定。

5.2.3 极限高压密封试验

5.2.3.1 试验设备

如图5所示。

5.2.3.2 试验条件

试验条件如下:

a) 密封圈偏心量:按表8设定。
b) 试验压力:从0 MPa开始加压,以1 MPa为一个压力等级,直至加压到转向器总成额定工作压力的 3 倍。

c) 轴转速、试验介质见 5.1.3.2 中的 b)、c)。

5.2.3.3 试验程序

按 5.1.3.3 的规定进行。

5.2.3.4 记录

按 5.1.1.4 的规定进行。

5.2.3.5 判定标准

应符合 5.1.1.5 的规定。

5.2.4 疲劳试验

5.2.4.1 试验设备

如图 7 所示。

5.2.4.2 试验条件

试验条件如下：

a) 密封圈偏心量:按表 8 设定。

b) 试验压力:转向器输入端最大工作压力。

c) 交变载荷频率、摆动角度、试验介质和试验循环次数见 5.1.5.2 中的 b)、c)、e)、f)。

5.2.4.3 试验程序

试验程序如下：

a) 将 2 只密封圈,按 4.2 的要求安装到试验设备上。

b) 试验设备的油压达到转向器输入端最大工作压力后,在轴端按 5.2.4.2 的规定施加交变载荷,进行 100 万次循环。

c) 每 2 h 检查一次泄漏情况和测量泄漏量,同时记录压力。

5.2.4.4 记录

按 5.1.1.4 的规定进行。

5.2.4.5 判定标准

应符合 5.1.1.5 的规定。

5.2.5 摩擦扭矩试验

5.2.5.1 试验设备

图 9 为摩擦扭矩试验设备的典型示意图。该设备应具有动静偏心可调、试验压力可调、电动机转速及转向可调、自动检测摩擦扭矩和压力过载保护功能。试验设备主要参数见表 9。

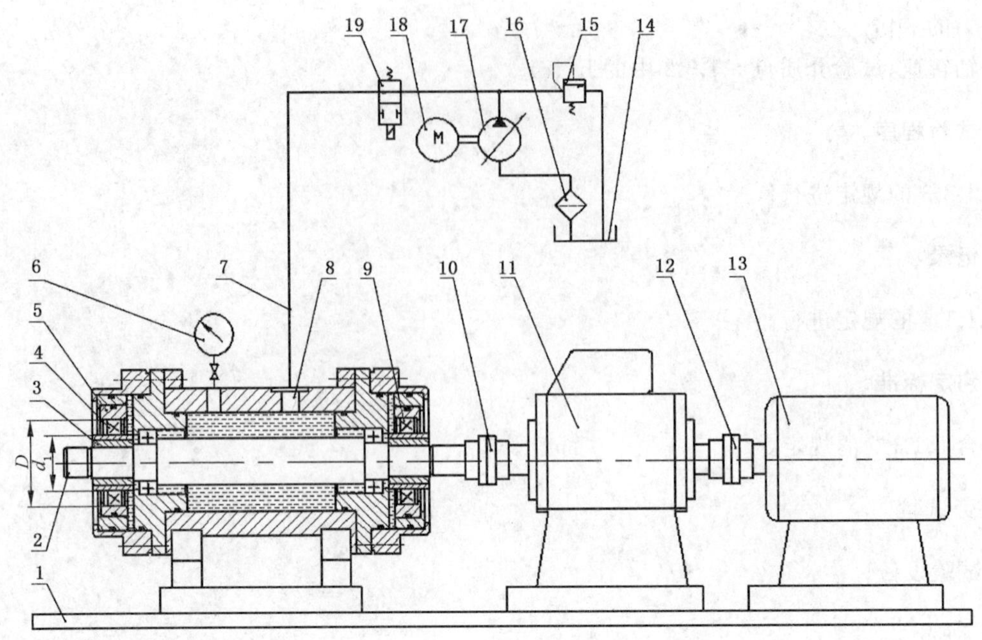

说明：

d_1 ——轴直径；

D ——腔体直径。

1 ——底座；

2 ——主轴；

3 ——轴偏心套；

4、9——被试密封圈；

5 ——密封圈腔体偏心套；

6 ——压力计；

7 ——油管；

8 ——进油口；

10、12——联轴器；

11 ——转矩转速传感器；

13、18——电动机；

14 ——油箱；

15 ——溢流阀；

16 ——过滤器；

17 ——液压泵；

19 ——方向控制阀。

图 9 摩擦扭矩试验设备典型示意图

表 9 摩擦扭矩试验设备主要技术参数表

项目	技术参数
偏心量调整范围/mm	0～1
压力范围/MPa	0～10
轴转速/(r/min)	0～120
轴摆动角度/(°)	±720
摩擦扭矩范围/(N·m)	0～50

5.2.5.2 试验条件

试验条件如下：

a) 密封圈偏心量：按表 8 设定。

b) 轴转速：20 r/min～30 r/min。

c) 摆动角度：±720°。

注：正反旋转各 720°为 1 次循环。

5.2.5.3 试验程序

将 2 只密封圈，按 4.2 的要求安装到试验设备上，按 5.2.5.2 规定的条件运行 20 次摆动循环，稳定后测量摩擦扭矩值并记录。

5.2.5.4 记录

在试验记录表中记录所有的试验数据。试验记录表参见附录 B。

5.2.5.5 判定标准

单只密封圈应符合表 10 的要求。

表 10 低压摆动密封圈摩擦扭矩性能指标

轴径 d_1/mm	$5<d_1\leqslant 15$	$15<d_1\leqslant 25$	$25<d_1\leqslant 35$	$35<d_1\leqslant 45$	$d_1>45$
摩擦扭矩/(N·m)	≤0.25		≤0.30		≤0.35

5.2.6 泥浆试验

5.2.6.1 试验设备

如图 8 所示。

5.2.6.2 试验条件

试验条件如下：

a) 密封圈偏心量：按表 8 设定。
b) 轴转速：20 r/min～30 r/min，应在循环周期 3%的时间内，由 0 升至最大值(允许误差±5%)，或由最大值降至 0，如图 2 所示。
c) 摆动角度：±720°。
d) 试验压力、试验介质、试验循环次数和试验泥浆见 5.1.6.2 中的 c)、d)、f)、g)。

5.2.6.3 试验程序

按 5.1.6.3 的规定进行。

5.2.6.4 记录

按 5.1.1.4 的规定进行。

5.2.6.5 判定标准

应符合 5.1.6.5 的规定。

附　录　A
（资料性附录）
摆动密封圈性能试验记录表

表 A.1　摆动密封圈性能试验记录表

<table>
<tr><td colspan="2">试验项目</td><td colspan="3">试样规格</td><td colspan="4">试样图纸编号</td><td colspan="2">胶料代号</td><td colspan="4">试验起止时间</td><td colspan="3">试验记录表编号</td></tr>
<tr><td colspan="2"></td><td colspan="3"></td><td colspan="4"></td><td colspan="2"></td><td colspan="4"></td><td colspan="3"></td></tr>
<tr><td colspan="11">试验条件</td><td colspan="7">试验记录</td></tr>
<tr><td>试验
温度
℃</td><td>轴转速
r/min</td><td>试验
压力
MPa</td><td>试验
介质</td><td>静偏心
mm</td><td>动偏心
mm</td><td>侧向力
N</td><td>摆动
角度
(°)</td><td>交变
频率
Hz</td><td>试验时间
h(或循
环次数)</td><td>累计运
行时间
h</td><td>试样
编号</td><td>泄漏量
mL</td><td>温度
℃</td><td>压力
MPa</td><td>轴转速
r/min</td><td>记录人</td><td>记录
时间</td></tr>
<tr><td></td><td></td><td></td><td></td><td></td><td></td><td></td><td></td><td></td><td></td><td></td><td></td><td></td><td></td><td></td><td></td><td></td><td></td></tr>
<tr><td></td><td></td><td></td><td></td><td></td><td></td><td></td><td></td><td></td><td></td><td></td><td></td><td></td><td></td><td></td><td></td><td></td><td></td></tr>
<tr><td></td><td></td><td></td><td></td><td></td><td></td><td></td><td></td><td></td><td></td><td></td><td></td><td></td><td></td><td></td><td></td><td></td><td></td></tr>
<tr><td></td><td></td><td></td><td></td><td></td><td></td><td></td><td></td><td></td><td></td><td></td><td></td><td></td><td></td><td></td><td></td><td></td><td></td></tr>
<tr><td></td><td></td><td></td><td></td><td></td><td></td><td></td><td></td><td></td><td></td><td></td><td></td><td></td><td></td><td></td><td></td><td></td><td></td></tr>
<tr><td></td><td></td><td></td><td></td><td></td><td></td><td></td><td></td><td></td><td></td><td></td><td></td><td></td><td></td><td></td><td></td><td></td><td></td></tr>
<tr><td></td><td></td><td></td><td></td><td></td><td></td><td></td><td></td><td></td><td></td><td></td><td></td><td></td><td></td><td></td><td></td><td></td><td></td></tr>
<tr><td></td><td></td><td></td><td></td><td></td><td></td><td></td><td></td><td></td><td></td><td></td><td></td><td></td><td></td><td></td><td></td><td></td><td></td></tr>
</table>

附　录　B
（资料性附录）
低压摆动密封圈摩擦扭矩试验记录表

表 B.1　低压摆动密封圈摩擦扭矩试验记录表

试样规格： 试验记录表编号： 试验起止日期：	试样图纸编号： 胶料代号： 记录人和记录时间：	
试验条件		
试样编号		
试验温度/℃		
轴转速/(r/min)		
摆动角度/(°)		
试验时间/h(或循环次数)		
试验记录		
摩擦扭矩/(N·m)		

ICS 83.080.01
G 32

中华人民共和国国家标准

GB/T 31331—2014

改性塑料的环保要求和标识

Requirement and identification for environmental protection of modified plastics

2014-12-05 发布　　　　2015-06-01 实施

中华人民共和国国家质量监督检验检疫总局
中国国家标准化管理委员会　发布

前　言

本标准按照 GB/T 1.1—2009 给出的规则起草。

本标准由中国石油和化学工业联合会提出。

本标准由全国塑料标准化技术委员会改性塑料分技术委员会(SAC/TC 15/SC 10)归口。

本标准负责起草单位:金发科技股份有限公司、天津金发新材料有限公司、珠海万通化工有限公司。

本标准参加起草单位:中蓝晨光化工研究设计院有限公司、江苏金发科技新材料有限公司、上海金玺实验室有限公司、广东省标准化研究院、重庆工商大学、重庆理工大学、聚赛龙工程塑料有限公司、广州开发区化工行业协会、广州出入境检验检疫局、长春富维-江森自控汽车饰件系统有限公司。

本标准主要起草人:袁绍彦、石鑫、刘奇祥、蔡彤旻、宁凯军、叶南飚、郝源增、陈广强、彭兆红、吴博、马政雄、胡金妮、袁毅、赵平、李又兵、刘文志、杜芹、丁慧敏、张珺、陈志凤。

引　言

为促进改性塑料行业减量、限制或禁止使用有毒有害物质，有必要明确改性塑料的有毒有害物质的限量、环保要求和标识，以实现保护环境和人体健康的目的。

为有效监控有毒有害物质，根据改性塑料行业的实际情况和法律法规、标准、客户的环保要求，规范改性塑料及其所用的包装材料是必要的。

改性塑料的环保要求和标识

1 范围

本标准规定了改性塑料及其所用包装材料的环保要求、环保标识和检验方法。

本标准适用于除医用、食品包装和玩具之外的改性塑料及其所用包装材料,也适用于回收再生改性塑料。

2 规范性引用文件

下列文件对于本文件的应用是必不可少的。凡是注日期的引用文件,仅注日期的版本适用于本文件。凡是不注日期的引用文件,其最新版本(包括所有的修改单)适用于本文件。

GB/T 2035—2008 塑料术语及其定义

GB/T 26125 电子电气产品 六种限用物质(铅、汞、镉、六价铬、多溴联苯和多溴二苯醚)的测定

GB/T 27611 再生利用品和再制造品通用要求及标识

SN/T 3019.1 电子电气产品中卤素的测定 第1部分:氢弹燃烧-离子色谱法

3 术语和定义

GB/T 2035—2008 界定的以及下列术语和定义适用于本文件。为了便于使用,以下重复列出了 GB/T 2035—2008 中的一些术语和定义。

3.1

改性塑料 modified plastic

以初级形态树脂为主要成分,以能改善树脂在力学、流变、燃烧性、电、热、光、磁等某一方面或某几个方面性能的添加剂或其他树脂等为辅助成分,通过填充、增韧、增强、共混、合金化等技术手段,得到的具有均一外观的材料。

[GB/T 2035—2008,定义 2.1147]

3.2

限用物质 restricted substance

法律法规或顾客要求在改性塑料或包装材料中限制使用的有毒有害物质。

3.3

无卤阻燃改性塑料 non-halogen flame-retarding modified plastic

成分中不含卤素的阻燃改性塑料。

4 环保要求

4.1 分级

依据改性塑料及其所用包装材料中可能涉及的不同限用物质,以及改性塑料的不同应用范围,应进行分级管控。根据需要,可采用如下分级,也可设置更多等级进行多级管控,但至少应包括如下分级中1级的内容:

a) 依据现行的法律法规、标准的明确要求，在某些应用范围使用的改性塑料及其所用包装材料中禁用某些限用物质，对于此种情况，应采取1级管控；
b) 虽然没有现行的法律法规、标准明确要求，但行业内普遍形成共识需要禁用某些限用物质。对于此种情况，可采取2级管控；如果客户有要求也可进行1级管控。

4.2 一般要求

4.2.1 对于一次性所用的且难以回收的改性塑料宜是可降解的。
4.2.2 本标准没有提及的限用物质，应根据现行法律法规和客户的要求进行识别和管控。
4.2.3 改性塑料企业应根据法律法规、标准及实际情况适时推出有毒有害物质消减计划。

4.3 改性塑料中限用物质的限量要求

4.3.1 镉

镉的限量要求见表1。

表1 镉的限量

分 级	应用范围	含量 mg/kg
1级	电子电气或类似用途	≤100
2级	其他用途	生产方提供数据
注：改性塑料回收废弃塑料时可能导致镉含量升高，根据需要改性塑料企业一般会重点监控回收再生改性塑料中的镉含量。		

4.3.2 铅、汞、六价铬、多溴联苯和多溴二苯醚

铅、汞、六价铬、多溴联苯和多溴二苯醚的限量要求见表2。

表2 铅、汞、六价铬、多溴联苯和多溴二苯醚的限量

分 级	应用范围	含量 mg/kg
1级	电子电气或类似用途	≤1 000
2级	其他用途	生产方提供数据
注1：改性塑料回收废弃塑料时可能导致铅、汞和六价铬含量升高，根据需要改性塑料企业一般会重点监控回收再生改性塑料中的铅、汞和六价铬含量。 注2：改性塑料回收废弃塑料时或塑料阻燃改性时可能导致多溴联苯和多溴二苯醚含量升高，根据需要改性塑料企业一般会重点监控回收再生改性塑料及阻燃改性塑料中的多溴联苯和多溴二苯醚含量。		

4.3.3 氯和溴

氯与溴的限量要求见表3。

表 3　氯与溴的限量

分　级	适用范围	含量 mg/kg
1 级	无卤阻燃改性塑料	氯≤900，溴≤900，且（氯＋溴）≤1 500
2 级	其他	生产方提供数据

4.4　包装材料中限用物质的限量要求

用于改性塑料的包装袋、内衬等包装材料，汞、镉、六价铬和铅的限量见表 4。

表 4　包装材料中汞、镉、六价铬和铅的限量

分　级	适用范围	含量 mg/kg
1 级	改性塑料	（铅＋汞＋六价铬＋镉）≤100

5　环保标识

5.1　总则

改性塑料的环保标识由绿色标识、限用物质标识和再生利用标识组成。其标识要求如下：

a)　标识应清晰可辨、易见、不易褪色并不易去除；

b)　标识如果需要缩小或扩大，宜遵守标识图给出的比例同等缩小或扩大；

c)　标识宜以单个包装为单位，一般每单位至少一个，如有必要，可予增加；

d)　标识可采用标签、标示卡等形式，放置于包装袋、货堆及货架的明显处，或可在产品说明书中予以注明；

e)　若客户有特殊包装或标识要求，则可按客户特殊要求进行标识。

5.2　绿色标识

改性塑料可设置绿色标识：

a)　当镉、铅、汞、六价铬、多溴联苯和多溴二苯醚含量不超过 1 级限量要求时，可给出如图 1 所示的绿色椭圆形“改性塑料 MP”标识；

b)　当氯与溴含量不超过 1 级限量要求时，可给出如图 1 所示的绿色长方形“无卤 HF” 标识；

c)　同时符合以上 2 款要求时，可同时给出 2 种标识。

图 1 为绿色标识示例，样式及尺寸见附录 A。

无卤
HF

图 1　绿色标识示例

5.3 限用物质标识

在改性塑料产品说明书中应给出4.3中的限用物质的名称、含量、限量及含量标注符号。标识格式示例见表5。

若某种限用物质不能检出或含量低于4.3中1级规定的限量，则该限用物质对应的含量标注符号为“○”；若某种限用物质的含量超出4.3中1级规定的限量，则该限用物质对应的含量标注符号为“×”。含量异常应在表5中给出说明。

表5 限用物质的标识格式

材料种类	牌号(规格)	限用物质名称	限用物质含量	限用物质限量	含量标注符号
注：					

5.4 再生利用标识

回收再生改性塑料可采用GB/T 27611规定的标识样式。

6 检验方法

镉、铅、汞、六价铬、多溴联苯和多溴二苯醚的含量的测定依据GB/T 26125进行。氯与溴含量的测定依据SN/T 3019.1进行。

附　录　A
（规范性附录）
绿色标识的样式及尺寸

绿色标识的样式及尺寸见图 A.1。

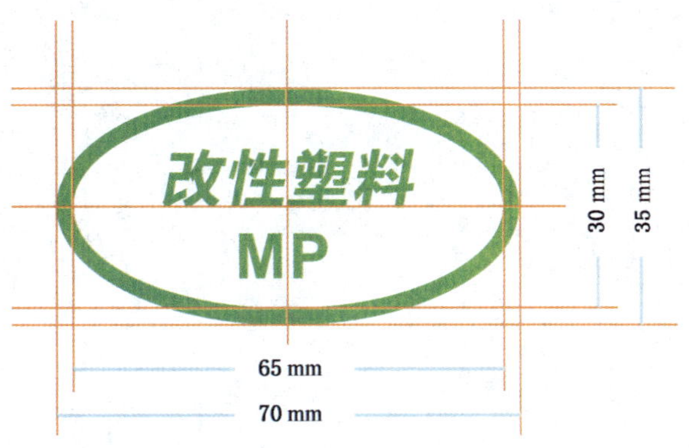

中文：改性塑料　　英文：MP
字体：微软雅黑　　字体：Arial
样式：加粗倾斜　　样式：加粗
字号：26pt　　字号：26pt
字高：8.8 mm

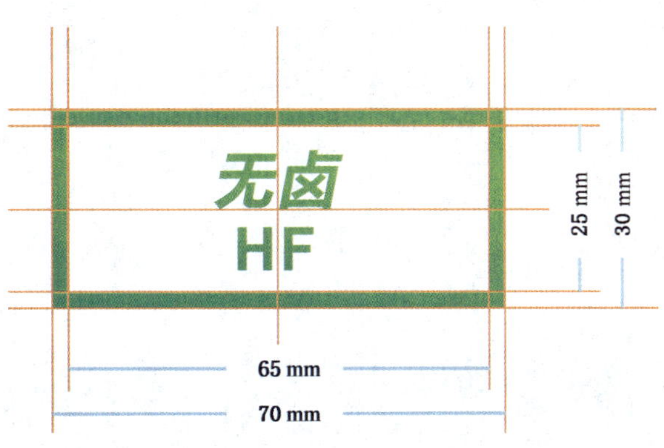

中文：无卤　　英文：HF
字体：微软雅黑　　字体：Arial
样式：加粗倾斜　　样式：加粗
字号：26pt　　字号：26pt
字高：8.8 mm

C:100 M:5 Y:100 K:0

图 A.1　绿色标识的样式及尺寸

ICS 71.100.40
G 71

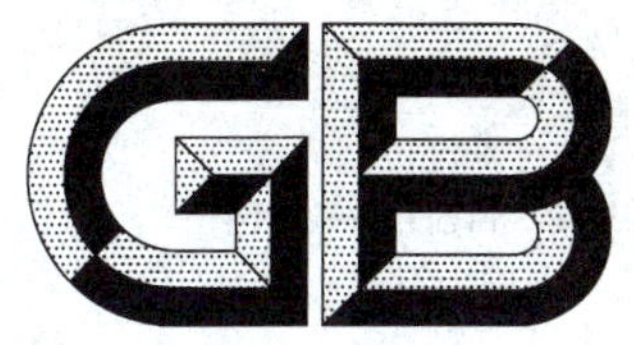

中华人民共和国国家标准

GB/T 31332—2014

硫化促进剂 N-环己基-2-苯并噻唑次磺酰胺(CBS)

Vulcanizing accelerator—N-cyclohexylbenzothiazole-2-sulfenamide(CBS)

2014-12-05 发布　　2015-06-01 实施

中华人民共和国国家质量监督检验检疫总局
中国国家标准化管理委员会　发布

前　言

本标准按照 GB/T 1.1—2009 给出的规则起草。

本标准由中国石油和化学工业联合会提出。

本标准由全国橡胶与橡胶制品标准化技术委员会化学助剂分技术委员会(SAC/TC 35/SC 12)归口。

本标准负责起草单位:科迈化工股份有限公司。

本标准参加起草单位:东北助剂化工有限公司、山东阳谷华泰化工股份有限公司、山东尚舜化工有限公司、河南省开仑化工有限责任公司、濮阳蔚林化工股份有限公司、荣成市化工总厂有限公司。

本标准主要起草人:王树华、白春梅、李迎光、王奎亮、郭艳萍。

硫化促进剂 N-环己基-2-苯并噻唑次磺酰胺(CBS)

1 范围

本标准规定了硫化促进剂N-环己基-2-苯并噻唑次磺酰胺(简称硫化促进剂CBS)的要求、试验方法、检验规则、标志、包装、运输和贮存。

本标准适用于以硫化促进剂2-巯基苯并噻唑(简称硫化促进剂MBT)和环己胺为主要原料制得的硫化促进剂CBS。

分子式:$C_{13}H_{16}N_2S_2$

结构式:

相对分子质量:264.39(按2012年国际相对原子质量)

CAS RN:95-33-0

2 规范性引用文件

下列文件对于本文件的应用是必不可少的。凡是注日期的引用文件,仅注日期的版本适用于本文件。凡是不注日期的引用文件,其最新版本(包括所有的修改单)适用于本文件。

GB/T 191—2008 包装储运图示标志

GB/T 601—2002 化学试剂 标准滴定溶液的制备

GB/T 603—2002 化学试剂 试验方法中所用制剂及制品的制备

GB/T 6679—2003 固体化工产品采样通则

GB/T 6682—2008 分析实验室用水规格和试验方法

GB/T 8170—2008 数值修约规则与极限数值的表示和判定

GB/T 11409—2008 橡胶防老剂、硫化促进剂试验方法

GB/T 21184—2007 橡胶配合剂 次磺酰胺促进剂 试验方法

3 要求

硫化促进剂CBS的技术要求和相应的试验方法应符合表1的规定。

表 1　硫化促进剂 CBS 的技术要求和试验方法

项　目		指　标			试验方法
		粉末	油粉[b]	颗粒	
(1) 外观		灰白色至淡黄色粉末或颗粒			4.2
(2) 初熔点/℃	≥	98.0	97.0	97.0	4.3
(3) 加热减量/%	≤	0.40	0.50	0.40	4.4
(4) 灰分/%	≤	0.30	0.30	0.30	4.5
(5) 筛余物(150 μm)/%	≤	0.10	0.10	—	4.6
(6) 甲醇不溶物/%	≤	0.50	0.50	0.50	4.7
(7) 游离胺[a]/%	≤	0.50	0.50	0.50	4.8
(8) 纯度[a]/% (滴定法、HPLC 法)	≥	96.5	95.0	96.0	4.8

[a] 为根据用户要求检验项目。

[b] 只适用于油含量≤2%的产品。

4　试验方法

4.1　一般规定

除非另有说明，分析中所用标准溶液、制剂及制品，均按 GB/T 601—2002、GB/T 603—2002 规定制备，分析中仅使用确认为分析纯的试剂和符合 GB/T 6682—2008 中规定的三级水。

本标准中试验数据的表示和修约规则应符合 GB/T 8170—2008 中 4.3.3 修约值比较法的有关规定。

4.2　外观

在自然光下目测。

4.3　初熔点的测定

按 GB/T 11409—2008 中 3.1 的规定进行测定。

4.4　加热减量的测定

按 GB/T 11409—2008 中 3.4 的规定进行测定。称样量约 2 g(精确至 0.000 1 g)，电热恒温干燥箱的温度控制在(70±2)℃，加热时间为 3 h。两次平行测定结果之差值不得大于 0.04%，取两次平行测定结果的算术平均值作为测定结果。

4.5　灰分的测定

按 GB/T 11409—2008 中 3.7 的规定进行测定。称样量约 3 g(精确至 0.000 1 g)，高温炉的温度控制在(750±25)℃。两次平行测定结果之差值不得大于 0.04%，取两次平行测定结果的算术平均值作为测定结果。

4.6 筛余物的测定

按 GB/T 11409—2008 中 3.5.2 的规定进行测定。两次平行测定结果之差值不得大于 0.02%，取两次平行测定结果的算术平均值作为测定结果。

4.7 甲醇不溶物的测定

按 GB/T 21184—2007 中 5.5 的规定进行测定。两次平行测定结果之差值不得大于 0.05%，取两次平行测定结果的算术平均值作为测定结果。

4.8 纯度和游离胺的测定

4.8.1 纯度和游离胺的测定(滴定法)

按 GB/T 21184—2007 中 5.6.3 的规定进行测定。游离胺两次平行测定结果之差值不得大于 0.05%，取两次平行测定结果的算术平均值作为测定结果。纯度两次平行测定结果之差值不得大于 0.5%，取两次平行测定结果的算术平均值作为测定结果。

4.8.2 纯度的测定(液相色谱法　仲裁法)

按 GB/T 21184—2007 中 5.6.4 的规定进行测定。两次平行测定结果之差值不得大于 1.2%，取两次平行测定结果的算术平均值作为测定结果。

5 检验规则

5.1 检验分类

表 1 中规定的(1)～(6)项为出厂检验项目，第(7)项、第(8)项为根据用户要求检验项目。

5.2 生产厂检验

硫化促进剂 CBS 应由生产厂的质量检验部门进行检验，生产厂应保证所有出厂产品符合本标准的要求。每批出厂产品都应附有一定格式的质量证明书，其内容包括：产品名称、标准号、生产厂名、批号、生产日期等。

5.3 组批规则

硫化促进剂 CBS 以同等质量的均匀产品为一批。

5.4 采样

硫化促进剂 CBS 以批为单位按 GB/T 6679—2003 的规定采样；取样量不少于 300 g，分装于两个清洁干燥的塑料瓶(袋)中，密封；瓶(袋)上粘贴标签，注明：产品名称、型号、批号、采样日期、采样人等，一瓶(袋)供检验部门检验，另一瓶(袋)保存备查。

5.5 复检

出厂检验结果中如有一项指标不符合本标准要求时，应重新从同批产品两倍量的包装件中采样进行复检，复检结果中即使只有一项指标不符合本标准要求，则判该批产品为不合格品。

6 标志、包装、运输和贮存

6.1 标志

硫化促进剂 CBS 外包装上应有清晰、牢固的标志，内容包括：产品名称、标准号、生产厂名称、地址、生产日期、批号、商标、净含量等。并按 GB/T 191—2008 的规定标明“怕晒”、“怕雨”等标志。

6.2 包装

硫化促进剂 CBS 用内衬塑料袋的编织袋或纸塑复合袋包装，每袋净含量 25 kg。特殊包装按用户要求。

6.3 运输

硫化促进剂 CBS 在运输时应防雨、防晒，在搬运时轻装轻卸，防止撞击。

6.4 贮存

硫化促进剂 CBS 应贮存在清洁干燥、通风良好的库房内，避免阳光直射。离墙壁的距离应大于 0.5 m，并不得靠近自来水管、下水道和取暖装置，以防止潮湿和变质，更不能靠近火源。

硫化促进剂 CBS 在符合本标准规定的运输、贮存条件下，自生产之日起贮存期为 6 个月。

ICS 83.140.99
G 47

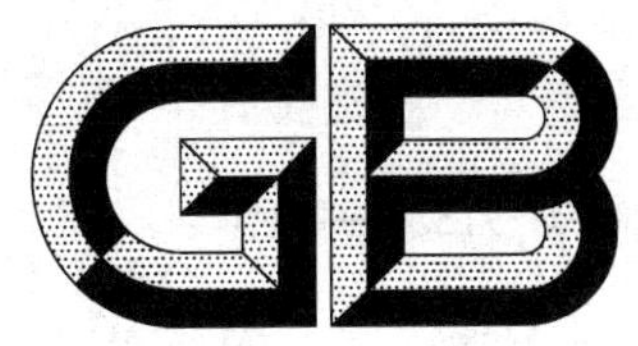

中华人民共和国国家标准

GB/T 31333—2014

浸胶线绳　黏合强度试验方法

Dipped cords—Test methods adhesion strength

2014-12-05 发布　　　　2015-06-01 实施

中华人民共和国国家质量监督检验检疫总局
中国国家标准化管理委员会　发布

前　言

本标准按照 GB/T 1.1—2009 给出的规则起草。

本标准由中国石油和化学工业联合会提出。

本标准由全国橡胶与橡胶制品标准化技术委员会浸胶骨架材料分技术委员会(SAC/TC 35/SC 13)归口。

本标准主要起草单位:浙江海之门橡塑有限公司、青岛新材料科技工业园发展有限公司、青岛科技大学、宁波凯驰胶带有限公司、青岛科大新橡塑技术服务有限公司、青岛中化新材料实验室。

本标准主要起草人:张启明、王炳昕、刘莉、应建丽、刘从伟、龚国勇。

浸胶线绳　黏合强度试验方法

1　范围

本标准规定了使用T-抽出法测定浸胶线绳与硫化橡胶黏合强度的试验方法。

本标准适用于化学纤维制造的浸胶软线绳、浸胶硬线绳及玻璃纤维制造的浸胶玻璃纤维绳与硫化橡胶黏合强度性能的测定，也可用于化学纤维制造的浸胶纱线、浸胶帘线与硫化橡胶黏合强度性能的测定。

2　规范性引用文件

下列文件对于本文件的应用是必不可少的。凡是注日期的引用文件，仅注日期的版本适用于本文件。凡是不注日期的引用文件，其最新版本(包括所有的修改单)适用于本文件。

GB/T 6038　橡胶试验胶料　配料、混炼和硫化　设备及操作程序

GB/T 6529　纺织品　调湿和试验用标准大气

GB/T 8170　数值修约规则与极限数值的表示和判定

GB/T 16491　电子式万能试验机

3　试验原理

将浸胶线绳与橡胶硫化后制成的T型橡胶试样，放置到测试夹具中，使用拉力试验机测量浸胶线绳从硫化橡胶块中抽出所需要的力，见图1所示，该抽出力与线绳抽出方向橡胶块厚度之比即为浸胶线绳的黏合强度，利用该黏合强度来评估浸胶线绳与硫化橡胶的静态黏合性能。

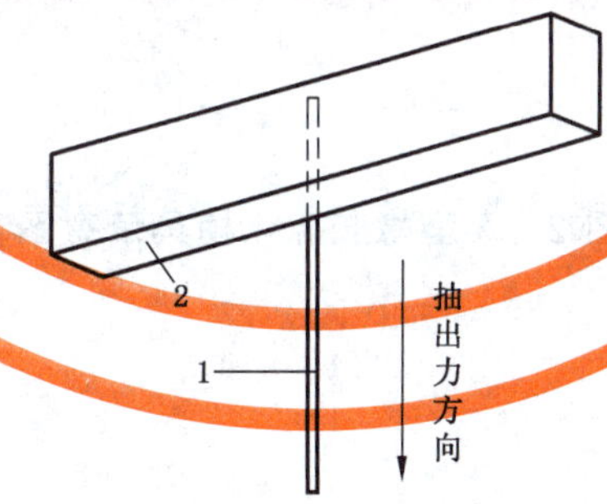

说明：

1——浸胶线绳；

2——橡胶块。

图1　T-抽出示意图

4　仪器与设备

4.1　开炼机、平板硫化机

本标准使用的开炼机和平板硫化机应符合GB/T 6038的相关规定。

4.2 拉力试验机

本标准应使用符合 GB/T 16491 规定的等速伸长型(CRE)拉力试验机。

4.3 橡胶硫化模具

本标准应使用图 2 或图 3 示意的橡胶硫化模具。模具由下模和上模组成,模具的模腔尺寸为(155.0±1.0) mm×(10.0±0.1) mm×(10.0±0.1) mm。

单位为毫米

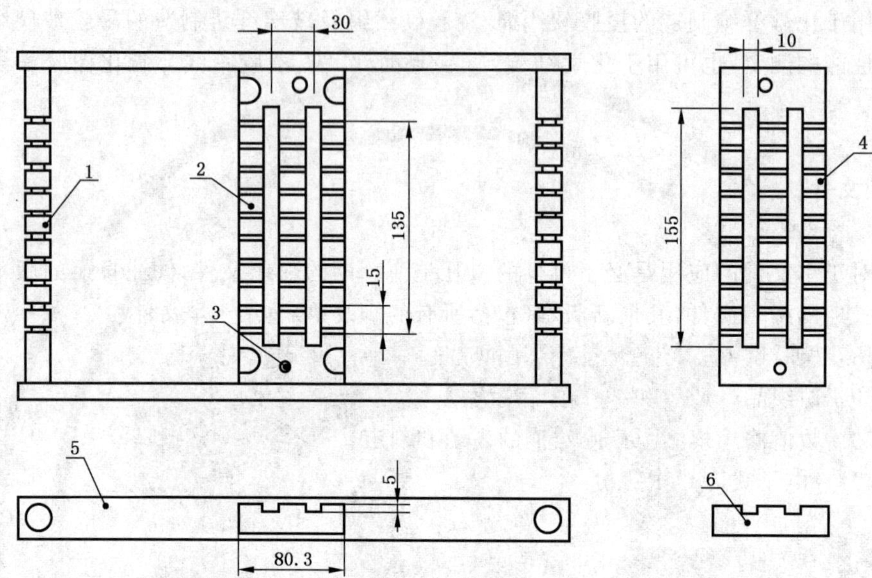

说明:

1——挂线杆;

2——下模;

3——定位销;

4——上模;

5——下模剖面;

6——上模剖面。

图 2 A 型橡胶硫化模具示意图

单位为毫米

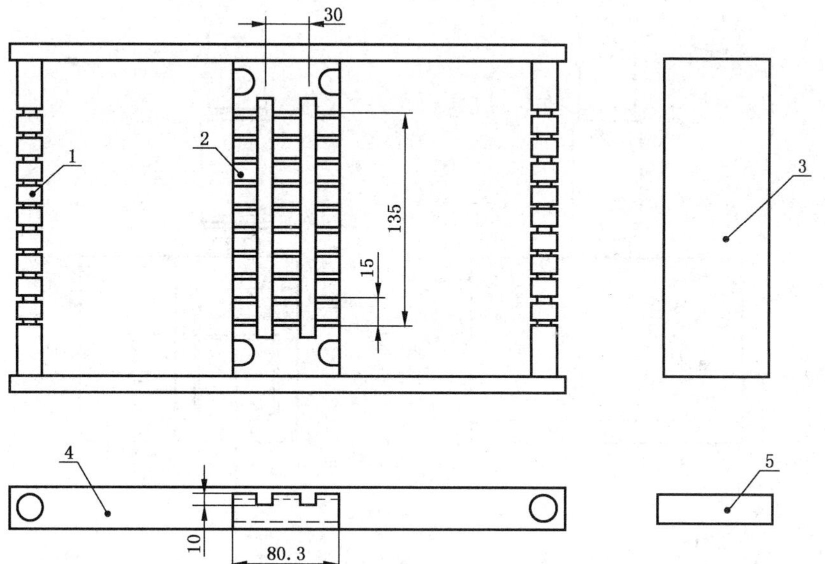

说明：
1——挂线杆；
2——下模；
3——上模；
4——下模剖面；
5——上模剖面。

图 3 B 型橡胶硫化模具示意图

4.4 橡胶试样测试夹具

本标准采用的橡胶试样测试夹具，见图 4 所示。

单位为毫米

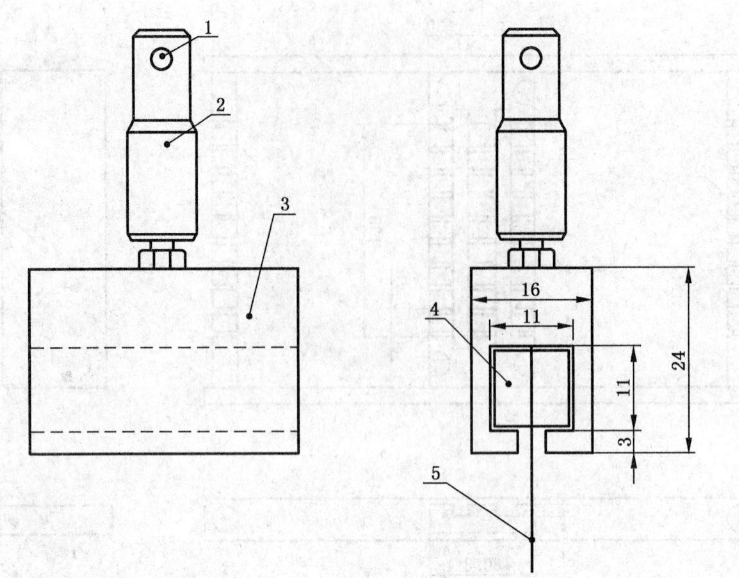

说明：

1——销孔；

2——与拉力试验机上端的连接部分；

3——夹具；

4——试样的橡胶部分；

5——浸胶线绳。

图 4　橡胶试样测试夹具示意图

4.5　橡胶厚度仪

精度为 0.1 mm。

5　试验通则

5.1　试验环境

试验应在 GB/T 6529 规定的标准大气环境下进行。

5.2　取样

5.2.1　从抽取的浸胶线绳样品上进行取样，首先拉掉浸胶线绳线筒外层，然后截取黏合强度试验的线绳试样，试样的表面应没有退捻、损坏。截取的浸胶线绳试样应分别装入黑色不透明聚乙烯薄膜袋中密封待用。

5.2.2　取样和制样时操作人员应戴手套，同时应避免光照和灰尘污染。

5.3　试样平衡

试样应在 5.1 中规定的大气环境中平衡至少 16 h。

5.4　试样数量

浸胶线绳的黏合强度试验应取 10 个以上线绳试样，至少制备 20 个合格的橡胶模块试样。

5.5 试验条件

橡胶试样制备时的预加张力、抽出时夹持器的移动速度等试验条件应符合试样产品标准的规定。

6 试验程序

6.1 混炼胶的制备

根据浸胶线绳试样品种的不同,选择合适的试验用橡胶配方及工艺制备混炼胶,试验所用橡胶配料、混炼的设备及操作程序按照 GB/T 6038 给出的规则进行。

6.2 橡胶试样的制备

6.2.1 根据试样橡胶的硫化要求设定硫化机的硫化温度、硫化压力、硫化时间,将橡胶硫化模具置入硫化机内,启动硫化机预热至设定温度。

6.2.2 采用开炼机将混炼胶返炼、出片,参照模腔的尺寸将胶片制成条状。

6.2.3 采用图 2 示意的模具制备橡胶模块试样时,首先将模具的下模腔和上模腔内填满橡胶条,橡胶条宜高出模具 1 mm 左右。然后将浸胶线绳试样放进模具对应的线槽内,一端固定在挂线杆上,另一端挂上预加张力砝码,最后将上模盖上。

6.2.4 采用图 3 示意的模具制备橡胶模块试样时,应先将橡胶条填进下模的模腔内至模腔高度一半的位置,再将浸胶线绳试样放进模具对应的线槽中,一端固定在挂线杆上,另一端挂上预加张力砝码,然后将模具内填满橡胶条,橡胶条宜高出模具 1 mm 左右,最后将上模盖上。

6.2.5 将模具放进硫化机中至硫化结束,取出橡胶模块试样,自然冷却后待测试。

6.3 抽出力的测试

6.3.1 剪去橡胶试样周围多余的胶料,加工成规定的 T 型;橡胶试样上部的浸胶线绳尾部应切平使之与试样的外表面相平,剔除在硫化过程中受到挤压而导致浸胶线绳变形的试样。

6.3.2 使用厚度仪测量并记录橡胶试样中垂直于线绳的橡胶厚度,单位为毫米(mm),精确至小数点后一位。

6.3.3 将测试夹具固定在拉力试验机的上端,然后将橡胶试样放入测试夹具内,用下夹持器夹持试样中的浸胶线绳。按试验条件设置夹持器的移动速度,启动拉力试验机将浸胶线绳从橡胶试样中抽出,记录抽出力的数值,单位为牛顿(N),有效数值取至小数点后一位。

6.3.4 在试验过程中应注意保持每根浸胶线绳垂直拉出,剔除试验中因线绳断裂产生的非正常数据。

7 结果的计算及表述

7.1 每个浸胶线绳试样的黏合强度按式(1)计算,单位为牛顿每厘米(N/cm),计算结果按 GB/T 8170 给出的规则修约至小数点后一位。

$$P = \frac{F}{d} \times 10 \qquad \cdots\cdots(1)$$

式中:

P ——黏合强度,单位为牛顿每厘米(N/cm);

F ——浸胶线绳的抽出力,单位为牛顿(N);

d ——试样的橡胶厚度,单位为毫米(mm)。

7.2 以所有试样黏合强度的算术平均值为最终试验结果,单位为牛顿每厘米(N/cm),其数值按

GB/T 8170 给出的规则修约至整数位。

8 试验报告

试验报告应至少包含以下内容：

a) 本标准名称或编号；

b) 浸胶线绳试样的名称、批号、规格；

c) 试样的橡胶配方或配方来源；

d) 试验大气环境；

e) 试验条件；

f) 试验结果；

g) 试验中观察到的异常现象；

h) 试验人；

i) 试验日期。

ICS 27.010
F 01

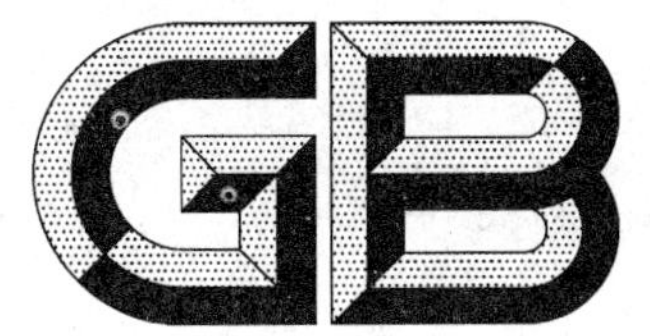

中华人民共和国国家标准

GB 31335—2014

铁矿露天开采单位产品能源消耗限额

The norm of the energy consumption per unit product of iron ore surface mining

2014-12-31 发布

2016-01-01 实施

中华人民共和国国家质量监督检验检疫总局
中国国家标准化管理委员会 发布

前　言

本标准 4.2、4.3 为强制性的，其余为推荐性的。

本标准按照 GB/T 1.1—2009 给出的规则起草。

本标准由国家发展和改革委员会资源节约和环境保护司提出。

本标准由全国能源基础与管理标准化技术委员会(SAC/TC 20)归口。

本标准起草单位：中国国际工程咨询公司、中国冶金矿山企业协会、中冶北方工程技术有限公司、中钢集团马鞍山矿山研究院有限公司、冶金工业规划研究院、河北钢铁集团矿业有限公司、鞍山钢铁(集团)公司。

本标准主要起草人：杨东民、朱黎阳、张英健、闫树芳、程小矛、蔡鸿起、雷平喜、许文耀、王洪俊、肖青波、刘翠萍、巴家泓、韩波、刘家明、周慧、孙中秋、项宏海、张传信、叶振华、熊贤亮、李新创、柏林霖、吕振华、沈立晋、张国庆、周会志、南世卿、王得志、李强、邵安林、景奉儒、邓鹏宏、孟繁学、高战敏、裴学斌、王景乐、刘晓明、周慧文。

铁矿露天开采单位产品能源消耗限额

1 范围

本标准规定了铁矿露天开采单位产品能源消耗(以下简称能耗)限额的技术要求、统计范围和计算方法、节能管理与措施。

本标准适用于铁矿露天开采单位产品能耗的计算、考核以及对新建项目的能耗控制。

2 规范性引用文件

下列文件对于本文件的应用是必不可少的。凡是注日期的引用文件,仅注日期的版本适用于本文件。凡是不注日期的引用文件,其最新版本(包括所有的修改单)适用于本文件。

GB/T 2589 综合能耗计算通则

GB/T 12723 单位产品能源消耗限额编制通则

GB 17167 用能单位能源计量器具配备和管理通则

GB/T 23331 能源管理体系 要求

GB 50830 冶金矿山采矿设计规范

3 术语和定义

GB/T 12723 中界定的以及下列术语和定义适用于本文件。

3.1

铁矿露天开采单位产品综合能耗 comprehensive energy consumption per unit product of iron ore surface mining

统计报告期内,露天开采铁矿每采出1吨矿岩,实际消耗的各种能源总量。

3.2

铁矿露天开采单位产品可比综合能耗 comparable comprehensive energy consumption per unit product of iron ore surface mining

为在同行业中实现相同最终产品能耗可比,对影响铁矿露天开采单位产品综合能耗的各种因素加以修正所计算出来的单位产品综合能耗。

4 技术要求

4.1 露天开采铁矿山规模划分

根据 GB 50830 的规定,露天开采铁矿山规模见表1。

表 1　露天开采铁矿山规模表

单位为万吨每年

特大型		大型		中型		小型	
矿石	矿岩	矿石	矿岩	矿石	矿岩	矿石	矿岩
≥1 500	≥6 000	1 500～500	6 000～1 500	500～100	1 500～500	＜100	＜500
注 1：对照表内“矿石”和“矿岩”两项，矿山规模不一致时，规模取大值。 注 2：表中数值除表明的大于和小于外，上限数值为不包含值，下限数值为包含值。							

4.2　现有铁矿露天开采单位产品能耗限定值

现有铁矿露天开采单位产品能耗限定值应符合表 2 的要求。

表 2　现有铁矿露天开采单位产品能耗限定值

矿山规模	单位产品可比综合能耗/(kgce/t)
中型以上(含中型)	≤0.80
小型	≤1.04

4.3　新建或改扩建铁矿露天开采单位产品能耗准入值

新建或改扩建铁矿露天开采单位产品能耗准入值应符合表 3 的要求。

表 3　新建或改扩建铁矿露天开采单位产品能耗准入值

矿山规模	单位产品可比综合能耗/(kgce/t)
中型以上(含中型)	≤0.49
小型	≤0.64

4.4　铁矿露天开采单位产品能耗先进值

鼓励铁矿企业通过节能技术改造和加强节能管理，达到表 4 中的铁矿露天开采单位产品能耗先进值。

表 4　铁矿露天开采单位产品能耗先进值

矿山规模	单位产品可比综合能耗/(kgce/t)
中型以上(含中型)	≤0.30
小型	≤0.39

5　统计范围和计算方法

5.1　统计范围

铁矿露天开采综合能耗，指采矿工艺主要生产系统(采剥、采场破碎、运输、排土、供排水、生产调度指挥系统)、辅助生产系统(机修、汽修、电修、炸药厂<库>、化验、检测、计量、环保、动力供应)以及直接为采矿生产服务的附属生产系统(办公楼、食堂、浴室)所消耗的各种能源的实物量,并按照 GB/T 2589 的规定折算成标准煤。电力折标准煤系数采用当量值 0.122 9 kgce/(kW·h)。

5.2 统计要求

在统计界区内,未被利用的输出能源不作为能源输出统计。

5.3 计算方法

5.3.1 铁矿露天开采单位产品综合能耗计算

铁矿露天开采单位产品综合能耗按式(1)计算:

$$e_{lc}=\frac{E_{sj}}{P} \qquad \cdots\cdots(1)$$

式中:

e_{lc} ——铁矿露天开采单位产品综合能耗,单位为千克标准煤每吨(kgce/t);

E_{sj}——统计期内铁矿露天开采实际消耗的各种能源折标准煤量总和,单位为千克标准煤(kgce);

P ——统计期内铁矿露天开采采出的矿岩量,单位为吨(t)。

5.3.2 铁矿露天开采单位产品可比综合能耗计算

铁矿露天开采单位产品可比综合能耗按式(2)计算:

$$e_{kb}=\frac{e_{lc}}{K} \qquad \cdots\cdots(2)$$

式中:

e_{kb} ——铁矿露天开采单位产品可比综合能耗,单位为千克标准煤每吨(kgce/t);

K ——铁矿露天开采能耗调整系数。

5.3.3 铁矿露天开采调整系数计算

为实现铁矿露天开采单位产品综合能耗可比,考虑影响能耗的主要因素,采用系数调整实际能耗。

铁矿露天开采调整系数按式(3)计算:

$$K=(1+K_1+K_2+K_3)\times K_4 \qquad \cdots\cdots(3)$$

式中:

K_1——运输系数,见表 A.1;

K_2——排水系数,见表 A.2;

K_3——取暖系数,见表 A.3;

K_4——高原系数,见表 A.4。

5.3.4 多采场铁矿露天开采单位产品可比综合能耗的计算

多采场铁矿露天开采矿山单位产品可比综合能耗按式(4)计算:

$$e_{kb}=\frac{\sum_{i=1}^{n}(e_{i,kb}\times P_i)}{\sum_{i=1}^{n}P_i} \qquad \cdots\cdots(4)$$

式中:

$e_{i,kb}$ ——第 i 个采场的单位产品可比综合能耗,单位为千克标准煤每吨(kgce/t);

P_i ——第 i 个采场的矿岩产量，单位为吨(t)；

n ——采场个数。

6 节能管理与措施

6.1 节能管理

6.1.1 应根据 GB 17167 配备能源计量器具，建立和完善能源计量管理制度，确保能源基础数据的准确性和完整性。

6.1.2 应按照 GB/T 23331 建立能源管理体系，规范能源管理，持续提高能源利用效率。

6.1.3 应定期对穿孔、装载、运输、排土、排水等主要耗能设备进行考核。

6.1.4 应做好堵、截、引、排(自流)等防水工作，减少机械排水量。

6.2 节能措施

6.2.1 优化采场结构参数和设备运行管理，保证生产运行设备合理匹配，提高能效。

6.2.2 开发利用高效节能的新技术、新工艺、新设备、新材料。

6.2.3 充分利用太阳能、地热能、水能、位能(重力)等能源为主要生产和厂区生活服务。

6.2.4 注重余热、废气、废水的回收利用。

6.2.5 及时淘汰高能耗、高污染、低效率的工艺和设备。

附 录 A
（规范性附录）
系 数

A.1 运输系数

运输系数见表A.1。

表A.1 运输系数

运输方式	汽车运输	汽车-铁路运输	汽车-胶带运输	运输系数 K_1
运距/km	≤3	≤4	≤5	0
	≤4	≤5.5	≤8	0.18
	≤5	≤7	≤11	0.37
	≤6	≤8.5	≤14	0.55
注：运输距离指矿石运输到矿山矿仓或堆场、废石运输到排土场的平均运距。区间数据采用内差法计算。				

A.2 排水系数

排水系数见表A.2。

表A.2 排水系数

排水系数 K_2		排水高度/m		
		100	200	300
年排水量/万吨	200	0.00	0.05	0.10
	300	0.03	0.08	0.13
	400	0.05	0.10	0.16
	500	0.08	0.13	0.18
注：区间数据采用内差法计算。				

A.3 取暖系数

取暖系数见表A.3。

表 A.3 取暖系数

取暖期/个月	0	3	4	5	6
取暖系数 K_3	0.00	0.08	0.11	0.14	0.18
注：区间数据采用内差法计算。					

A.4 高原系数

高原系数见表 A.4。

表 A.4 高原系数

海拔高度/m	<2 000	2 000～3 000	3 000～4 000	4 000～4 500
高原系数 K_4	1.0	1.00～1.05	1.05～1.15	1.15～1.25
注：区间数据采用内差法计算。				

ICS 27.010
F 01

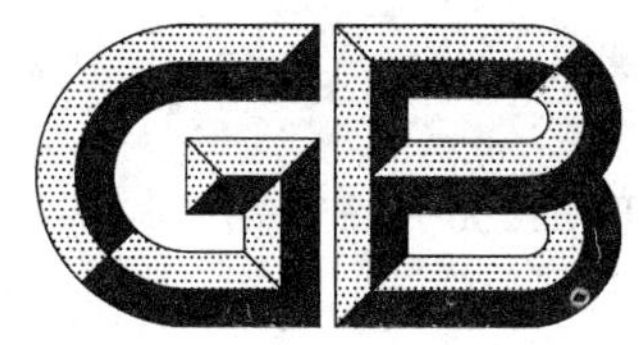

中华人民共和国国家标准

GB 31336—2014

铁矿地下开采单位产品能源消耗限额

The norm of energy consumption per unit product of iron ore underground mining

2014-12-31 发布　　　　2016-01-01 实施

中华人民共和国国家质量监督检验检疫总局
中国国家标准化管理委员会　发布

前　言

本标准 4.2 和 4.3 是强制性的，其余是推荐性的。

本标准按照 GB/T 1.1—2009 给出的规则起草。

本标准由国家发展和改革委员会资源节约和环境保护司提出。

本标准由全国能源基础与管理标准化技术委员会(SAC/TC 20)归口。

本标准起草单位：中国国际工程咨询公司、中国冶金矿山企业协会、中冶北方工程技术有限公司、中钢集团马鞍山矿山研究院有限公司、冶金工业规划研究院、河北钢铁集团矿业有限公司、鞍山钢铁(集团)公司。

本标准主要起草人：杨东民、朱黎阳、张英健、闫树芳、程小矛、蔡鸿起、雷平喜、许文耀、王洪俊、肖青波、刘翠萍、刘沪、巴家泓、王国权、周育、王鹏、项宏海、张传信、叶振华、熊贤亮、李新创、柏林霖、吕振华、沈立晋、张国庆、周会志、南世卿、王得志、李强、邵安林、景奉儒、邓鹏宏、孟繁学、高战敏、裴学斌、王景乐、刘晓明、周慧文。

铁矿地下开采单位产品能源消耗限额

1 范围

本标准规定了铁矿地下开采单位产品能源消耗(以下简称能耗)限额的技术要求、统计范围和计算方法、节能管理与措施。

本标准适用于铁矿地下开采单位产品能耗的计算、考核及对新建项目的能耗控制。

2 规范性引用文件

下列文件对于本文件的应用是必不可少的。凡是注日期的引用文件,仅注日期的版本适用于本文件。凡是不注日期的引用文件,其最新版本(包括所有的修改单)适用于本文件。

GB/T 2589 综合能耗计算通则

GB/T 12723 单位产品能源消耗限额编制通则

GB 17167 用能单位能源计量器具配备和管理通则

GB/T 23331 能源管理体系 要求

GB 50830 冶金矿山采矿设计规范

3 术语和定义

GB/T 12723 中界定的以及下列术语和定义适用于本文件。

3.1

铁矿地下开采单位产品综合能耗 comprehensive energy consumption per unit product of iron ore underground mining

统计期内,地下开采铁矿每采出1吨原矿,实际消耗的各种能源总量。

3.2

铁矿地下开采单位产品可比综合能耗 comparable comprehensive energy consumption for unit product of iron ore underground mining

为在同行业中实现相同最终产品能耗可比,对影响铁矿地下开采单位产品综合能耗的各种因素加以修正所计算出来的单位产品综合能耗。

4 技术要求

4.1 地下开采铁矿山规模划分

根据 GB 50830 的规定,地下开采铁矿山规模见表1。

表 1 地下开采矿山规模

单位为万吨每年

矿山规模	特大型	大型	中型	小型
原矿量	≥500	500～200	200～60	<60
注：表中数值除表明的大于和小于外，上限数值为不包含值，下限数值为包含值。				

4.2 现有铁矿地下开采单位产品能耗限定值

现有铁矿地下开采单位产品能耗限定值应符合表 2 的要求。

表 2 现有铁矿地下开采单位产品能耗限定值

矿山规模	单位产品可比综合能耗/(kgce/t)
中型以上(含中型)	≤3.60
小型	≤4.68

4.3 新建或改扩建铁矿地下开采单位产品能耗准入值

新建或改扩建铁矿地下开采单位产品能耗准入值应符合表 3 的要求。

表 3 新建或改扩建铁矿地下开采单位产品能耗准入值

矿山规模	单位产品可比综合能耗/(kgce/t)
中型以上(含中型)	≤2.60
小型	≤3.38

4.4 铁矿地下开采单位产品能耗先进值

鼓励铁矿企业通过节能技术改造和加强节能管理，达到表 4 中的铁矿地下开采单位产品能耗先进值。

表 4 铁矿地下开采单位产品能耗先进值

矿山规模	单位产品可比综合能耗/(kgce/t)
中型以上	≤2.05
小型	≤2.67

5 统计范围和计算方法

5.1 统计范围

铁矿地下开采综合能耗，包括采矿工艺主要生产系统(采掘、井下破碎、运输、提升、压气、通风、供排水、照明、生产调度指挥系统)、辅助生产系统[机修、汽修、电修、炸药厂(库)、化验、检测、计量、环保、动力供应]以及直接为采矿生产服务的附属生产系统(办公楼、食堂、浴室)所消耗的各种能源的实物量，并按照GB/T 2589的规定折算成标准煤。电力折标准煤系数采用当量值0.122 9 kgce/(kW·h)。

5.2 统计要求

在统计界区内,未被利用的输出能源不作为能源输出统计。

5.3 计算方法

5.3.1 铁矿地下开采单位产品综合能耗计算

铁矿地下开采单位产品综合能耗按式(1)计算:

$$e_{dc}=\frac{E_{sj}}{P} \qquad \cdots\cdots(1)$$

式中:

e_{dc}——铁矿地下开采单位产品综合能耗,单位为千克标准煤每吨(kgce/t);

E_{sj}——统计期内铁矿地下开采实际消耗的各种能源折标准煤量总和,单位为千克标准煤(kgce);

P——统计期内铁矿地下开采产出的原矿量,单位为吨(t)。

5.3.2 铁矿地下开采单位产品可比综合能耗计算

铁矿地下开采单位产品可比综合能耗按式(2)计算:

$$e_{kb}=\frac{e_{dc}}{K} \qquad \cdots\cdots(2)$$

式中:

e_{kb}——地下开采单位产品可比综合能耗,单位为千克标准煤每吨(kgce/t);

K——铁矿地下开采能耗调整系数。

5.3.3 铁矿地下开采调整系数计算

为实现铁矿地下开采单位产品综合能耗可比,综合考虑影响能耗的主要因素,采用系数调整实际能耗。

铁矿地下开采调整系数按式(3)计算:

$$K=(1+K_1+K_2+K_3+K_4+K_5)\times K_6 \qquad \cdots\cdots(3)$$

式中:

K_1——提升系数,见表A.1;

K_2——排水系数,见表A.2;

K_3——采矿方法系数,充填法时,$K_3=0.05$,空场法时,$K_3=0.03$;

K_4——通风系数,见表A.3;

K_5——取暖系数,见表A.4;

K_6——高原系数,见表A.5。

5.3.4 多采区铁矿地下开采单位产品可比综合能耗计算

多采区铁矿地下开采单位产品可比综合能耗应按式(4)计算:

$$e_{kb}=\frac{\sum_{i=1}^{n}(e_{i,kb}\times P_i)}{\sum_{i=1}^{n}P_i} \qquad \cdots\cdots(4)$$

式中：

$e_{i,\mathrm{kb}}$ ——第 i 个采区的单位产品可比综合能耗，单位为千克标准煤每吨(kgce/t)；

P_i ——第 i 个采区的原矿产量，单位为吨(t)；

n ——采区个数。

6 节能管理与措施

6.1 节能管理

6.1.1 应根据 GB 17167 配备能源计量器具，建立和完善能源计量管理制度，确保能源基础数据的准确性和完整性。

6.1.2 应按照 GB/T 23331 建立能源管理体系，规范能源管理，持续提高能源利用效率。

6.1.3 应定期对采掘、运输、提升、压气、通风、排水等主要耗能设备进行考核。

6.1.4 应加强各种管网的维护管理，防止跑、冒、滴、漏现象发生；做好堵、截、引、排(自流)等防水工作，减少矿井的机械排水量。

6.2 节能措施

6.2.1 优化开拓布置和设备运行管理，保证生产运行设备合理匹配，提高能效。

6.2.2 开发利用高效节能的新技术、新工艺、新设备、新材料。

6.2.3 充分利用太阳能、地热能、位能(重力)等能源为主要生产和厂区生活服务。

6.2.4 充分利用矿坑水(必要时净化处理)，减少新水消耗量。

6.2.5 注重余热、废气、废水的回收利用。

6.2.6 及时淘汰高能耗、高污染、低效率的工艺和设备。

附 录 A
（规范性附录）
系 数

A.1 提升系数

提升系数见表 A.1。

表 A.1 提升系数

提升高度/m	提升系数 K_1
300	−0.12
500	0
800	0.18
1 000	0.30
1 600	0.66
注：区间数据采用内差法计算。	

A.2 排水系数

排水系数见表 A.2。

表 A.2 排水系数

排水系数 K_2		排水高度/m		
		400	700	1 000
年排水量/万吨	200	0.00	0.11	0.23
	300	0.08	0.20	0.32
	400	0.15	0.28	0.41
	500	0.23	0.36	0.50
注：区间数据采用内差法计算。				

A.3 通风系数

通风系数见表 A.3。

表 A.3 通风系数

风路长度/m	通风系数 K_4
2 000	−0.04
2 500	0.00
3 000	0.04
4 000	0.13
5 000	0.22
注：高地热等其他通风条件恶劣的矿山增加的能耗另外考虑。区间数据采用内差法计算。	

A.4 取暖系数

取暖系数见表 A.4。

表 A.4 取暖系数

取暖期/个月	取暖系数 K_5	
	取暖	取暖＋井口预热
0	0.00	0.00
3	0.09	0.25
4	0.12	0.34
5	0.15	0.43
6	0.19	0.54
注：区间数据采用内差法计算。		

A.5 高原系数

高原系数见表 A.5。

表 A.5 高原系数

海拔高度/m	<2 000	2 000～3 000	3 000～4 000	4 000～4 500
高原系数 K_6	1.0	1.00～1.05	1.05～1.15	1.15～1.25
注：区间数据采用内差法计算。				

ICS 27.010
F 01

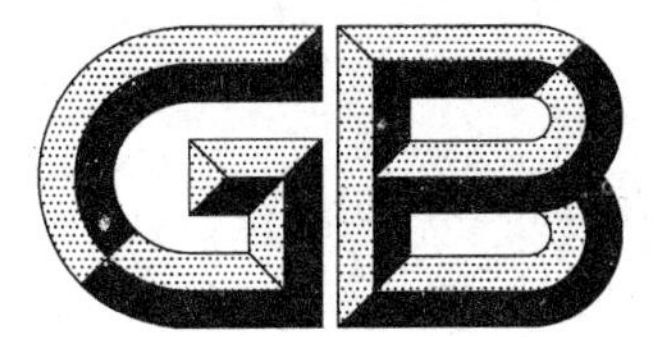

中华人民共和国国家标准

GB 31337—2014

铁矿选矿单位产品能源消耗限额

The norm of the energy consumption per unit ore of iron ore dressing

2014-12-31 发布　　2016-01-01 实施

中华人民共和国国家质量监督检验检疫总局
中国国家标准化管理委员会　发布

前言

本标准 4.1 和 4.2 是强制性的，其余是推荐性的。

本标准按照 GB/T 1.1—2009 给出的规则起草。

本标准由国家发展和改革委员会资源节约和环境保护司提出。

本标准由全国能源基础与管理标准化技术委员会(SAC/TC 20)归口。

本标准起草单位：中国国际工程咨询公司、中国冶金矿山企业协会、中钢集团马鞍山矿山研究院有限公司、中冶北方工程技术有限公司、冶金工业规划研究院、河北钢铁集团矿业有限公司、鞍山钢铁(集团)公司。

本标准主要起草人：杨东民、朱黎阳、张英健、闫树芳、程小矛、蔡鸿起、雷平喜、许文耀、王洪俊、肖青波、刘翠萍、刘沪、宫香涛、张廷东、魏兵团、冯丹、项宏海、张传信、黄新、金胜、李新创、柏林霖、张松波、张国庆、南世卿、王得志、邵安林、景奉儒、孟繁学、高战敏、刘晓明、周慧文。

铁矿选矿单位产品能源消耗限额

1 范围

本标准规定了铁矿选矿单位产品能源消耗(以下简称能耗)限额的技术要求、统计范围和计算方法、节能管理与措施。

本标准适用于铁矿选矿单位产品能耗的计算、考核及新建项目的能耗控制。

2 规范性引用文件

下列文件对于本文件的应用是必不可少的。凡是注日期的引用文件,仅注日期的版本适用于本文件。凡是不注日期的引用文件,其最新版本(包括所有的修改单)适用于本文件。

GB/T 2589 综合能耗计算通则

GB/T 12723 单位产品能源消耗限额编制通则

GB 17167 用能单位能源计量器具配备和管理通则

GB/T 23331 能源管理体系 要求

3 术语和定义

GB/T 12723 中界定的以及下列术语和定义适用于本文件。

3.1

联合选别 multiple-concentration

由两种或两种以上单独选别工艺(弱磁选、强磁选、重选、浮选等)组合实现矿物分离的过程。

3.2

焙烧选别 roasting and concentration

由磁化焙烧和选别组合实现矿物分离的过程。

3.3

铁矿选矿单位产品综合能耗 comprehensive energy consumption per unit ore of iron ore dressing

统计期内,铁矿选矿每处理 1 吨原矿,实际消耗的各种能源总量。

3.4

铁矿选矿单位产品可比综合能耗 comparable comprehensive energy consumption per unit ore of iron ore dressing

为在铁矿选矿行业实现单位产品(处理原矿)能耗可比,对影响铁矿选矿单位产品综合能耗的各种因素加以修正所计算出来的单位产品综合能耗。

4 技术要求

4.1 现有铁矿选矿单位产品能耗限定值

现有铁矿选矿单位产品能耗限定值应符合表 1 的要求。

表 1 现有铁矿选矿单位产品能耗限定值

选矿工艺类型		单位产品可比综合能耗/(kgce/t)
弱磁选		≤4.1
联合选别		≤5.7
焙烧选别	竖炉	≤48.5
	回转窑	≤54.3

4.2 新建或改扩建铁矿选矿单位产品能耗准入值

新建或改扩建铁矿选矿单位产品能耗准入值应符合表 2 的要求。

表 2 新建或改扩建铁矿选矿单位产品能耗准入值

选矿工艺类型		单位产品可比综合能耗/(kgce/t)
弱磁选		≤3.3
联合选别		≤4.2
焙烧选别	竖炉	≤45.6
	回转窑	≤51.8

4.3 铁矿选矿单位产品能耗先进值

鼓励铁矿选矿企业通过节能技术改造和加强节能管理，达到表 3 中的铁矿选矿单位产品能耗先进值。

表 3 铁矿选矿单位产品能耗先进值

选矿工艺类型		单位产品可比综合能耗/(kgce/t)
弱磁选		≤2.4
联合选别		≤3.3
焙烧选别	竖炉	≤42.4
	回转窑	≤49.7

5 统计范围和计算方法

5.1 统计范围

铁矿选矿综合能耗，包括从原矿入厂到合格铁精矿进仓(池)、尾矿进库(堆场)的全过程，包括选矿主要生产系统(预选、破碎、筛分、磨矿、分级、选别、脱水、尾矿处置、生产调度指挥系统)、辅助生产系统(机修、汽修、电修、供电、供水(含水处理)、供热、化验、检测、计量、环保、动力供应、药剂供应)以及直接为生产服务的附属生产系统(办公楼、食堂、浴室)所消耗的各种能源的实物量，并按照 GB/T 2589 的规定折算成标准煤。电力折标准煤系数采用当量值 0.122 9 kgce/(kW·h)。

5.2 计算方法

5.2.1 铁矿选矿单位产品综合能耗计算

铁矿选矿单位产品综合能耗按式(1)计算：

$$e_{xk}=\frac{E_{sj}}{P_{yk}} \quad \cdots\cdots\cdots\cdots(1)$$

式中：

e_{xk} ——铁矿选矿单位产品综合能耗，单位为千克标准煤每吨(kgce/t)；

E_{sj} ——统计期内铁矿选矿实际消耗的各种能源折标准煤量总和，单位为千克标准煤(kgce)；

P_{yk}——统计期内铁矿选矿处理的原矿量，单位为吨(t)。

5.2.2 铁矿选矿单位产品可比综合能耗计算

5.2.2.1 弱磁选和联合选别单位产品可比综合能耗计算

弱磁选和联合选别单位产品可比综合能耗按式(2)计算：

$$e_{kb}=\frac{e_{xk}}{K} \quad \cdots\cdots\cdots\cdots(2)$$

式中：

e_{kb} ——铁矿选矿单位产品可比综合能耗，单位为千克标准煤每吨(kgce/t)；

K ——调整系数。

为实现铁矿选矿单位产品综合能耗可比，考虑影响选矿能耗的主要因素，采用调整系数。

铁矿选矿能耗调整系数按式(3)计算：

$$K=(1+K_1+K_2+K_3)\times K_4 \quad \cdots\cdots\cdots\cdots(3)$$

式中：

K_1——碎磨系数，见表 A.1；

K_2——浮选加温系数，见表 A.2；

K_3——取暖系数，见表 A.3；

K_4——高原系数，见表 A.4。

5.2.2.2 焙烧选别单位产品可比综合能耗计算

焙烧选别单位产品可比综合能耗按式(4)计算：

$$e_{bx}=e_{bs}+e_{kb} \quad \cdots\cdots\cdots\cdots(4)$$

式中：

e_{bx} ——焙烧选别单位产品可比综合能耗，单位为千克标准煤每吨(kgce/t)；

e_{bs} ——焙烧工序实际消耗能源折单位产品（原矿处理量）的能耗，单位为千克标准煤每吨(kgce/t)。

6 节能管理与措施

6.1 节能管理

6.1.1 应根据 GB 17167 配备能源计量器具，建立和完善能源计量管理制度，确保能源基础数据的准确性和完整性。

6.1.2 应按照 GB/T 23331 建立能源管理体系，规范能源管理，持续提高能源利用效率。

6.1.3 应定期对破碎、磨矿、选别、脱水等主要耗能设备进行考核。

6.2 节能措施

6.2.1 严格控制设备空运转和待料时间，优化运行工况，提高设备能效。

6.2.2 根据原矿性质趋势，在入磨前采用磁滑轮、重选设备或其他方法实现预选抛尾，剔除矿石中混入的围岩及夹石，节省磨矿能耗。

6.2.3 开发利用高效节能的新技术、新工艺、新设备、新材料。

6.2.4 充分利用太阳能、位能(重力)等能源。注重回收利用竖炉、回转窑的冷却水及高温烟气余热。注重选别、脱水及尾矿浓缩等工序循环水的回收与利用。

6.2.5 及时淘汰高能耗、高污染、低效率的工艺和设备。

附 录 A
（规范性附录）
系 数

A.1 碎磨系数

碎磨系数见表A.1。

表 A.1 碎磨系数

磨矿方式	一段球磨	二段球磨	三段球磨	自磨+一段球磨	自磨+二段球磨
碎磨系数 K_1	−0.15	0	0.10	0.12	0.15

A.2 浮选加温系数

浮选加温系数见表A.2。

表 A.2 浮选加温系数

年平均气温/℃	0～5	5～10	10～15	15～20	20～25
浮选加温系数 K_2	0.55～0.45	0.45～0.35	0.35～0.25	0.25～0.15	0.15～0
注：区间数据采用内差法计算。					

A.3 取暖系数

取暖系数见表A.3。

表 A.3 取暖系数

取暖期/个月	0	3	4	5	6
取暖系数 K_3	0	0.2	0.3	0.4	0.5
注：区间数据采用内差法计算。					

A.4 高原系数

高原系数见表A.4。

表 A.4 高原系数

海拔高度/m	<2 000	2 000～3 000	3 000～4 000	4 000～4 500
高原系数 K_4	1.0	1.00～1.05	1.05～1.15	1.15～1.25
注：区间数据采用内差法计算。				

ICS 27.010
F 01

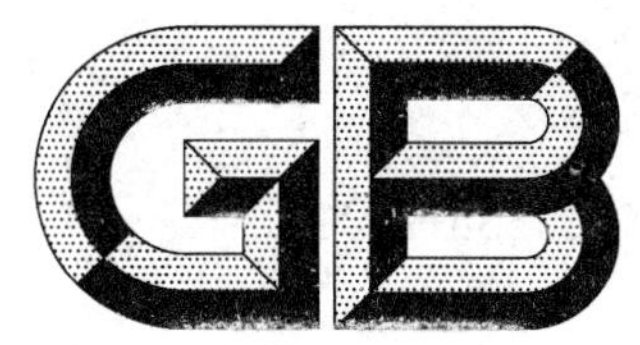

中华人民共和国国家标准

GB 31338—2014

工业硅单位产品能源消耗限额

The norm of energy consumption per unit products of silicon metal

2014-12-31 发布　　　　2016-01-01 实施

中华人民共和国国家质量监督检验检疫总局
中国国家标准化管理委员会　发布

前　言

本标准4.1与4.2为强制性的，其余为推荐性的。

本标准按照GB/T 1.1—2009给出的规则起草。

请注意本文件的某些内容可能涉及专利。本文件的发布机构不承担识别这些专利的责任。

本标准由国家发展和改革委员会资源节约与环境保护司、工业和信息化部节能与综合利用司、中国有色金属工业协会提出。

本标准由全国能源基础与管理标准化技术委员会(SAC/TC 20)和全国有色金属标准化技术委员会(SAC/TC 243)归口。

本标准负责起草单位：包头铝业有限公司、云南永昌硅业股份有限公司、蓝星硅材料有限公司、浙江合盛硅业有限公司、有色金属技术经济研究院。

本标准参加起草单位：怒江宏盛锦盟硅业有限公司、四子王旗佳辉硅业有限公司。

本标准主要起草人：赵洪生、张晓平、周开亮、常智杰、刘汉士、罗立国、邢戈斌、沈清华、徐立峰、刘文红、李云霞、孙国东、李福宝、文静、李改英。

工业硅单位产品能源消耗限额

1 范围

本标准规定了工业硅企业单位产品生产能源消耗(以下简称能耗)限额的技术要求、统计范围和计算方法、节能管理与措施。

本标准适用于工业硅企业单位产品生产能耗的计算、考核,以及对新建项目的能耗控制。

2 规范性引用文件

下列文件对于本文件的应用是必不可少的。凡是注日期的引用文件,仅注日期的版本适用于本文件。凡是不注日期的引用文件,其最新版本(包括所有的修改单)适用于本文件。

GB/T 2589 综合能耗计算通则

GB/T 2881 工业硅

GB/T 12723 单位产品能源消耗限额编制通则

GB 17167 用能单位能源计量器具配备和管理通则

3 术语和定义

GB/T 2589 和 GB/T 12723 界定的术语和定义适用于本文件。

4 技术要求

4.1 现有工业硅企业单位产品综合能耗限额限定值

现有工业硅企业单位产品综合能耗限额限定值应不大于 3 500 kgce/t。

4.2 新建工业硅企业单位产品综合能耗限额准入值

新建工业硅企业单位产品综合能耗限额准入值应不大于 2 800 kgce/t。

4.3 工业硅企业单位产品综合能耗限额先进值

工业硅企业单位产品综合能耗限额先进值应不大于 2 500 kgce/t。

5 工业硅产品能耗计算原则、计算范围及计算方法

5.1 计算原则

5.1.1 企业生产的能源消耗

企业生产的能源消耗是指用于生产活动的各种能源,包括一次能源(原煤、原油、天然气等)、二次能源(电力、热力、石油制品、焦炭、煤气等)、耗能工质(水、氧气、压缩空气等)和余热资源,包括能源及耗能

工质在企业内部进行贮存、转换及计量供应(包括外销)中的损耗,不包括生活用能、批准的基建项目用能。

企业生活用能量是指企业系统内的宿舍、学校、文化娱乐、医疗保健、商业服务和托儿幼教等方面的用能量。不包括车间、管理部门的照明、取暖、降温、洗澡等用能。

5.1.2 报告期内企业生产的能源消耗量

报告期内企业生产的能源消耗量有3种计算方法:

方法一:报告期内企业生产的能源消耗量=企业购入能源量+期初库存能源量-企业外销能源量-企业基建项目耗能量-企业生活用能量-期末库存能源量;

方法二:报告期内企业生产的能源消耗量=企业诸产品工艺能耗量+辅助和附属生产系统用能量+企业内部能源转换损失量;

方法三:报告期内企业生产的能源消耗量=企业诸产品综合能耗量之和。

5.1.3 能源实物量的计量

能源实物量的计量应符合《中华人民共和国计量法》和GB 17167的规定。

5.1.4 各种能源(包括生产耗能工质消耗的能源)折算的原则及计量单位

5.1.4.1 单位产品能耗用千克标准煤(kgce)或吨标准煤(tce)表示,应以其低(位)发热量等于29.307 6兆焦称为1千克标准煤。

5.1.4.2 企业消耗的煤炭、焦炭、燃料油、煤气等外购能源的折算系数,应按国家规定的测定分析方法进行分析测定,按实测值换算为标准煤;不能实测的,应按能源供应部门提供的低(位)发热量进行换算;在上述条件均不具备时,可用国家统计部门规定的折算系数换算为标准煤(参见附录A)。

5.1.4.3 电力按国家统计部门规定的折算系数换算(参见附录A)。

5.1.4.4 企业加工转换的二次能源(电力除外)及耗能工质按相应的等价热值折算(参见附录B),计入产品能耗中。

5.1.4.5 能源及耗能工质实物消耗量计算单位:

——煤、焦炭、重油:单位为千克(kg)、吨(t)、万吨(10^4 t);

——电:单位为千瓦时(kW·h)、万千瓦时(10^4 kW·h);

——煤气、天然气、压缩空气、氧气:单位为立方米(m^3)、万立方米(10^4 m^3);

——蒸汽:单位为千克(kg)、吨(t);

——水:单位为吨(t)、万吨(10^4 t)。

5.1.5 余热资源计算原则

企业回收的余热,属于节约能源循环利用,在计算能耗时,应避免重复计算。余热利用装置用能计入能耗。回收能源自用部分,计入自用工序;转供其他工序时,在所用工序以正常消耗计入;回收的能源折标准煤后应在回收余热的工序、工艺中扣除。如是未扣除回收余热的能耗指标,应标明"未扣余热发电"、"含余热发电"、"未扣回收余热"等字样。

5.2 计算范围

5.2.1 工业硅企业单位产品综合能耗统计范围

工业硅企业单位产品综合能耗包括冶炼生产系统能耗和辅助生产系统能耗,扣除生产过程回收利用并外供的二次能源量。

冶炼生产系统能耗包括生产系统冶炼电耗(含炉料加热、维持炉况的冶炼、烘炉电、洗炉电、动力电、照明电),矿石还原的碳质还原剂(石油焦、煤、疏松剂等)和耗能工质(水、气等)消耗的能源量。

辅助生产系统能耗包括原料准备、输送、浇注、精整、环保设施用电、循环水系统及物料与工业硅运输的动力消耗。

5.2.2 成品计量

产品产量以精整后的入库的成品产量。

5.3 工业硅单位产品综合能耗计算方法

工业硅单位产品综合能耗按式(1)计算:

$$E_{Si}=\frac{e_1+e_2+e_3+e_4-e_5}{P_{Si}} \quad\cdots\cdots(1)$$

式中:

E_{Si}——工业硅单位产品综合能耗,单位为千克标准煤每吨(kgce/t);

e_1 ——生产系统的冶炼电耗,单位为千克标准煤(kgce);

e_2 ——碳质还原剂消耗量,单位为千克标准煤(kgce);

e_3 ——耗能工质消耗量,单位为千克标准煤(kgce);

e_4 ——辅助生产系统的动力能耗,单位为千克标准煤(kgce);

e_5 ——二次能源回收并外供量,单位为千克标准煤(kgce);

P_{Si}——符合 GB/T 2881 规定的工业硅产量,单位为吨(t)。

6 节能管理与措施

6.1 节能基础管理

6.1.1 企业应建立节能考核制度,定期对工业硅企业的各生产工序能耗情况进行考核,并把考核指标分解落实到各基层单位。

6.1.2 企业应按要求建立能耗统计体系,建立能耗计算和统计结果的文件档案,并对文件进行受控管理。

6.1.3 企业应根据 GB 17167 的要求配备相应的能源计量器具并建立能源计量管理制度。

6.2 节能技术措施

6.2.1 工业硅企业应配备余热回收等节能设备,最大限度地对生产过程中可回收的能源进行利用。

6.2.2 工业硅企业应进行技术改造,采用先进工艺,提高生产效率和能源利用率。

6.2.3 工业硅企业应合理组织生产,减少中间环节,提高生产能力,延长生产周期。

6.2.4 工业硅企业应大力发展循环经济,利用现有技术,合理利用再生资源。

附 录 A
（资料性附录）
常用能源品种现行折标准煤系数

表 A.1 常用能源品种现行折标准煤系数

能 源		折标准煤系数及单位[a]	
品种	平均低位发热量	系数	单位
原煤	20 908 kJ/kg(5 000 kcal/kg)	0.714 3	kgce/kg
洗精煤	26 344 kJ/kg(6 300 kcal/kg)	0.900 0	kgce/kg
柴油	42 652 kJ/kg(10 200 kcal/kg)	1.457 1	kgce/kg
汽油	43 070 kJ/kg(10 300 kcal/kg)	1.471 4	kgce/kg
电力(当量值)	3 600 kJ/(kW·h)[860 kcal/(kW·h)]	0.122 9	kgce/(kW·h)
热力(当量值)	—	0.034 12	kgce/MJ
[a] 本附录中折标准煤系数如遇国家统计部门规定发生变化，能耗等级指标则应另行规定。			

附　录　B
（资料性附录）
耗能工质能源等价值

表 B.1　耗能工质能源等价值

品 种	单位耗能工质耗能量	折标准煤系数[a]
新水	2.51 MJ/t(600 kcal/t)	0.085 7 kgce/t
软水	14.23 MJ/t(3 400 kcal/t)	0.485 7 kgce/t
压缩空气	1.17 MJ/m^3(280 kcal/ m^3)	0.040 0 kgce/ m^3
氧气	11.72 MJ/m^3(2 800 kcal/ m^3)	0.400 0 kgce/ m^3

[a] 本附录中的能源等价值如有变动，以国家统计部门最新公布的数据为准。

ICS 27.010
F 01

中华人民共和国国家标准

GB 31339—2014

铝及铝合金线坯及线材单位产品能源消耗限额

The norm of energy consumption per unit products of aluminium and aluminium alloy wire stocks and wires

2014-12-31 发布　　2016-01-01 实施

中华人民共和国国家质量监督检验检疫总局
中国国家标准化管理委员会　发布

前　言

本标准4.1与4.2为强制性的，其余为推荐性的。

本标准按照GB/T 1.1—2009给出的规则起草。

本标准由国家发展和改革委员会资源节约与环境保护司、工业和信息化部节能与综合利用司、中国有色金属工业协会提出。

本标准由全国能源基础与管理标准化技术委员会(SAC/TC 20)、全国有色金属标准化技术委员会(SAC/TC 243)归口。

本标准起草单位：杭州港宏电缆材料有限公司、东北轻合金有限责任公司、新疆众和股份有限公司、有色金属技术经济研究院、北京有色金属与稀土应用研究所、杭州坤利焊接材料有限公司、山东兖矿轻合金有限公司、通用(天津)铝合金产品有限公司、福建省南平铝业有限公司、西北铝加工厂、广东华昌铝业有限公司、云南铝业股份有限公司。

本标准主要起草人：谢校祥、沈樑君、王国军、葛立新、宋玉萍、史秀梅、陈继强、鹿兵、陈强、林洁、王守业、唐性宇、张辉。

铝及铝合金线坯及线材单位产品能源消耗限额

1 范围

本标准规定了铝及铝合金线坯及线材单位产品能源消耗(以下简称能耗)限额的要求、计算原则、计算范围及计算方法和节能管理与措施。

本标准适用于铝及铝合金线坯及线材生产企业单位产品能耗的计算、考核,以及对新建项目的能耗控制。

2 规范性引用文件

下列文件对于本文件的应用是必不可少的。凡是注日期的引用文件,仅注日期的版本适用于本文件。凡是不注日期的引用文件,其最新版本(包括所有的修改单)适用于本文件。

GB/T 2589 综合能耗计算通则

GB 17167 用能单位能源计量器具配备和管理通则

GB 25326 铝及铝合金轧、拉制管、棒材单位产品能源消耗限额

GB 26756 铝及铝合金热挤压棒材单位产品能源消耗限额

YS/T 694.1 变形铝及铝合金单位产品能源消耗限额 第1部分:铸造锭

3 术语和定义

YS/T 694.1 及 GB/T 2589 中界定的术语和定义适用于本文件。

4 技术要求

4.1 现有铝及铝合金线坯及线材生产企业单位产品能源消耗限定值

现有铝及铝合金线坯及线材生产企业单位产品能源消耗限定值应符合表1的要求。企业位处长江以北时,表中单位产品能源消耗限定值应乘以修正系数 K(山海关以南,取 $K=1.1$;山海关以北,取 $K=1.2$);企业位处海拔高度超过 1 500 m 时,表中单位产品能源消耗限定值应乘以 1.03 进行修正。

表1 现有铝及铝合金线坯及线材生产企业单位产品能源消耗限定值

产品分类	原料	单位产品能源消耗限定值/(kgce/t)				
		铝-1%硅丝	高纯铝丝	1系铝、8系铝合金	3系、4系、5系(Mg含量的平均值<4%)、6系	5系铝合金(Mg含量的平均值≥4%)
连铸连轧线坯	铝锭或铝液	—	≤220	≤235	≤255	—
挤压线坯	圆铸锭	符合 GB 26756				

表 1（续）

<table>
<tr><td colspan="2" rowspan="2">产品分类</td><td rowspan="2">原料</td><td colspan="5">单位产品能源消耗限定值/(kgce/t)</td></tr>
<tr><td>铝-1%硅丝</td><td>高纯铝丝</td><td>1 系铝、8 系铝合金</td><td>3 系、4 系、5 系（Mg 含量的平均值<4%）、6 系</td><td>5 系铝合金（Mg 含量的平均值≥4%）</td></tr>
<tr><td colspan="2">轧、拉制线坯</td><td>圆铸锭</td><td colspan="5">符合 GB 25326</td></tr>
<tr><td rowspan="10">线材（生产工艺流程参见图 1、图 2）</td><td>直径：10.00 mm～12.00 mm</td><td rowspan="10">线坯</td><td>—</td><td>—</td><td>≤6</td><td>≤8</td><td>—</td></tr>
<tr><td>直径：8.00 mm～<10.00 mm</td><td>—</td><td>—</td><td rowspan="2">≤12</td><td rowspan="2">≤38[a]</td><td>≤30[a]</td></tr>
<tr><td>直径：6.00 mm～<8.00 mm</td><td>≤28[a]</td><td>≤6</td><td>≤60[a]</td></tr>
<tr><td>直径：4.00 mm～<6.00 mm</td><td>≤59[a]</td><td>≤14</td><td rowspan="2">≤23</td><td rowspan="2">≤75[a]</td><td>≤105[a]</td></tr>
<tr><td>直径：3.00 mm～<4.00 mm</td><td>≤94[a]</td><td>≤23</td><td>≤142[a]</td></tr>
<tr><td>直径：2.00 mm～<3.00 mm</td><td>≤133[a]</td><td>≤45</td><td rowspan="2">≤45</td><td rowspan="2">≤125[a]</td><td>≤179[a]</td></tr>
<tr><td>直径：1.00 mm～<2.00 mm</td><td>≤168[a]</td><td>≤63</td><td>≤229[a]</td></tr>
<tr><td>直径：0.50 mm～<1.00 mm</td><td>≤214[a]</td><td>≤96</td><td>—</td><td>≤165[a]</td><td>≤279[a]</td></tr>
<tr><td>直径：0.25 mm～<0.50 mm</td><td rowspan="2">—</td><td rowspan="2">—</td><td rowspan="2">—</td><td>≤195</td><td rowspan="2">—</td></tr>
<tr><td>直径：0.10 mm～<0.25 mm</td><td>≤239[a]</td></tr>
<tr><td colspan="8">[a] 该规格线材包含热处理能耗，当供货状态为加工状态时，应减去相应能耗值。直径>1.00 mm 的线材热处理产品能耗值为 22 kgce/t，直径≤1.00 mm 的线材热处理产品能耗值为 14 kgce/t。例如：直径 7.00 mm 的 5A06 铝合金加工状态线材，能耗限额值应为标准值减去热处理能耗值，即 60 kgce/t－22 kgce/t＝38 kgce/t。</td></tr>
</table>

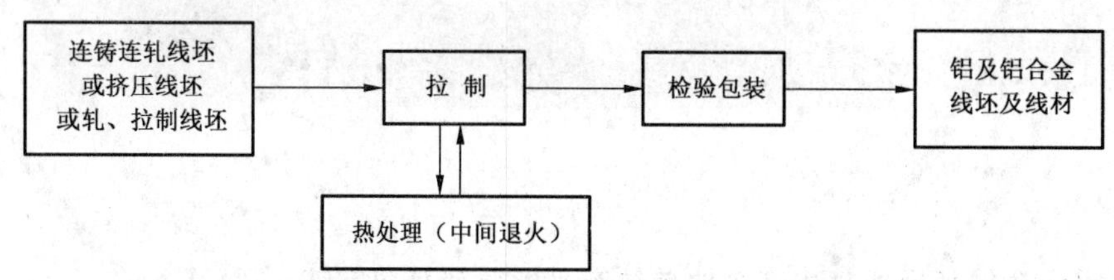

图 1　加工状态线材的典型生产工艺流程简图

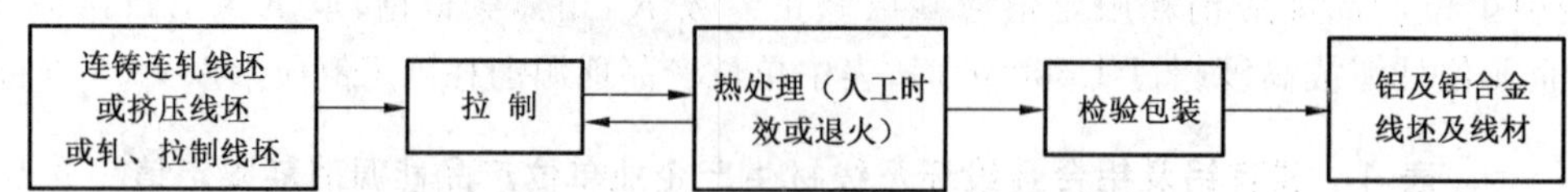

图 2　热处理状态线材的典型生产工艺流程简图

4.2　新建铝及铝合金线坯及线材生产企业单位产品能源消耗准入值

新建铝及铝合金线坯及线材生产企业单位产品能源消耗准入值应符合表 2 的要求。企业位处长江以北时，表中单位产品能源消耗准入值应乘以修正系数 K（山海关以南，取 $K=1.1$；山海关以北，取 $K=1.2$）；企业位处海拔高度超过 1 500 m 时，表中单位产品能源消耗准入值应乘以 1.03 进行修正。

表 2　新建铝及铝合金线坯及线材生产企业单位产品能源消耗准入值

<table>
<tr><td colspan="2" rowspan="2">产品分类</td><td rowspan="2">原料</td><td colspan="5">单位产品能源消耗限定值/(kgce/t)</td></tr>
<tr><td>铝-1%硅丝</td><td>高纯铝丝</td><td>1系铝、8系铝合金</td><td>3系、4系、5系(Mg含量的平均值<4%)、6系</td><td>5系铝合金(Mg含量的平均值≥4%)</td></tr>
<tr><td colspan="2">连铸连轧线坯</td><td>铝锭或铝液</td><td>—</td><td>≤134</td><td>≤149</td><td>≤169</td><td>—</td></tr>
<tr><td colspan="2">挤压线坯</td><td>圆铸锭</td><td colspan="5">符合 GB 26756</td></tr>
<tr><td colspan="2">轧、拉制线坯</td><td>圆铸锭</td><td colspan="5">符合 GB 25326</td></tr>
<tr><td rowspan="10">线材(生产工艺流程参见图1、图2)</td><td>直径:10.00 mm～12.00 mm</td><td rowspan="10">线坯</td><td>—</td><td>—</td><td>≤4</td><td>≤5</td><td>—</td></tr>
<tr><td>直径:8.00 mm～<10.00 mm</td><td>—</td><td>—</td><td rowspan="2">≤10</td><td rowspan="2">≤26[a]</td><td>≤21[a]</td></tr>
<tr><td>直径:6.00 mm～<8.00 mm</td><td>≤21[a]</td><td>≤4</td><td>≤42[a]</td></tr>
<tr><td>直径:4.00 mm～<6.00 mm</td><td>≤40[a]</td><td>≤10</td><td rowspan="2">≤16</td><td rowspan="2">≤51[a]</td><td>≤63[a]</td></tr>
<tr><td>直径:3.00 mm～<4.00 mm</td><td>≤58[a]</td><td>≤18</td><td>≤94[a]</td></tr>
<tr><td>直径:2.00 mm～<3.00 mm</td><td>≤88[a]</td><td>≤30</td><td rowspan="2">≤24</td><td rowspan="2">≤83[a]</td><td>≤132[a]</td></tr>
<tr><td>直径:1.00 mm～<2.00 mm</td><td>≤128[a]</td><td>≤45</td><td>≤170[a]</td></tr>
<tr><td>直径:0.50 mm～<1.00 mm</td><td>≤155[a]</td><td>≤75</td><td>—</td><td>≤115[a]</td><td>≤208[a]</td></tr>
<tr><td>直径:0.25 mm～<0.50 mm</td><td rowspan="2">—</td><td rowspan="2">—</td><td rowspan="2">—</td><td>≤145</td><td rowspan="2">—</td></tr>
<tr><td>直径:0.10 mm～<0.25 mm</td><td>≤195[a]</td></tr>
<tr><td colspan="8">[a] 该规格线材包含热处理能耗,当供货状态为加工状态时,应减去相应能耗值。直径>1.00 mm 的线材热处理产品能耗值为 16 kgce/t,直径≤1.00 mm 的线材热处理产品能耗值为 11 kgce/t。例如:直径 7.00 mm 的 5A06 铝合金加工状态线材,能耗限额值应为标准值减去热处理能耗值,即 42 kgce/t－16 kgce/t=26 kgce/t。</td></tr>
</table>

4.3　铝及铝合金线坯及线材生产企业单位产品能源消耗先进值

铝及铝合金线坯及线材生产企业单位产品能源消耗先进值应符合表 3 的要求。企业位处长江以北时,表中单位产品能源消耗先进值应乘以修正系数 K(山海关以南,取 $K=1.1$;山海关以北,取 $K=1.2$);企业位处海拔高度超过 1 500 m 时,表中单位产品能源消耗先进值应乘以 1.03 进行修正。

表 3　铝及铝合金线坯及线材生产企业单位产品能源消耗先进值

<table>
<tr><td rowspan="2">产品分类</td><td rowspan="2">原料</td><td colspan="5">单位产品能源消耗限定值/(kgce/t)</td></tr>
<tr><td>铝-1%硅丝</td><td>高纯铝丝</td><td>1系铝、8系铝合金</td><td>3系、4系、5系(Mg含量的平均值<4%)、6系</td><td>5系铝合金(Mg含量的平均值≥4%)</td></tr>
<tr><td>连铸连轧线坯</td><td>铝锭或铝液</td><td>—</td><td>≤114</td><td>≤129</td><td>≤149</td><td>—</td></tr>
<tr><td>挤压线坯</td><td>圆铸锭</td><td colspan="5">符合 GB 26756</td></tr>
<tr><td>轧、拉制线坯</td><td>圆铸锭</td><td colspan="5">符合 GB 25326</td></tr>
</table>

表 3（续）

<table>
<tr><th colspan="2" rowspan="2">产品分类</th><th rowspan="2">原料</th><th colspan="5">单位产品能源消耗限定值/(kgce/t)</th></tr>
<tr><th>铝-1%硅丝</th><th>高纯铝丝</th><th>1 系铝、8 系铝合金</th><th>3 系、4 系、5 系(Mg 含量的平均值<4%)、6 系</th><th>5 系铝合金(Mg 含量的平均值≥4%)</th></tr>
<tr><td rowspan="10">线材(生产工艺流程参见图 1、图 2)</td><td>直径:10.00 mm～12.00 mm</td><td rowspan="10">线坯</td><td>—</td><td>—</td><td>≤3</td><td>≤3</td><td>—</td></tr>
<tr><td>直径:8.00 mm～<10.00 mm</td><td>—</td><td>—</td><td rowspan="2">≤8</td><td rowspan="2">≤19[a]</td><td>≤19[a]</td></tr>
<tr><td>直径:6.00 mm～<8.00 mm</td><td>≤19[a]</td><td>≤3</td><td>≤35[a]</td></tr>
<tr><td>直径:4.00 mm～<6.00 mm</td><td>≤35[a]</td><td>≤8</td><td rowspan="2">≤12</td><td rowspan="2">≤37[a]</td><td>≤45</td></tr>
<tr><td>直径:3.00 mm～<4.00 mm</td><td>≤45[a]</td><td>≤12</td><td>≤68[a]</td></tr>
<tr><td>直径:2.00 mm～<3.00 mm</td><td>≤65[a]</td><td>≤18</td><td rowspan="2">≤18</td><td rowspan="2">≤60[a]</td><td>≤78</td></tr>
<tr><td>直径:1.00 mm～<2.00 mm</td><td>≤75[a]</td><td>≤32</td><td>≤101[a]</td></tr>
<tr><td>直径:0.50 mm～<1.00 mm</td><td>≤115[a]</td><td>≤58</td><td>—</td><td>≤98[a]</td><td>≤129[a]</td></tr>
<tr><td>直径:0.25 mm～<0.50 mm</td><td rowspan="2">—</td><td rowspan="2">—</td><td rowspan="2">—</td><td>≤113</td><td rowspan="2">—</td></tr>
<tr><td>直径:0.10 mm～<0.25 mm</td><td>≤139[a]</td></tr>
<tr><td colspan="8">[a] 该规格线材包含热处理能耗，当供货状态为加工状态时，应减去相应能耗值。直径>1.00 mm 的线材热处理产品能耗值为 13 kgce/t，直径≤1.00 mm 的线材热处理产品能耗值为 9 kgce/t。例如：直径 7.00 mm 的 5A06 铝合金加工状态线材，能耗限额值应为标准值减去热处理能耗值，即 35 kgce/t－13 kgce/t＝22 kgce/t。</td></tr>
</table>

5 能耗计算原则、计算范围及计算方法

5.1 能耗计算原则

能耗计算原则应符合 YS/T 694.1 的规定。

5.2 能耗计算范围

本标准的能耗计算范围如表 4 所示。

表 4 能耗计算范围

<table>
<tr><th colspan="2">产品分类</th><th rowspan="2">能耗分类</th><th rowspan="2">能耗计算范围</th><th colspan="3">能源单耗代号</th></tr>
<tr><th>产品名称</th><th>产品代号</th><th>实物单耗</th><th>工艺能源单耗</th><th>综合能源单耗</th></tr>
<tr><td>连铸连轧线坯</td><td>RZ</td><td>产品生产能耗</td><td>产品生产过程中发生的能耗</td><td>E_{SRZ}</td><td>E_{GRZ}</td><td>E_{ZRZ}</td></tr>
<tr><td rowspan="2">挤压线坯</td><td rowspan="2">B</td><td>工序能耗</td><td colspan="4" rowspan="2">符合 GB 26756</td></tr>
<tr><td>产品生产能耗</td></tr>
<tr><td rowspan="2">轧、拉制线坯</td><td rowspan="2">R</td><td>工序能耗</td><td colspan="4" rowspan="2">符合 GB 25326</td></tr>
<tr><td>产品生产能耗</td></tr>
</table>

表 4（续）

产品分类		能耗分类	能耗计算范围	能源单耗代号		
产品名称	产品代号			实物单耗	工艺能源单耗	综合能源单耗
线材	W	工序能耗	拉制工序(工序代号:1)的能耗	E_{SW}^{1}	E_{GW}^{1}	E_{ZW}^{1}
			热处理工序(工序代号:2)的能耗	E_{SW}^{2}	E_{GW}^{2}	E_{ZW}^{2}
			包装工序(工序代号:3)的能耗	E_{SW}^{3}	E_{GW}^{3}	E_{ZW}^{3}
		产品生产能耗	产品生产过程中发生的能耗	E_{SW}	E_{GW}	E_{ZW}

5.3 计算方法

5.3.1 工序能耗

5.3.1.1 实物单耗

实物单耗按式(1)计算：

$$E_{SI}^{i}=\frac{M_{SI}^{i}}{P_{ZI}^{i}} \quad \cdots\cdots (1)$$

式中：

i ——工序代号(1、2、3)；

I ——产品代号(RZ、B、R、W)；

E_{SI}^{i} ——I 产品生产过程中，i 工序报告期内的实物单耗；

M_{SI}^{i} ——I 产品生产过程中，i 工序报告期内直接消耗的某种能源实物总量；

P_{ZI}^{i} ——I 产品生产过程中，i 工序报告期内产出的合格产品总量。

5.3.1.2 工艺能源单耗

工艺能源单耗按式(2)计算：

$$E_{GI}^{i}=\frac{E_{HI}^{i}}{P_{ZI}^{i}} \quad \cdots\cdots (2)$$

式中：

i ——工序代号(1、2、3)；

I ——产品代号(RZ、B、R、W)；

E_{GI}^{i} ——I 产品生产过程中，i 工序报告期内的工艺能源单耗；

E_{HI}^{i} ——I 产品生产过程中，i 工序报告期内直接消耗的各种能源实物量折标煤之和，当含回收余热时，按 YS/T 694.1 的规定；

P_{ZI}^{i} ——I 产品生产过程中，i 工序报告期内产出的合格产品总量。

5.3.1.3 综合能源单耗

综合能源单耗按式(3)计算：

$$E_{ZI}^{i}=E_{GI}^{i}+E_{FI}^{i} \quad \cdots\cdots (3)$$

式中：

i ——工序代号(1、2、3)；

I ——产品代号(RZ、B、R、W)；

E^i_{ZI} ——I 产品生产过程中，i 工序报告期内的综合能源单耗；

E^i_{GI} ——I 产品生产过程中，i 工序报告期内的工艺能源单耗；

E^i_{FI} ——I 产品生产过程中，i 工序报告期内产出的合格产品辅助能源单耗及损耗分摊量之和。

5.3.2 产品生产能耗

5.3.2.1 实物单耗

实物单耗按式(4)计算：

$$E_{SI}=\frac{M_{SI}}{P_{ZI}} \qquad \cdots\cdots(4)$$

式中：

I ——产品代号(RZ、B、R、W)；

E_{SI} ——报告期内，I 产品生产过程中发生的实物单耗；

M_{SI} ——报告期内，I 产品生产过程中直接消耗的某种能源实物总量；

P_{ZI} ——报告期内，I 产品生产过程中产出的合格品的总量。

5.3.2.2 工艺能源单耗

工艺能源单耗按式(5)计算：

$$E_{GI}=\frac{E_{HI}}{P_{ZI}} \qquad \cdots\cdots(5)$$

式中：

I ——产品代号(RZ、B、R、W)；

E_{GI} ——报告期内，I 产品生产过程中发生的工艺能源单耗；

E_{HI} ——报告期内，I 产品生产过程中直接消耗的各种能源实物量折标煤之和，当含回收余热时，按 YS/T 694.1 的规定；

P_{ZI} ——报告期内，I 产品生产过程中产出的合格品的总量。

5.3.2.3 综合能源单耗

综合能源单耗按式(6)计算：

$$E_{ZI}=E_{GI}+E_{FI} \qquad \cdots\cdots(6)$$

式中：

I ——产品代号(RZ、B、R、W)；

E_{ZI} ——报告期内，I 产品生产过程中发生的综合能源单耗；

E_{GI} ——报告期内，I 产品生产过程中发生的工艺能源单耗；

E_{FI} ——报告期内，I 产品生产过程中发生的辅助能源单耗及损耗分摊量之和。

6 节能管理与措施

6.1 节能基础管理

6.1.1 企业应建立节能考核制度，定期对各生产工序能耗情况进行考核，并把考核指标分解落实到各岗位。

6.1.2 企业应根据GB 17167的要求配备相应的能源计量器具并建立能源计量管理制度。

6.1.3 提倡企业建立能源管理中心,实现数据在线采集及分析,实时监控重点耗能设备。

6.2 节能技术措施

节能技术措施应符合YS/T 694.1的规定。

ICS 27.010
F 01

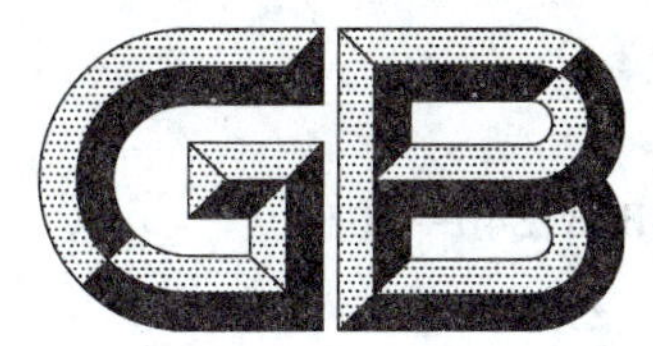

中华人民共和国国家标准

GB 31340—2014

钨精矿单位产品能源消耗限额

The norm of energy consumption per unit products of tungsten concentrates

2014-12-31 发布 2016-01-01 实施

中华人民共和国国家质量监督检验检疫总局
中国国家标准化管理委员会 发布

前　言

本标准 4.1 和 4.2 为强制性的，其余为推荐性的。

本标准按照 GB/T 1.1—2009 给出的规则起草。

本标准由国家发展和改革委员会资源节约与环境保护司、工业和信息化部节能与综合利用司提出。

本标准由全国能源基础和管理标准化技术委员会(SAC/TC 20)、全国有色金属标准化技术委员会(SAC/TC 243)归口。

本标准起草单位：赣州有色冶金研究所、江西钨业集团有限公司、中国有色金属工业标准计量质量研究所。

本标准主要起草人：张树标、李平、涂序保、钟有根、潘建忠、曾凡珍、谢世勇、钟健民、叶春生、吴艳华。

钨精矿单位产品能源消耗限额

1 范围

本标准规定了钨精矿单位产品能源消耗(以下简称能耗)限额统计的技术要求、统计范围、计算方法、计算范围和节能管理与措施。

本标准适用于黑钨精矿、白钨精矿的单位产品能源消耗的计算、考核及对新建项目的能耗控制。

2 规范性引用文件

下列文件对于本文件的应用是必不可少的。凡是注日期的引用文件,仅注日期的版本适用于本文件。凡是不注日期的引用文件,其最新版本(包括所有的修改单)适用于本文件。

GB/T 2589 综合能耗计算通则

GB 17167 用能单位能源计量器具配备和管理通则

3 术语和定义

GB/T 2589 界定的以及下列术语和定义适用于本文件。

3.1

工序能耗 unit energy consumption in working procedure

工序生产过程中生产单位合格产品消耗的能源量。

3.2

工序实物单耗 unit object consumption in working procedure

工序生产过程中生产单位合格产品消耗的某种能源实物量。

3.3

工艺能耗 unit energy consumption of technology

统计报告期内,生产某种产品的生产系统各工序消耗的能源量与同期内产出的合格品量的比值。

3.4

辅助能耗 assistant energy consumption

统计报告期内,辅助生产系统消耗的能源量与同期内产出的合格品量的比值。

3.5

综合能耗 enterprise integrate energy consumption

工艺能耗、辅助能耗及损耗分摊量之和。

3.6

选矿比 ratio of concentration

选出 1 t 精矿所需要的原矿重量。通常以倍数表示。

4 技术要求

4.1 现有钨精矿生产企业单位产品能耗限定值

现有钨精矿生产企业单位产品能耗限定值应符合表 1 的要求。

表 1　现有钨精矿生产企业单位产品能耗限定值

生产工艺		黑钨矿山	白钨矿山
采矿工艺单耗/(kgce/t)	不大于	3.20	1.85
选矿工艺单耗/(kgce/t)	不大于	650.00	1 790.00
标准钨精矿综合能源单耗/(kgce/t)	不大于	1 470.00	2 100.00

4.2　新建钨精矿生产企业单位产品能耗准入值

新建钨精矿生产企业单位产品能耗准入值应符合表 2 的要求。

表 2　新建钨精矿生产企业单位产品能耗准入值

生产工艺		黑钨矿山	白钨矿山
采矿工艺单耗/(kgce/t)	不大于	2.42	1.04
选矿工艺单耗/(kgce/t)	不大于	326.00	1 538.00
标准钨精矿综合能源单耗/(kgce/t)	不大于	1 174.00	1 788.00

4.3　钨精矿生产企业单位产品能耗先进值

钨精矿生产企业单位产品能耗先进值应达到表 3 的要求。

表 3　钨精矿生产企业单位产品能耗先进值

生产工艺		黑钨矿山	白钨矿山
采矿工艺单耗/(kgce/t)	不大于	1.13	0.41
选矿工艺单耗/(kgce/t)	不大于	166.00	763.00
标准钨精矿综合能源单耗/(kgce/t)	不大于	561.00	1 658.00

5　统计范围、计算方法及计算范围

5.1　统计范围

5.1.1　企业实际生产消耗的各种能源

实际消耗的各种能源是指：一次能源、二次能源和生产使用的耗能工质所消耗的能源。

企业实际消耗的各种能源，系指用于生产活动的各种能源。其包括主要生产系统、辅助生产系统和附属生产系统用能，不包括生活用能和基建项目用能。

生活用能是指企业系统内的宿舍、学校、文化娱乐、医疗保健、商业服务等直接用于生活方面的能耗。

5.1.2　企业计划统计期内的能源实物消耗量和能源消耗量

企业计划统计期内的某种能源实物消耗量的计算，应符合式(1)：

$$e_h = e_1 + e_2 - e_3 - e_4 - e_5 - e_6 \quad \cdots\cdots(1)$$

式中：

e_h ——企业的能源实物消耗量；

e_1 ——企业购入能源实物量；

e_2 ——期初库存能源实物量；

e_3 ——期末库存能源实物量；

e_4 ——外销能源实物量；

e_5 ——生活用能源实物量；

e_6 ——企业工程建设用能源量。

企业计划统计期内的能源消耗量的计算，应符合式(2)：

$$\begin{aligned} E &= E_1 + E_2 - E_3 - E_4 - E_5 \\ &= E_{ZG} + E_{ZF} \\ &= E_{ZZ} \end{aligned} \quad \cdots\cdots(2)$$

式中：

E ——企业计划统计期内能源消耗量；

E_1 ——购入能源量；

E_2 ——库存能源增减量；

E_3 ——外销能源量；

E_4 ——生活用能源量；

E_5 ——企业工程建设用能源量；

E_{ZG} ——诸产品工艺能源消耗量；

E_{ZF} ——间接辅助生产部门用能源量及损耗；

E_{ZZ} ——诸产品综合能源消耗量。

所消耗的各种能源不得重计或漏计。存在供需关系时，输入、输出双方在计算中量值上应保持一致。设备大修的能源消耗也应计算在内，且按检修后设备的运行周期逐月平均分摊。企业综合能耗的计算按 GB/T 2589 的规定进行。

注：企业计划统计期内的能源消耗量是指本计划统计期内直接用于生产的能源消耗量，是否属直接用于生产应按 5.1.1 的规定划分。

5.1.3 能源实物量的计量

能源实物量的计量应符合《中华人民共和国计量法》和 GB 17167 的规定。

5.1.4 各种能源的计量单位

a) 企业生产能耗量、产品工艺能耗量(或称产品直接综合能耗)、产品综合能耗量的单位：kgce、tce(千克标煤、吨标煤)；

b) 煤、焦炭的单位：t、10^4 t(吨、万吨)；

c) 汽油、柴油、煤油的单位：kg、t(千克、吨)；

d) 电的单位：kW·h、10^4 kW·h(千瓦时、万千瓦时)；

e) 蒸汽的单位：kg、t 或 kJ、GJ(千克、吨或千焦、百万千焦)；

f) 煤气、压缩空气、氧气的单位：m^3、10^4 m^3(立方米、万立方米)；

g) 水的单位：t、10^4 t(吨、万吨)。

5.1.5 各种能源(包括生产耗能工质消耗的能源)折算标煤量方法

应用基低(位)发热量等于 29.307 6 兆焦(MJ) 的能源，称为 1 千克标煤(kgce)。

外购能源可取实测的低(位)发热量或供货单位提供的实测值为计算基础,或用国家统计部门的折算系数折算,参见附录A。二次能源及耗能工质均按相应能源等价值折算:企业能源转换自产时,按实际投入的能源实物量折算标煤量;由集中生产单位外销供应时,其能源等价值须经主管部门规定;外购外销时,其能源等价值应相同;当未提供能源等价值时,可按国家统计部门的折算系数折算,参见附录B。

5.1.6 单位产品能耗的产品产量的确定

计算单位产品能耗时,应分别采用同一计划统计期内产出的采掘总量、钨精矿的产量。

注:钨精矿合格(或单位)产品:是指以实物量折算为含钨量65%的标准量为基准。

5.1.7 余热利用能耗的统计原则

凡余热利用生产的能源量,应折算后在该工序能耗量中扣除,用于本工序或其他工序的,该部分能量则以正常消耗计入。

5.1.8 其他

设备年度大修的能源消耗量,应计入产品工艺能耗,按检修后设备的运行周期逐月平均分摊入各检修耗能工序。附属生产设备的能源消耗,应根据各产品工艺能耗量占企业生产工艺总能耗量的比例分摊给各个产品。

5.2 计算方法

5.2.1 工序实物单耗的计算

工序实物单耗按式(3)计算:

$$e_{dx}=e_{si}/M_x \quad \cdots\cdots(3)$$

式中:

e_{dx} ——某一工序的实物单耗,单位为实物单位每吨(实物单位/t);

e_{si} ——该工序在同一计划统计期消耗的第 i 种能源实物量,单位为实物单位;

M_x ——该工序合格产品的产量,单位为吨(t)。

5.2.2 工序(艺)能耗的计算

工序能耗按式(4)计算:

$$E_{gx}=\sum_{i=1}^{n}e_{gxi}\rho_i-E_{wg} \quad \cdots\cdots(4)$$

式中:

E_{gx} ——某一工序能耗;

e_{gxi} ——该工序对第 i 种能源(耗能工质)的消耗量;

ρ_i ——第 i 种能源(耗能工质)等价折标煤系数(等价值);

E_{wg} ——工序外供二次能源(耗能工质)折算成一次能源(标煤)的数量。

5.2.3 工序能源单耗的计算

工序能源单耗按式(5)计算:

$$E_{gdx}=E_{gx}/M_x \quad \cdots\cdots(5)$$

式中:

E_{gdx}——某一工序能源单耗;

E_{gx} ——计划统计期内该工艺能耗；

M_x ——计划统计期内该工艺生产产品产量。

5.2.4 综合能耗的计算

综合能耗按式(6)计算：

$$E = E_z + E_f + E_{f'} + E_s \qquad (6)$$

式中：

E ——企业综合能耗；

E_z ——主要生产系统综合能耗；

E_f ——辅助生产系统综合能耗；

$E_{f'}$ ——附属生产系统综合能耗；

E_s ——企业各种能源损耗之和。

5.2.5 综合能源单耗的计算

综合能源单耗按式(7)计算：

$$E_{dx} = E_{zx} + E_{jx} \qquad (7)$$

式中：

E_{dx} ——第 x 种产品的单位产量综合能耗；

E_{zx} ——第 x 种产品的单位产量直接综合能耗；

E_{jx} ——第 x 种产品的单位产量间接综合能耗。

产品单位产量直接综合能耗按式(8)计算：

$$E_{zx} = E_{czx} / M_x \qquad (8)$$

式中：

E_{czx} ——生产某产品的直接综合能耗；

M_x ——在同一计划统计期产品 x 的合格品数量。

5.2.6 标准钨精矿综合能源单耗

标准钨精矿综合能源单耗按式(9)计算：

$$E = (E_{采} / K + E_{选}) \times \mu \qquad (9)$$

式中：

$E_{采}$ ——采矿单耗；

$E_{选}$ ——选矿单耗；

K ——选矿比；

μ ——综合能源折算系数，见附录 C。

5.3 计算范围

5.3.1 采矿工艺能源消耗计算范围

采矿工艺能源消耗包括穿孔工序、爆破工序、压风工序、通风工序、供排水工序、排土工序、提升运输工序、采装工序、破碎工序、污水处理工序、采暖工序和辅助工序耗能量。

5.3.2 钨精矿产品选矿工艺能源消耗计算范围

钨精矿产品选矿工艺能源消耗包括破碎工序、磨矿工序、选别工序、脱水工序、尾矿输送及处理工序、辅助工序耗能量。

6 节能管理与措施

6.1 节能基础管理

6.1.1 企业应根据 GB 17167 的要求配备和使用相应的能源计量器具并建立能源计量管理制度。

6.1.2 加强能源基础计量工作,确保能源计量的准确性。

6.1.3 制定考核标准,实施能耗考核。

6.2 节能技术措施

6.2.1 开展科学节能管理,共享节能技术。

6.2.2 推进设备大型化,促进节能新工艺、新技术、新设备的应用。

6.2.3 加强能源的循环利用和回收利用。

附 录 A
（资料性附录）
常用能源品种现行参考折标煤系数

常用能源品种现行折标煤系数见表 A.1。

表 A.1 常用能源品种现行折标煤系数

能源		折标煤系数及单位	
品种	平均低位发热量	系数	单位
原煤	20 908 kJ/kg(5 000 kcal/kg)	0.714 3	kgce/kg
洗精煤	26 344 kJ/kg(6 300 kcal/kg)	0.900	kgce/kg
重油	41 816 kJ/kg(10 000 kcal/kg)	1.428 6	kgce/kg
柴油	42 652 kJ/kg(10 200 kcal/kg)	1.457 1	kgce/kg
汽油	43 070 kJ/kg(10 300 kcal/kg)	1.471 4	kgce/kg
焦炭	28 435 kJ/kg(6 800 kcal/kg)(灰分 13.5%)	0.971 4	kgce/kg
液化石油气	50 179 kJ/kg(12 000 kcal/kg)	1.714 3	kgce/kg
电力(当量值)	3 600 kJ/(kW·h)[860 kcal/(kW·h)]	0.122 9	kgce/(kW·h)
热力	—	0.034 12	kgce/MJ
煤气	1 250×4.186 8 kJ/m^3	1.786	tce/10^4 m^3
天然气	38 931 kJ/m^3(9 310 kcal/m^3)	1.330 0	tce/10^3 m^3

注 1：蒸汽折标煤系数按热值计。
注 2：部分品种仍采用“万”为计量单位。
注 3：本附录中折标煤系数如遇国家统计部门规定发生变化，能耗等级指标则应另行设定。

附　录　B
（资料性附录）
耗能工质能源等价参考值

耗能工质能源等价参考值见表 B.1。

表 B.1　常用耗能工质能源等价值

<table>
<tr><th rowspan="2">序号</th><th rowspan="2" colspan="2">名称</th><th rowspan="2">单位</th><th colspan="2">能源等价值</th><th rowspan="2">备注</th></tr>
<tr><th>热值/MJ</th><th>折标煤/kgce</th></tr>
<tr><td>1</td><td rowspan="2">液体</td><td>新鲜水</td><td>t</td><td>7.535 0</td><td>0.257 1</td><td rowspan="2">指尚未使用过的自来水，按平均耗电计算</td></tr>
<tr><td>2</td><td>软化水</td><td>t</td><td>14.234 7</td><td>0.485 7</td></tr>
<tr><td>3</td><td rowspan="6">气体</td><td>压缩空气</td><td>m^3</td><td>1.172 3</td><td>0.040 0</td><td rowspan="3"></td></tr>
<tr><td>4</td><td>二氧化碳</td><td>m^3</td><td>6.280 6</td><td>0.214 3</td></tr>
<tr><td>5</td><td>氧气</td><td>m^3</td><td>11.723 0</td><td>0.400 0</td></tr>
<tr><td rowspan="2">6</td><td rowspan="2">氮气</td><td rowspan="2">m^3</td><td>11.723 0</td><td>0.400 0</td><td>当副产品时</td></tr>
<tr><td>19.677 1</td><td>0.671 4</td><td>当主产品时</td></tr>
<tr><td>7</td><td>乙炔</td><td>m^3</td><td>243.672 2</td><td>8.314 3</td><td>按耗电石计算</td></tr>
<tr><td>8</td><td>固体</td><td>电石</td><td>kg</td><td>60.918 8</td><td>2.078 6</td><td>按平均耗焦炭、电等计算</td></tr>
<tr><td colspan="7">本附录中的能源等价值如有变动，以国家统计部门最新公布的数据为准。</td></tr>
</table>

附 录 C
（规范性附录）
标准钨精矿综合能源折算系数

标准钨精矿综合能源折算系数见表 C.1。

表 C.1 标准钨精矿综合能源折算系数

选矿比(K)	综合能源折算系数(μ)
1∶460	1.70
1∶450	1.65
1∶440	1.60
1∶430	1.55
1∶420	1.50
1∶410	1.45
1∶400	1.40
1∶390	1.35
1∶380	1.30
1∶370	1.25
1∶360	1.20
1∶350	1.15
1∶340	1.10
1∶330	1.05
1∶320	1.00
1∶310	0.95
1∶300	0.90
1∶290	0.85
1∶280	0.80
1∶270	0.75
1∶260	0.70

ICS 27.010
F 01

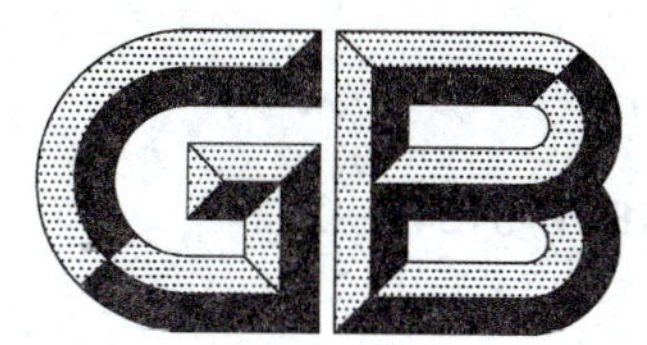

中华人民共和国国家标准

GB/T 31341—2014

节能评估技术导则

General principles for energy conservation assessment

2014-12-31 发布　　2015-07-01 实施

中华人民共和国国家质量监督检验检疫总局
中国国家标准化管理委员会　发布

前 言

本标准按照 GB/T 1.1—2009 给出的规则起草。

本标准由全国能源基础与管理标准化技术委员会(SAC/TC 20)提出并归口。

本标准主要起草单位:中国标准化研究院、国家节能中心、中国国际工程咨询公司。

本标准主要起草人:梁秀英、陈海红、魏向阳、张英健、张云鹏、论立勇、刘猛、朱春雁、黄兴、李鹏程、徐春方。

节能评估技术导则

1 范围

本标准规定了节能评估的基本原则、通用方法、一般程序、主要内容和技术要求。

本标准适用于新建和改、扩建固定资产投资项目,其他技术改造项目可参照执行。

2 规范性引用文件

下列文件对于本文件的应用是必不可少的。凡是注日期的引用文件,仅注日期的版本适用于本文件。凡是不注日期的引用文件,其最新版本(包括所有的修改单)适用于本文件。

GB/T 2589 综合能耗计算通则

GB/T 3484 企业能量平衡通则

GB/T 15587 工业企业能源管理导则

GB 17167 用能单位能源计量器具配备和管理通则

GB/T 23331 能源管理体系要求

GB/T 28749 企业能量平衡网络图绘制方法

GB/T 28751 企业能量平衡表编制方法

3 术语和定义

下列术语和定义适用于本文件。

3.1

节能评估 energy conservation assessment

根据节能法规、标准等,对拟建固定资产投资项目(以下简称“项目”)能源利用的科学合理性进行测算、分析和评价,以及提出能源优化利用的对策和措施的过程。

4 总则

4.1 节能评估的基本原则

4.1.1 专业性

承担节能评估的机构与人员应具备相关的专业、能力以及必要的资质和经验。

4.1.2 真实性

节能评估应依据真实可靠的资料、文件和数据,提出符合项目客观实际的评估结果。

4.1.3 完整性

节能评估的内容、程序、范围应充分完整,覆盖项目能源利用全过程。

4.1.4 可追溯性

节能评估应采用科学的计算方法，保持数据来源明确、计算过程清晰，便于计算结果的复查、核验。

4.1.5 可操作性

节能评估应根据项目特点提出科学、合理、可行的调整建议，为项目建设提供依据。

4.2 节能评估的通用方法

4.2.1 标准对照法

对照相关节能法律法规、产业政策、标准和规范等，评估项目能源利用的科学合理性。

4.2.2 类比分析法

与同行业领先能效水平对比，评估项目能源利用的科学合理性。

4.2.3 专家判断法

利用专家经验、知识和技能，评估项目能源利用的科学合理性。

4.3 节能评估的程序

节能评估一般分为三个阶段，即前期准备、分析评估和报告编制阶段。

5 节能评估内容及技术要求

5.1 前期准备阶段

5.1.1 确定节能评估范围

节能评估范围应与项目投资建设范围一致，并体现项目的完整性，涵盖能源购入存储、加工转换、输送分配、终端使用的整个过程。

改、扩建项目依托原项目建设时，相关既有设施用能情况也应纳入评估范围。

5.1.2 收集基础资料

收集项目基本情况及用能方面的相关资料，主要涉及项目建设单位基本情况、项目基本情况、项目咨询设计资料、项目用能情况、项目外部条件等方面：

a) 项目建设单位基本情况：
- 建设单位名称；
- 所属行业类型；
- 建设单位性质；
- 建设单位地址；
- 建设单位法人代表；
- 建设单位生产规模与经营概况等。

b) 项目基本情况：
- 项目名称；
- 项目建设地点、场地现状及周边环境(区域位置图)；
- 项目性质；

- 投资规模及建设内容；
- 项目工艺方案、主要产品方案、主要经济技术指标；
- 项目进度计划及建设进展情况等；
- 改、扩建项目需收集原项目的基本情况。

c) 项目咨询设计资料：
- 项目可行性研究报告；
- 项目所在区域总体规划及相关专项规划；
- 其他相关支持性文件。

d) 项目用能情况：
- 项目能源消耗种类、数量及来源；
- 项目年综合能耗、综合能源消费量及主要能效指标；
- 项目主要供、用能系统与设备及其能效指标情况等；
- 改、扩建项目需收集原项目用能情况、存在的问题、利用既有系统与设备的可行性等。

e) 项目外部条件：
- 项目所在地的气候、地域区属及其主要特征；
- 项目所在地的经济、社会发展现状及发展目标；
- 项目所在地的能源、水资源供应、消费现状、特点及运输条件；
- 项目所在地的全社会综合能源消费总量及节能目标；
- 项目所在地的相关环境保护要求等。

5.1.3 确定评估依据

根据项目实际情况，按照全面、真实、准确、适用的原则收集并确定评估依据，主要包括下列方面：

a) 法律、法规、部门规章；
b) 规划、产业政策；
c) 标准及规范；
d) 节能工艺、技术、装备、产品等推荐目录以及国家明令淘汰的生产工艺、用能产品和设备目录；
e) 类比工程及其用能资料等。

5.1.4 开展现场调研

根据项目特点与资料收集情况，确定现场调研的工作任务并开展相应的踏勘、调查和测试。现场调研可重点关注下列内容：

a) 项目进展情况；
b) 项目计划使用的能源资源情况；
c) 周边可利用的余能情况；
d) 改扩建项目原项目的用能状况、问题；
e) 类比工程实际情况等。

5.2 分析评估阶段

5.2.1 项目建设方案节能评估

5.2.1.1 概述

项目建设方案节能评估内容应根据项目实际情况确定。通常，应从工艺方案、总平面布置、用能工序(系统)及设备、能源计量器具配备方案、能源管理方案等方面分别展开。

工艺方案较为简单的项目可将工艺方案、总平面布置、用能工序(系统)及设备合并评估,工艺方案较为复杂的项目可将用能工序(系统)及设备进一步划分为主要用能工序(系统)及设备、辅助用能工序(系统)及设备、附属用能工序(系统)及设备。

5.2.1.2 工艺方案节能评估

明确项目工艺流程和技术方案,重点说明项目所选择的生产规模、工艺路线、主要工艺参数等。在此基础上,从下列方面进行节能评估:

a) 分析项目推荐选择的工艺方案是否符合行业规划、准入条件、节能设计规范等相关要求;
b) 从节能角度评价该工艺方案,与当前行业内先进的工艺方案进行对比分析;
c) 提出完善工艺方案的建议。

5.2.1.3 总平面布置节能评估

项目总平面布置节能评估应重点说明下列方面:

a) 从节能角度分析项目总平面布置是否有利于过程节能、方便作业、提高生产效率;
b) 提出优化总平面布置的建议。

5.2.1.4 用能工序(系统)及设备节能评估

根据项目选定的工艺方案,划分用能工序(系统),从下列方面进行节能评估:

a) 说明各用能工序(系统)的工艺流程、用能设备选型及配置方案,判断是否采用国家明令淘汰的生产工艺、用能产品和设备,判断是否采用国家推荐的节能工艺、技术、产品和设备,如选用有新技术、新产品、新设备还应说明其用能特点;
b) 从节能角度评价各用能工序(系统)及设备选用的能源品种是否科学合理,能源使用是否做到整体统筹、充分利用;
c) 核算分析主要用能设备参数、裕量、容量,评价设备选型及配置的合理性;
d) 计算主要用能设备的能效指标,评价能效水平,判断是否满足相关标准要求;
e) 计算主要用能工序(系统)的能耗指标,评价能效水平,判断是否满足相关标准要求;
f) 改、扩建项目应分析评估是否能充分利用既有设施和设备,避免重复建设;
g) 分析存在问题并提出完善建议。

5.2.1.5 能源计量器具配备方案评估

结合行业特点和项目实际情况,从下列方面进行评估:

a) 说明项目能源计量器具配备方案,按照能源品种编制能源计量器具一览表,明确计量器具的名称、准确度等级、用途、安装部位、数量等;
b) 依据 GB 17167 等相关标准要求,分析评价项目能源计量器具配备方案设置是否科学合理;
c) 分析存在问题并提出完善建议。

5.2.1.6 能源管理方案评估

结合行业特点和项目实际情况,从下列方面进行评估:

a) 说明项目能源管理方案,重点说明项目针对能源管理制度建设、体系构建、机构设置、人员配备以及能源统计、监测、控制措施等制定的具体计划;
b) 依据 GB/T 15587、GB/T 23331 等相关标准要求,分析评价项目能源管理方案的合理性、先进性和可行性;

c） 分析存在问题并提出完善建议。

5.2.2 节能措施效果评估

对节能评估过程中提出的优化、调整和完善建议进行全面梳理，依据相关标准要求测算项目节能措施的预期节能量，分析评价项目节能措施的合理性、适用性、可行性及节能效果。

5.2.3 项目能源利用状况评估

5.2.3.1 项目主要能效指标确定

依据行业特点和项目实际情况，明确项目能效指标。

5.2.3.2 项目能源利用指标核算

参照 GB/T 3484、GB/T 2589 等相关标准要求，进行项目能量平衡分析并核算能源利用指标：

a） 核算项目消耗的各种能源的实物量；

b） 测算项目综合能耗、综合能源消费量；

c） 测算项目各用能环节、用能单元的能量利用率；

d） 测算项目主要能效指标。

对于能源消耗量较大、生产环节较多的项目可参照 GB/T 28751、GB/T 28749 采用能量平衡表和网络图进行用能分析。

5.2.3.3 项目能效水平评估

根据项目能源利用指标核算结果、能量平衡分析计算结果，说明项目能源消费结构，评价项目能效水平，分析存在问题并提出改进建议。

5.2.4 能源消费影响评估

5.2.4.1 对项目所在地能源消费增量的影响预测

根据项目所在地能源消费总量控制目标或根据节能目标、能源消费水平、国民经济发展预测等，计算在指定经济规划时期内的项目所在地能源消费增量控制数，对比同时期内项目综合能源消费量，分析项目对所在地能源消费增量的影响。

改、扩建项目应以项目新增能源消费量进行对比，即改、扩建项目综合能源消费量扣除原项目综合能源消费量。

5.2.4.2 对项目所在地完成节能目标的影响预测

根据项目所在地节能目标要求，对比项目综合能源消费量、综合能耗指标核算结果，分析项目对所在地完成节能目标的影响。

5.3 报告编制阶段

5.3.1 报告编制要求

节能评估报告是完整记录项目节能评估过程与结果的文件，体现项目投入正常运行后能源利用情况的预见性评定，其编制应符合下列要求：

a） 概括反映节能评估工作全貌，文字简洁，重点突出，结论明确，调整建议合理可行；

b） 文本规范，计量单位标准化，资料翔实，尽可能采用有助于理解的图表和照片，资料引用表述清晰，利于阅读和审查；

c) 分析评价全面、深入，数据真实可靠，计算过程完善。

5.3.2 报告结构与内容

节能评估报告一般可分为评估机构和人员信息、评估概要、正文和附录 4 部分，各部分涉及的主要内容如下：

a) 评估机构和人员信息一般包括：
- 承担节能评估的机构名称；
- 承担节能评估的人员姓名、专业、职称、分工等。

b) 评估概要一般包括：
- 项目情况简要说明；
- 节能评估工作过程；
- 节能评估主要结论。

c) 正文是节能评估报告主体，一般包括：
- 项目基本情况；
- 评估依据；
- 建设方案节能评估；
- 节能措施效果评估；
- 能源利用状况评估；
- 能源消费影响评估；
- 结论。

d) 附录应列出相关图表、原始数据等必要的支持性文件，一般包括：
- 项目工程资料；
- 项目总平面图、主厂房平面布置图、物料流程图、总工艺流程图等重要图纸；
- 项目现场照片；
- 项目主要用能设备一览表、主要能源计量器具一览表等重要统计表格；
- 项目能源消费、能量平衡及能耗统计的计算书及相关图表；
- 其他支持性文件。

参 考 文 献

[1] 固定资产投资项目节能评估和审查暂行办法(国家发展和改革委员会令2010年第6号)

[2] 固定资产投资项目节能评估和审查工作指南(国家发展改革委资源节约和环境保护司,国家节能中心,2014年)

[3] 能源统计工作手册(国家统计局能源司,2010年)

ICS 27.010
F 01

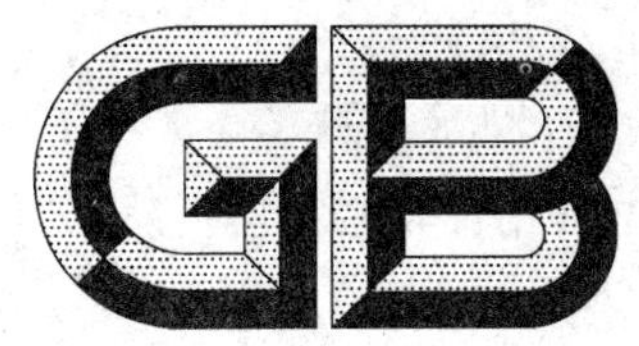

中华人民共和国国家标准

GB/T 31342—2014

公共机构能源审计技术导则

Technical guidelines of energy audit on public institutions

2014-12-31 发布　　2015-07-01 实施

中华人民共和国国家质量监督检验检疫总局
中国国家标准化管理委员会　发布

前　言

本标准按照 GB/T 1.1—2009 给出的规则起草。

本标准由国家机关事务管理局公共机构节能管理司提出。

本标准由全国能源基础与管理标准化技术委员会(SAC/TC 20)归口。

本标准起草单位:中国标准化研究院、北京节能环保中心。

本标准主要起草人:梁秀英、朱春雁、宋春阳、赵志军、王赓、刘玉龙、白雪、李燕、胡梦婷。

公共机构能源审计技术导则

1 范围

本标准规定了公共机构能源审计的定义、程序、方法和基本要求等内容。

本标准适用于各类公共机构,其他非财政性质资金支持的、进行社会服务的机构可参照执行。

2 规范性引用文件

下列文件对于本文件的应用是必不可少的。凡是注日期的引用文件,仅注日期的版本适用于本文件。凡是不注日期的引用文件,其最新版本(包括所有的修改单)适用于本文件。

GB/T 3484 企业能量平衡通则

GB/T 16614 企业能量平衡统计方法

GB/T 17166 企业能源审计技术通则

GB/T 23331 能源管理体系 要求

GB/T 28749 企业能量平衡网络图绘制方法

GB/T 28751 企业能量平衡表编制方法

GB/T 29149 公共机构能源资源计量器具配备和管理要求

GB/T 30260 公共机构能源资源管理绩效评价导则

3 术语和定义

GB/T 17166、GB/T 29149 界定的以及下列术语和定义适用于本文件。

3.1

公共机构 public institutions

全部或者部分使用财政性质资金的国家机关、事业单位和团体组织。

3.2

公共机构能源审计 energy audit on public institutions

依据国家有关的节能法规和标准,对公共机构能源资源利用状况进行的检验、核查和分析评价。

3.3

审计期 audit period

审计考察的时间区段。

3.4

基准期 reference period

用于比较分析的某个特定的时间区段。

4 总则

4.1 应依据公共机构所属性质、类型、等级(或规模)以及所处气候分区,突出用能特点,开展公共机构能源审计活动,进行其能源资源利用状况的检验、核查与分析评价。

4.2 公共机构能源审计涉及的能源资源种类应包括煤炭、石油、天然气、电力、热力、新能源和可再生能源以及其他直接或通过加工转换而取得的各种能源和水。

4.3 公共机构能源审计应明确审计范围、边界和目标，涵盖公共机构能源资源利用的全过程。

4.4 公共机构能源审计采用的资料、文件和数据应真实有效，能源资源相关数据应具有代表性，数据处理、分析过程应可追溯、可验证。

4.5 承担能源审计的机构与人员应该具备相关的专业知识、能力以及必要的资质和经验。

4.6 承担能源审计的机构与人员应保持独立、客观和公正，避免存在个人、财务或其他方面的利益冲突。

4.7 承担能源审计的机构和人员对公共机构的信息负有保密义务，应承担保密责任。

5 公共机构能源审计程序、方法和基本要求

5.1 制定方案

5.1.1 前期沟通

承担能源审计的机构指派专人成立能源审计组，公共机构指派专人担任能源审计的负责人和联络人，双方就能源审计的目标、审计期及审计内容进行充分沟通，做好前期准备。

5.1.2 编制方案

5.1.2.1 能源审计组根据前期沟通达成的意向，编制能源审计方案，主要内容包括：

a) 明确能源审计的目标、范围、边界、审计期、基准期；

b) 说明能源审计的详细程度、完成时间、交付报告形式；

c) 列出能源审计计划开展的所有工作任务、进度安排；

d) 提出能源审计工作开展所需要的数据、资料、设施设备、测量要求、人员配合以及其他资源保障条件等。

5.1.2.2 能源审计组向公共机构有关各方介绍能源审计方案，征求意见，并根据需求修改完善能源审计方案。

5.1.2.3 能源审计方案经双方协商确认后，作为公共机构能源审计工作开展的依据。

5.1.3 启动会议

在能源审计正式开展前组织召开启动会议，介绍能源审计方案，以便相关方了解能源审计整体安排，明确各自的作用、职责和工作要求。启动会议可采取现场会议、电话会议、网络会议等多种形式。

5.2 信息收集

5.2.1 公共机构基本信息

收集公共机构基本信息，包括地理位置、成立时间、发展历史、单位性质、规模、隶属关系、上级主管部门、内部组织机构设置、服务范围及流程、用能人数或员工人数等。

5.2.2 能源资源管理基本信息

收集公共机构能源资源管理方面的信息，包括管理机构设置及其职责、管理制度文件、管理活动记录档案等。

5.2.3 建筑物及其附属设施基本信息

5.2.3.1 统计公共机构建筑物的总体构成情况，具体包括建筑物的建造及营运时间、建筑功能、建筑类型、建筑面积、空调及采暖面积、建筑朝向、建筑层数、建筑高度、标准层高、空调冷源、空调末端、采暖热源、采暖末端、建筑运行时间等。

5.2.3.2 统计公共机构建筑物围护结构信息，具体包括外墙材料及厚度、保温材料及厚度、外窗类型、玻璃类型、窗框材料、遮阳情况、屋顶材料及厚度、保温材料及厚度、主出入口大门类型等。

5.2.3.3 建筑物及其附属设施信息应按其功能分区进行分类统计。

5.2.4 用能基本信息

5.2.4.1 查阅公共机构能源资源消耗/消费数据原始记录、统计报表、费用账单，统计公共机构从基准期到审计期的能源资源消耗种类及数量。

5.2.4.2 查阅设计图纸、运行记录、相关用能设备原始文件等，统计公共机构主要能源资源利用系统信息。公共机构主要能源资源利用系统一般包括供暖、空调、供配电、照明、用水、车辆交通、围护结构以及办公设备等其他常规用能系统和特殊用能系统等，应分别统计各用能系统的设备配置、服务区域、运行情况以及能源消耗数据。

5.2.4.3 查阅能源资源计量网络图、能源资源计量器具台账、维修及校验记录等，收集能源资源计量管理方面的信息。

5.2.4.4 查阅能源资源计量数据监测记录等资料，梳理能源资源监测设备配置及运行情况，收集能源资源计量数据采集方式与周期、监测方式及效果等方面的信息。

5.3 初步分析

5.3.1 核实数据

能源审计组对收集到的基本信息和数据进行审查，核实数据的真实性和准确性。

5.3.2 能源消耗流向分析

能源审计组针对公共机构能源消耗情况，绘制能源消耗流向示意图，简要说明各项能源消耗所涉及的建筑区域和用能系统。

5.3.3 提出现场工作需求

能源审计组依据数据核查结果，分析并明确现场工作期间需要收集的数据、测量的项目及相关需求。

5.4 现场工作

5.4.1 制定现场工作计划

能源审计组依据现场工作需求，制定现场工作计划，包括：

a) 现场调查形式、时间、内容、人员、调查表模板等；

b) 现场测试项目、点位、时间、周期、频率、监测仪器、测试条件和质量保证等。

5.4.2 现场调查

5.4.2.1 能源审计组可采取现场巡视、实地勘察、走访座谈等多种形式进行现场调查。

5.4.2.2 现场调查可包括以下内容：

a) 全面了解审计对象并完善审计边界；
b) 建筑物整体巡视，确定建筑能耗和管理的总体情况；
c) 随机抽检不同建筑功能区，巡视室内环境参数的设定情况以及调节和控制方式；
d) 勘察用能系统和设备的运行情况、调节和控制方式，核对设备铭牌信息；
e) 检查计量器具的配备、安装位置与工作状态；
f) 调查各项管理制度的落实情况；
g) 调查节能行为；
h) 沟通了解公共机构用能现状、特点和趋势、存在困难、已采取的节能措施及其节能效果、拟采取的节能措施、节能建议等；
i) 调查其他有疑问的环节。

5.4.3 现场测试

5.4.3.1 随机抽检不同建筑功能区，检测建筑功能的真实服务水平(如温度，湿度，照度等)，有条件时可在整个审计阶段跟踪连续检测并记录。
5.4.3.2 根据需要进行主要用能系统、设备的现场测试：
a) 供暖系统现场测试一般包括热源测试(如锅炉本体、热力系统、烟风系统效率及性能测试)、测试、热媒管网测试、散热设备测试；
b) 空调系统现场测试一般包括冷热源测试、水系统测试、风系统测试、管网保温层检查和保温效果测试、主要调节阀及其他装置测试；
c) 供配电系统现场测试一般包括变压器负载系数测试、三相平衡测试、电网电能质量测试、低压配电线损率测试；
d) 照明系统现场测试一般包括照度和功率密度测试；
e) 围护结构现场测试一般包括外墙传热测试、窗户冷风渗透测试、墙体和外窗热工缺陷诊断；
f) 用水系统现场测试一般包括管线测试、水平衡测试。
5.4.3.3 针对没有完善分项计量的用能用水系统和设备进行实地测量。
5.4.3.4 现场测试数据应保留原始记录，经能源审计组与公共机构双方确认后进行整理、换算和汇总。

5.5 分析评价

5.5.1 完善数据

在数据收集基础上，根据现场工作进一步补充、验证、修正已有数据。

5.5.2 能量平衡分析

5.5.2.1 在能源消耗流向分析基础上，依据 GB/T 3484、GB/T 16614、GB/T 28749、GB/T 28751 标准中规定的方法，构建公共机构用能系统并建立用能系统中输入能量、有效利用能量和损失能量在数量上的平衡关系，针对用能过程进行能量平衡分析。
5.5.2.2 对于比较复杂的用能环节、用能单元，还可根据公共机构实际情况进行进一步细分，编绘能量平衡分表、分图，作为补充和说明。
5.5.2.3 在建立能量平衡基础上，识别能源利用效率低、能源消耗大和损耗多的环节、单元，并分析存在的问题。

5.5.3 综合分析

5.5.3.1 能源资源消耗/消费总量

按能源资源种类分别计算公共机构基准期至审计期各年度、月度实物消耗/消费量，分析公共机构能源资源消耗/消费年度变化趋势、季节变化因素和特点。

5.5.3.2 能源资源费用成本

按能源资源种类分别计算公共机构基准期至审计期各年度能源资源消耗费用,并对公共机构能源资源消耗费用变化因素进行分析。

计算并分析审计期内各类能源资源费用成本及其占比。

5.5.3.3 能源资源消耗指标

计算公共机构基准期至审计期各年度能源资源消耗指标:

a) 将公共机构各年度实际消耗的各种能源实物量进行折算,计算公共机构年度综合能耗指标,分析公共机构能源消耗结构特点、年度综合能耗变化趋势;

b) 根据公共机构实际情况确定并计算公共机构各年度能源资源消耗强度指标,对比分析能源资源消耗强度指标变化及影响因素。

注:能源资源消耗强度指标根据公共机构实际情况确定,可以是单位建筑面积能耗、单位建筑面积电耗、单位面积水耗、人均能耗、人均电耗、人均水耗、单位床日数综合能耗、生均能耗、生均水耗、百公里油耗、人均公务用车油耗等。

5.5.3.4 回收利用率

根据公共机构能源资源回收利用实际情况,计算基准期至审计期各年度回收利用率,分析评价能源资源回收利用措施的节能效果。

注:能源资源回收利用一般体现在余热回收和水资源重复利用等方面。

5.5.3.5 新能源与可再生能源利用率

根据公共机构新能源与可再生能源利用实际情况,计算基准期至审计期各年度新能源与可再生能源利用率,分析评价相关利用措施的节能效果。

5.5.4 主要能源资源利用系统分析

5.5.4.1 供暖系统

结合公共机构实际用能特点和需求,分析供暖系统运行记录,说明系统的运行现状及特点,梳理供暖系统热源、热网、热用户的设备配置和系统形式,进行分析评价:

a) 核算管网总的热负荷,判断供热设备及附属设备选型的合理性;

b) 核算管网最不利管段的水力计算,判断水泵选型的合理性;

c) 核算管网其他分支管段的水力计算,校核管路布局的合理性;

d) 核算各建筑物内的供暖系统的热负荷及水力计算,判断系统是否满足设计规范要求和节能要求;

e) 核算供暖系统主要设备能效水平,核实系统中是否存在国家明令淘汰设备在用的情况;

f) 分析说明供暖系统存在的问题。

5.5.4.2 空调系统

结合公共机构实际用能特点和需求,分析空调系统运行记录,说明系统的运行现状及特点,梳理空调系统冷源、管网、末端的设备配置和系统形式,进行分析评价:

a) 分析空调系统的选型是否符合建筑物的用途和性质、负荷特点、温湿度调节和控制要求,空调机房的面积和位置是否合理;

b） 核算冷热源设备运行时间、负载率、冷却塔回水温度设定值是否合理；

c） 核算水泵进出口压力、供回水温差、管路保温和阀门压降，评估水系统设计及运行的合理性；

d） 判断泵的选型是否合理，二次泵系统的控制调节是否合理，阀门设置是否合理，输配系统是否畅通；

e） 分析评价空调系统主要运行控制的合理性；

f） 核算主要空调设备能效水平，核实系统中是否存在国家明令淘汰设备在用的情况；

g） 分析说明空调系统存在的问题。

5.5.4.3 供配电系统

结合公共机构实际用能特点和需求，分析供配电系统设备配置和运行特性，进行分析评价：

a） 计算变压器负载系数，分析变压器空载损耗和负载损耗，判断变压器容量和台数配置的合理性；

b） 核验多台变压器负载分配情况，用电设备的实际电压，判断供配电系统线路设计的合理性；

c） 计算供配电系统中主要变压器的能效水平，核实系统中是否存在国家明令淘汰设备在用的情况；

d） 计算低压配电线损率；

e） 分析说明供配电系统存在的问题。

5.5.4.4 照明系统

结合公共机构实际用能特点和需求，梳理照明系统设备配置情况及运行管理方式，进行分析评价：

a） 分析照明系统中不同光源的使用情况，包括类型、控制方式、数量、功率、使用场所、使用时间段等；

b） 计算照度和功率密度，判断是否符合相关标准要求；

c） 核算照明系统主要光源、灯具和镇流器能效水平，核实系统中是否存在国家明令淘汰设备在用的情况；

d） 分析说明照明系统存在的问题。

5.5.4.5 用水系统

结合公共机构实际用水特点和需求，说明公共机构用水系统概况，从水源的选择与利用、生活热水供应、用水设备以及用水管理等主要方面进行分析评价：

a） 分析用水系统的水源选择与利用情况，按照水源类型分别说明给水压力及主要用途，如有非传统水源应说明利用非传统水源的论证分析情况和相关水质检测情况；

b） 说明取水、输水、配水系统的设备配置及运行情况，判断主要用能设备的选型合理性；

c） 说明生活热水的热源、设备配置及运行情况，分析加热方式和主要设备选型的合理性；

d） 对不同用水设备进行分类汇总，分析评价其用水效率，明确节水器具及设备的采用情况和采用比例；

e） 核实系统中是否存在国家明令淘汰设备在用的情况；

f） 按用途分别测算用水量及其年度变化情况；

g） 分析说明用水系统存在的问题。

5.5.4.6 车辆交通系统

结合公共机构公务用车实际特点和需求，查阅公务用车管理制度文件、车辆统计台账、油耗统计台账、出入库记录档案等，从车辆交通系统构成情况、运行特点、节油措施及效果等方面进行分析评价：

a) 计算分析车辆交通系统中油电混合动力、纯电动以及其他替代燃料汽车的比例，小排量汽车的比例；
b) 核实系统中是否存在国家明令淘汰设备在用的情况；
c) 分析评价公务用车日常使用、维修、保养、结算等管理制度是否健全，制度落实情况；
d) 计算用油指标，核算年度油耗总量、单车油耗等，有条件可进一步测算年度用油指标的下降情况；
e) 梳理公共机构采取的节油措施及效果，计算分析节油潜力；
f) 分析说明车辆交通系统存在的问题。

5.5.4.7 围护结构

对公共机构建筑围护结构进行保温、隔热性能分析，并进行建筑物冷热负荷模拟计算，判断建筑物围护结构热工性能是否符合相关标准要求，分析说明围护结构存在的问题。

5.5.4.8 其他用能系统

根据公共机构实际情况，对办公设备、电梯系统、厨房用能设备等常规用能系统以及通信机房、实验室等其他特殊用能系统进行梳理，说明和分析设备配置、运行方式、用能特点和存在问题。

5.5.5 能源资源管理状况和绩效分析

5.5.5.1 目标和方针

依据 GB/T 23331，针对已经明确能源管理目标和方针的公共机构，考察其合理性；对尚未确立能源管理方针和能源管理目标的单位进行说明。

能源管理方针和目标应根据公共机构实际情况，在执行国家能源政策和有关法律、法规，充分考虑经济、社会和环境效益基础上，加以确定并以书面文件形式颁发，使有关人员明确并贯彻执行。

5.5.5.2 管理机构设置

考核公共机构能源资源管理工作的组织机构及部门设置是否完善，管理职责是否落实。

公共机构应建立、保持和完善能源资源管理系统，确定能源资源主管部门，并且配备足够的了解节能法律法规政策与标准、具有一定工作经验、相应技术和资格的人员来承担能源资源管理和技术工作。

能源资源管理岗位设置、对应职责和权限应有明确规定，并有效协调安排相关部门和人员完成各项具体能源资源管理工作。

5.5.5.3 管理制度建设

核查公共机构能源资源管理制度建设情况，评估有关文件的制定是否系统、完备并得到贯彻执行。

能源资源管理制度文件可分为管理文件、技术文件、记录档案 3 个层面：管理文件应程序明确、相互协调、简明易懂、便于执行；技术文件应参照国家、行业和地方能源标准，内容准确、先进、合理；记录档案应按规定保存，作为分析、检查和评价能源资源管理活动的依据。

能源资源管理文件的制定、批准、发放、修订，以及废止文件的回收应有明确规定，确保文件准确有效。

5.5.5.4 管理绩效

依据 GB/T 30260，考核审计期内公共机构在能源资源管理方面所开展的工作及其进展情况，评价能源资源管理取得的成绩、存在的问题，提出解决措施及建议。

5.5.6 能源资源计量及统计状况评估

5.5.6.1 能源资源计量器具配备

考核公共机构配备的能源资源计量器具是否充分考虑 GB/T 29149 的指导作用，评价能源资源计量器具配备率、准确度等级是否达标，主要计量器具位置是否合理、计量是否规范，是否能满足能源资源利用监测与管理的具体要求。

5.5.6.2 能源资源计量器具管理

考核公共机构能源资源计量器具是否有专人管理，能源资源计量器具检定、校准和维修人员是否具有相应的资质，核算逾期未检定器具的位置和数量，评价能源资源计量器具维护更新的有效性。

5.5.6.3 能源资源统计

审核公共机构能源资源计量器具的抄表、数据管理、汇总计算及分析的执行情况，以及能源资源统计的内容、方法及报表形式等是否符合相关法律法规、政策、标准要求。

5.5.7 节能效果与节能潜力分析

5.5.7.1 节能技改项目节能效果分析

对公共机构基准期至审计期内完成的节能技改项目进行汇总分析，分别说明项目名称、改造日期、改造内容、投资金额和实施方案，核算节能技改项目已取得的效果。针对新能源与可再生能源、余热余能利用情况应进行重点分析和说明。

5.5.7.2 节能量核算

根据公共机构实际情况，确定比较基准，计算公共机构审计期的节能量和节能率，并对公共机构节能指标的分解、完成情况进行对比分析。

5.5.7.3 节能潜力分析与节能改造建议

结合公共机构能源资源消耗情况、能源资源利用系统存在问题，全面分析公共机构可利用能源资源基础条件，测算公共机构节能潜力，并从管理、技术两个途径提出合理的节能改造建议方案：

a) 管理途径的分析重点包括：完善能源管理体系和制度，优化设备运行管理，行为节能措施，完善计量系统等；
b) 技术途径的分析重点包括：优化能源品种结构，设备升级改造，围护结构改造，采用先进的控制系统等。

5.6 形成报告

5.6.1 编写原则

5.6.1.1 能源审计报告应全面、概括地反映能源审计的全部工作，文字应简洁、准确，评价和建议要有针对性，并尽量采用图表和照片，以使提出的资料清楚、论点明确、便于审查。

5.6.1.2 原始数据、全部计算过程等不必在报告中列出，必要时可编入附录。

5.6.1.3 审计内容较多的报告，其重点审计项目可另编分报告，主要的技术问题可另编专题技术报告。

5.6.2 报告内容与格式

公共机构能源审计报告内容应符合能源审计的范围、边界和目标，一般应包括以下主要内容：

a) 能源审计执行概要；

b) 公共机构概况；

c) 能源资源管理状况；

d) 能源资源计量及统计状况；

e) 能源资源消耗/消费指标计算分析；

f) 主要能源资源利用系统分析；

g) 节能效果与节能潜力分析；

h) 审计结论；

i) 附件。

公共机构能源审计报告格式示例参见附录A，能源审计组可依据公共机构提出的具体要求进行修改调整。

5.6.3 报告的提交

能源审计组应按照能源审计方案中约定的形式完成能源审计报告，经机构相关负责人签字确认后，提交公共机构，向其报告能源审计结果。必要时双方可组织相关讨论，总结并推动所需的后续行动。

附　录　A
（资料性附录）
公共机构能源审计报告格式示例

A.1　封面

图 A.1 给出了公共机构能源审计报告封面格式示例。

××××××××能源审计报告

××××××××（能源审计机构签章）

××××年××月××日

图 A.1　公共机构能源审计报告封面格式

A.2 扉页

图 A.2 给出了公共机构能源审计报告扉页格式示例。

能源审计机构信息表

机构名称：	
地　　址：	
负 责 人：	
联系方式：	

能源审计组人员名单

组内职务	姓名	职称	专业
审计负责人			
审计联络人			
专家			
专家			
成员			
成员			
成员			

公共机构能源审计配合人员名单

组内职务	姓名	部门	职务
负责人			
联络人			
成员			
成员			
成员			

图 A.2　公共机构能源审计报告扉页格式

A.3 目录

图 A.3 给出了公共机构能源审计报告目录格式示例。

目　录

图 A.3　公共机构能源审计报告目录格式

A.4 正文提纲

A.4.1 能源审计执行概要

说明能源审计的目的、范围、审计期、审计内容与审计过程。

A.4.2 公共机构概况

说明公共机构基本情况、建筑物概况、能源资源利用总体情况，简要介绍主要能源资源利用系统。

A.4.3 能源资源管理状况

说明公共机构能源资源管理的机构及职责、制度建设及执行情况、能源资源管理目标和方针、能源资源管理的成效与问题。

A.4.4 能源资源计量及统计状况

说明公共机构能源资源计量体系，计量器具配备、管理以及能源资源统计情况，成效与问题。

A.4.5 能源资源消耗/消费指标计算分析

说明公共机构能源资源消耗的种类、来源及其流向，能源资源消耗/消费指标的构成与定义，计算数据来源，指标计算结果分析。

A.4.6 主要能源资源利用系统分析

说明公共机构主要能源资源利用系统构成、设备配置与运行情况、能源资源利用效率、存在问题。

A.4.7 节能效果与节能潜力分析

说明公共机构实施节能技改项目已取得的成效，分析节能途径与潜力，提出节能改造建议方案。

A.4.8 审计结论

客观评价公共机构能源资源利用现状，指出存在的问题，提出合理化的建议与意见。

A.4.9 附件

列出公共机构相关统计报表、费用清单、能源资源利用状况报告、主要设备清单、主要管理制度文件、主要设备监测报告及运行记录等支持性文件。

参 考 文 献

[1] 国务院机关事务管理局.公共机构能源审计[M].北京:中国环境科学出版社,2010.3.

[2] 国家机关办公建筑和大型公共建筑能源审计导则(建科[2007]249 号)

[3] 北京市非工业用能单位能源审计报告编写基本技术要求(试行)(2012 年)

[4] 公共机构能源资源消费统计制度(国家机关事务管理局,2013 年)

ICS 27.010
F 01

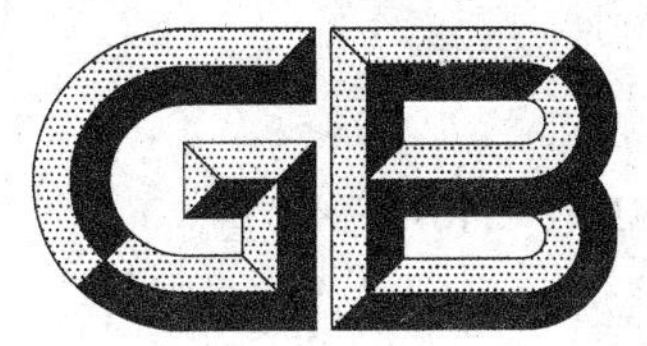

中华人民共和国国家标准

GB/T 31343—2014

炼油生产过程能量系统优化实施指南

Guidelines for energy system optimization of refining process

2014-12-31 发布　　　　2015-07-01 实施

中华人民共和国国家质量监督检验检疫总局
中国国家标准化管理委员会　发布

前 言

本标准按照 GB/T 1.1—2009 给出的规则起草。

请注意本文件的某些内容可能涉及专利。本文件的发布机构不承担识别这些专利的责任。

本标准由全国能量系统标准化技术委员会(SAC/TC 459)提出并归口。

本标准起草单位:中国石油天然气股份有限公司规划总院、中国标准化研究院、中国海洋石油总公司、中国化工集团公司、中国石油和化学工业联合会、华南理工大学。

本标准主要起草人:王广河、刘猛、王如强、龚燕、李宇龙、黄明富、杨树林、杨勇、李晋敏、李永亮、段伟、李国庆、余绩庆。

炼油生产过程能量系统优化实施指南

1 范围

本标准规定了炼油生产过程能量系统优化的基本原则、技术路线和实施步骤。

本标准适用于炼油生产过程的能量系统优化。新建和改扩建炼油项目设计阶段的能量系统优化可参照本标准执行。

2 规范性引用文件

下列文件对于本文件的应用是必不可少的。凡是注日期的引用文件,仅注日期的版本适用于本文件。凡是不注日期的引用文件,其最新版本(包括所有的修改单)适用于本文件。

GB 30251 炼油单位产品能源消耗限额

GB/T 30716 能量系统绩效评价通则

GB/T 50441 石油化工设计能耗计算标准

SY/T 6473 石油企业节能技措项目经济效益评价方法

3 术语和定义

GB/T 30716 界定的以及下列术语和定义适用于本文件。

3.1

炼油生产过程 refining process

从原油储运、炼制到产品调和以及与之配套的公用工程和辅助系统的整个加工过程。

3.2

炼油生产过程能量系统优化 energy systems optimization of refining process

通过用能现状评价和过程模拟,并对炼油生产过程能源利用状况进行系统分析,结合先进工艺和节能技术的应用,在满足生产需求的条件下,提出能量系统优化方案并实施,实现炼油生产过程整体能源利用效率和经济效益的提高。

4 基本原则

炼油生产过程能量系统优化应遵循以下基本原则:

a) 在满足生产需求的情况下,统筹考虑经济效益和节能效果,力求以较小的能源投入实现较大的经济效益;

b) 在能量系统优化全过程中,尤其是优化方案制定和实施环节,应充分考虑产品质量、安全生产、环境保护和职业卫生要求;

c) 以全局最优为目标,局部优化服从全局优化;

d) 应与发展规划紧密结合;

e) 应充分考虑与周边企业、社区的物料和能量联合优化。

5 技术路线

炼油生产过程能量系统优化宜按照如图1所示技术路线开展。首先进行工艺流程的优化，包括流程结构与炼油厂加工方案优化等，再对装置内部的工艺操作参数和主要耗能设备能效进行优化，然后开展装置内部换热网络优化并协同进行装置间热联合，在此基础上综合优化利用低温热，最后根据用能需求对公用工程系统配置方式和操作运行进行优化。在各优化阶段，应考虑与周边区域的物料和能量联合优化。

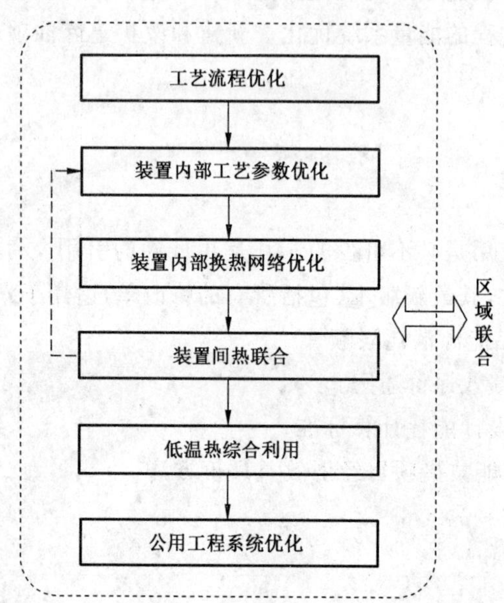

图1 炼油生产过程能量系统优化技术路线

6 实施步骤

炼油生产过程能量系统优化工作宜包括以下主要步骤：

a) 现状调研与数据收集；
b) 用能现状评价；
c) 过程模拟；
d) 用能分析及节能增效机会识别；
e) 优化方案制定；
f) 优化方案实施。

7 现状调研与数据收集

7.1 现状调研和数据收集应能满足过程模拟、用能分析、节能增效机会识别和优化方案制定的需求，包含但不限于以下内容：

a) 炼油厂、生产装置及公用工程系统设计能力、实际加工负荷，炼油厂加工流程与平面布置、生产方案、原料类别和数量、主要产品种类和数量等；
b) 生产运行数据，包括生产装置、公用工程及辅助系统物料平衡、操作参数、产品调和方案等；

c) 生产控制与约束数据，包括操作参数、原料和产品质量的控制指标，生产装置、公用工程系统加工负荷上下限等；

d) 炼油厂、生产装置、公用工程及辅助系统以及主要耗能设备的近年能耗数据，包括单位原料或产品综合能耗、单位能量因数耗能、能源实物消耗量等；

e) 分析化验数据，包括原料、中间产品和最终产品以及催化剂的分析化验数据等；

f) 主要设备数据，包括加热炉、蒸汽锅炉、余热锅炉、反应器、塔器、汽轮机、烟机、压缩机、换热器和机泵等设备的规格、结构、材料、性能曲线和操作参数上下限等；

g) 自产和外购能源、原料、中间产品和最终产品以及催化剂、助剂的价格；

h) 环境温度、大气压力和空气湿度等；

i) 生产装置、公用工程及辅助系统的生产瓶颈，以及用能主要问题；

j) 企业发展规划；

k) 与周边区域物料和能量互供的可能性。

7.2 收集的生产运行数据应具有代表性、时效性和一致性，公用工程系统应至少选取冬季、夏季两个基准工况。

7.3 应依据物料平衡、能量平衡和相互间关联关系，结合过程模拟技术，对所收集数据进行核实及校正，必要时对缺乏或存有疑问的重要数据进行实测。

8 用能现状评价

8.1 应从炼油厂全厂角度出发，以主要耗能设备(包括加热炉、锅炉、大型机组等)、生产装置和公用工程系统为基础单元，开展用能现状评价。

8.2 应对照现行能耗限额或设计标准等，对全厂综合能耗指标、能源实物消耗结构的合理性以及主要耗能设备、生产装置和公用工程系统的用能水平进行评价，结合能耗占比，明确能量系统优化重点方向。缺乏相关标准时，应选取与所评价对象的规模、结构、原料和产品方案等相近的炼油厂、生产装置、公用工程系统等进行对比分析。

9 过程模拟

9.1 对8.2中明确的能量系统优化重点方向涉及的主要生产装置或公用工程系统宜开展过程模拟。

9.2 在用能分析及节能增效机会识别与优化方案制定过程中，根据需要建立设备、装置、公用工程系统、换热网络或炼油生产过程全流程模型。

9.3 过程模拟应符合以下要求：

a) 根据模拟装置或公用工程系统的不同，结合计算机处理能力，合理确定原料(含原油)虚拟组分数目；

b) 选取与模拟物系相适应的热力学计算方法；

c) 模拟流程应体现物料流和能量流主要走向，包含主要生产单元及其之间的联接等；

d) 不同生产方案下的反应过程模拟，应采用与之对应的典型工况数据对模型进行参数校正；

e) 塔的模拟应根据塔内部流程模拟方式、物料的相态选择合适的计算收敛方法；

f) 公用工程系统应选取冬季、夏季两个典型工况分别开展模拟；

g) 过程模拟模型准确度应满足系统优化的要求，主要的控制参数和质量参数应准确、可靠。

10 用能分析及节能增效机会识别

10.1 利用指标对比、最佳实践对照、专家经验判断等方法，结合过程模拟结果，诊断装置、公用工程系统内部及相互间的用能问题，提出改进方向，找出节能增效机会。

10.2 用能分析及节能增效机会识别宜包含以下内容：

a) 加工流程合理性分析及节能增效机会识别；

b) 装置内部用能合理性分析及节能增效机会识别；

c) 主要耗能设备效率提升机会识别；

d) 装置间热联合机会识别；

e) 低温热利用合理性分析及优化机会识别；

f) 公用工程及辅助系统用能分析及节能增效机会识别；

g) 工艺与公用工程系统间优化机会识别；

h) 与周边企业、社区区域优化机会识别。

11 优化方案制定

11.1 应在用能分析和节能增效机会识别基础上，结合专家经验，通过过程模拟开展定量分析和优化计算，配套应用成熟、先进的节能技术，综合考虑系统用能规律和合理性，在满足装置可操作性要求下，分析对相关系统的影响及优化方案间的相互影响，制定优化方案。

11.2 优化方案制定应符合以下技术规定：

a) 装置操作参数优化应结合限定条件、最佳案例、专家经验和模拟模型，并考虑变化对相关单元的影响，通过优化计算找到最优值；

b) 换热网络优化应采用夹点技术进行系统分析，从技术经济的角度选择合理的传热温差，同时综合考虑现场位置和操作等因素，制定最佳换热网络改造方案；

c) 装置间热联合应考虑热联合装置的温位与热量的匹配性、运行的同步性、操作稳定性和距离等因素，确定最佳热联合方案；

d) 低温热利用应在全面分析炼油生产过程及周边区域的热源和热阱的基础上，在技术经济可行条件下确定适宜的低温热利用方案；

e) 蒸汽动力系统的优化应根据冬夏季生产需求，研究提出锅炉与汽轮机配置方式和蒸汽管网设置等结构优化方案，并基于蒸汽动力系统模型优化计算得到系统最佳运行方案。

11.3 制定的优化方案应包括现状及存在的主要问题、方案描述、节能效果和经济效益估算、实施建议、风险分析及对策建议等内容，涉及工程改造的优化方案还应包括改造工程量和工程投资估算。

11.4 优化方案制定过程中应与现场工艺技术人员的反馈意见及现场实际相结合。

11.5 优化方案制定后应组织论证。对于论证通过的投资项目，由具有资质的单位编制相应的可行性研究报告。

11.6 应按照方案间影响关系和轻重缓急以及检修计划等对优化方案综合优化排序，确定最佳实施路线。

12 优化方案实施

12.1 优化方案实施前应编制具体实施方案，简单操作优化调整可适当从简。

12.2 应按照实施方案规定的步骤和程序实施优化方案，及时记录相关数据。实施过程不应影响安全平稳生产，发现异常及时处理。

12.3 优化方案实施后，应持续跟踪方案的节能增效效果，并适时修改工艺操作卡片及操作规程。

12.4 优化方案的节能量计算参见附录A，经济效益计算按照SY/T 6473进行计算。

12.5 应根据生产变化持续开展炼油生产过程能量系统优化，有条件的企业宜建立必要的技术队伍和能源管理系统，鼓励设置相应的岗位、部门，建立完善的考核、激励机制，保证能量系统优化的长期效果。

附 录 A
（资料性附录）
节能量计算方法

A.1 单项优化方案节能量

单项优化方案节能量按照式(A.1)计算：

$$\Delta E = \frac{\Delta e}{700} \times G \qquad \cdots\cdots(\text{A.1})$$

ΔE ——单项优化方案节能量，单位为万吨标煤(10^4 tce)；

Δe ——单项优化方案单位加工原油节能量，单位为千克标油每吨(kgoe/t)；

G ——方案实施期间的原油加工量，单位为万吨(10^4 t)。

单项优化方案单位加工原油节能量计算按式(A.2)计算：

$$\Delta e = \left[\sum_{i=1}^{m}(M_{bi} - M_{ri}) \times r_i + (Q_b - Q_r)\right]/g \qquad \cdots\cdots(\text{A.2})$$

式中：

Δe ——单项优化方案单位加工原油节能量，单位为千克标油每吨(kgoe/t)；

M_{bi}——基期第 i 种能源或耗能工质平均消耗量，单位为吨每小时(t/h)、千瓦(kW)等；

M_{ri}——统计报告期第 i 种能源或耗能工质平均消耗量，单位为吨每小时(t/h)、千瓦(kW)等；

r_i ——第 i 种能源或耗能工质折标系数，单位为千克标油每吨(kgoe/t)、千克标油每千瓦时[kgoe/(kW·h)]等，能源或耗能工质折标系数参见 GB 30251；

Q_b ——基期交换热量，输入为正值，单位为千克标油每小时(kgoe/h)，交换热量依据 GB/T 50441 计算；

Q_r ——统计报告期有效交换热量，输入为正值，单位为千克标油每小时(kgoe/h)，交换热量依据 GB/T 50441 计算；

g ——统计报告期内原油加工量，单位为吨每小时(t/h)；

m ——能源或耗能工质数目。

A.2 多项优化方案节能量

多项优化方案节能量计算按式(A.3)计算：

$$\Delta E_t = \sum_{j=1}^{n}\left(G_j \times \frac{\Delta e_j}{700}\right) \qquad \cdots\cdots(\text{A.3})$$

式中：

ΔE_t ——多项优化方案节能量，单位为万吨标煤(10^4 tce)；

G_j ——第 j 项优化方案实施期间的原油加工量，单位为万吨(10^4 t)；

Δe_j ——第 j 项优化方案单位加工原油节能量，单位为千克标油每吨(kgoe/t)；

n ——优化方案数目。

ICS 27.010
F 01

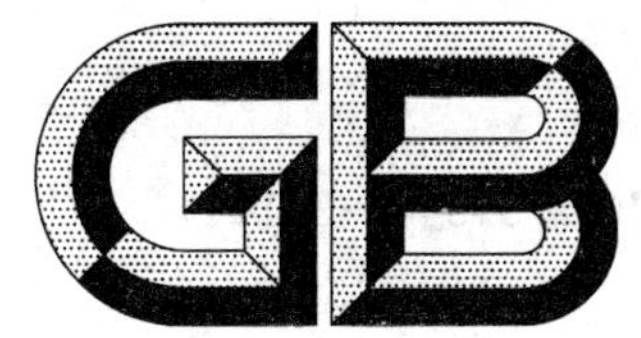

中华人民共和国国家标准

GB/T 31344—2014

节能量测量和验证技术要求 板坯加热炉系统

Technical requirements of measurement and verification of energy savings—
Slab reheating furnace system

2014-12-31 发布　　　　2015-07-01 实施

中华人民共和国国家质量监督检验检疫总局
中国国家标准化管理委员会　发布

前言

本标准按照 GB/T 1.1—2009 给出的规则起草。

本标准由全国能源基础与管理标准化技术委员会(SAC/TC 20)提出并归口。

本标准起草单位:北京科技大学、中国标准化研究院、宝山钢铁股份有限公司、建龙钢铁集团有限公司、中冶南方工程技术有限公司、中冶京诚工程技术有限公司、山东大钢集团、首钢集团、深圳市前海智慧能源系统有限公司。

本标准主要起草人:冯俊小、李鹏程、张鑫、赵志楠、周闻华、陈海红、田建伟、刘猛、姜敏、林佳、曾义波、陈艳梅、周敬之、徐钱。

节能量测量和验证技术要求 板坯加热炉系统

1 范围

本标准规定了板坯加热炉系统节能改造项目节能量测量和验证的项目边界划分和能耗统计范围、基本要求、测量和验证方法。

本标准适用于钢铁企业板坯加热炉系统节能改造项目的节能量测量和验证，其他钢铁加热炉（如轧钢加热炉）节能改造项目的节能量测量和验证可参考使用。

2 规范性引用文件

下列文件对于本文件的应用是必不可少的。凡是注日期的引用文件，仅注日期的版本适用于本文件。凡是不注日期的引用文件，其最新版本（包括所有的修改单）适用于本文件。

GB/T 2589—2008 综合能耗计算通则

GB/T 6422 用能设备能量测试导则

GB 17167 用能单位能源计量器具配备和管理通则

GB/T 19022 测量管理体系 测量过程和测量设备的要求

GB/T 28750 节能量测量和验证技术通则

GB/T 30256 节能量测量和验证技术要求 泵类液体输送系统

GB/T 30257 节能量测量和验证技术要求 通风机系统

3 术语和定义

GB/T 28750 界定的以及下列术语和定义适用于本文件。

3.1

板坯加热炉系统 slab reheating furnace system

钢铁企业中生产钢板和带钢的板坯加热设备及其附属设施。

4 项目边界划分和能耗统计范围

4.1 项目边界划分

板坯加热炉系统节能改造项目边界主要包括炉膛、燃烧系统、冷却系统、余热回收系统、排烟系统、保温装置和自动控制系统等。板坯加热炉系统节能改造项目边界示意图见图 1。

节能措施只影响某个子系统，项目边界应为该子系统。节能措施影响多个子系统或多个子系统同时采取节能措施，项目边界应为整个板坯加热炉系统。

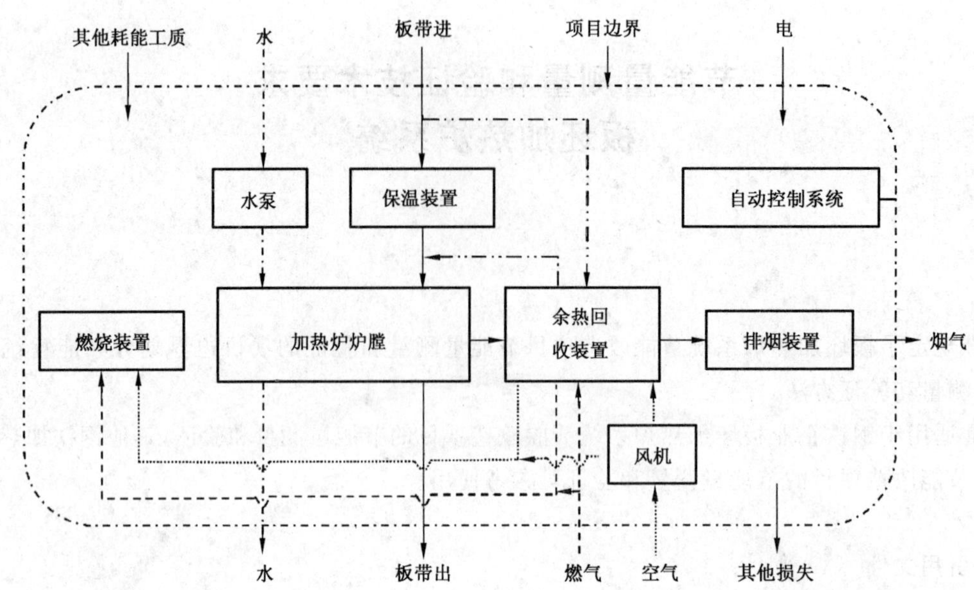

图 1　板坯加热炉项目边界示意图

4.2　能耗统计范围

板坯加热炉系统的能耗统计范围涵盖板坯加热过程用到的燃料和其他能源动力介质，主要包括各段燃料消耗量，风机、水泵、装料机、出料机和炉底机械的耗电量，以及氧气、氮气、水和蒸气消耗量等；产量统计涵盖进出炉所有物料，主要包括装出炉板坯量等。

5　基本要求

5.1　合规性

节能改造后板坯加热炉系统的技术指标应符合相关法律法规、强制性技术标准的要求。

5.2　基期和统计报告期

基期应为板坯加热炉系统实施节能改造项目前 1 年的生产运行周期，统计报告期宜为板坯加热炉系统实施节能改造项目后正常运行 1 年的生产运行周期。

5.3　测量和验证方法的选取

5.3.1　板坯加热炉系统节能改造项目节能量测量和验证方法选用 GB/T 28750 中的“基期能耗-影响因素”模型法。

5.3.2　针对泵类系统、通风机系统等单独实施的节能改造项目，可分别按照 GB/T 30256、GB/T 30257 等规定的方法进行节能量测量和验证。

5.4　测量和验证方案

板坯加热炉系统进行节能量测量和验证时，应在节能措施实施前制定书面的测量和验证方案，其内容应符合 GB/T 28750 的要求。

6 测量和验证方法

6.1 “基期能耗-影响因素”模型法

6.1.1 校准能耗

板坯加热炉系统的校准能耗 E_a 按式(1)计算。

$$E_a = \sum_{i=1}^{l} e_{fbi} P_{ri} + \sum_{i=1}^{l} e_{ebi} P_{ri} + \sum_{i=1}^{l} \sum_{j=1}^{n} e_{bij} P_{ri} + A_m \qquad \cdots\cdots\cdots\cdots (1)$$

式中：

E_a ——校准能耗，单位为吨标准煤(tce)；

e_{fbi} ——基期加热第 i 种钢坯的单位产品燃料消耗量，单位为吨标准煤每吨(tce/t)，按照 GB/T 2589—2008 规定的方法计算；

e_{ebi} ——基期加热第 i 种钢坯的单位产品电力消耗量，单位为吨标准煤每吨(tce/t)，按照 GB/T 2589—2008 规定的方法计算；

e_{bij} ——基期加热第 i 种钢坯的第 j 种耗能工质的单位产品消耗量，单位为吨标准煤每吨(tce/t)，按照 GB/T 2589—2008 规定的方法计算；

P_{ri} ——统计报告期第 i 种钢坯合格产品的生产总量，单位为吨(t)；

l ——统计报告期生产的钢坯种类总数；

n ——基期的耗能工质(如水、氮气、氧气等)种类数；

A_m ——校准能耗调整值，单位为吨标准煤(tce)。

6.1.2 校准能耗调整值

校准能耗调整值 A_m 的确定应符合 GB/T 28750 的要求，并应得到各相关方的确认，A_m 通常为 0。当报告期新增基期没有的钢坯种类时，可采用式(2)计算新增钢种带来的校准能耗调整值 A_m：

$$A_m = \sum_{m=1}^{h} e'_{fbm} P_{arm} + \sum_{m=1}^{h} e'_{ebm} P_{arm} + \sum_{m=1}^{h} \sum_{j=1}^{n} e'_{bmj} P_{arm} \qquad \cdots\cdots\cdots\cdots (2)$$

式中：

e'_{fbm}——各方认可的加热第 m 种新钢坯种类的基准单位产品燃料消耗量(如公认的行业平均值)，单位为吨标准煤每吨(tce/t)；

e'_{ebm}——各方认可的加热第 m 种新钢坯种类的基准单位产品电力消耗量(如公认的行业平均值)，单位为吨标准煤每吨(tce/t)；

e'_{bmj}——各方认可的加热第 m 种新钢坯种类的第 j 种耗能工质的基准单位产品消耗量(如公认的行业平均值)，单位为吨标准煤每吨(tce/t)；

P_{arm}——统计报告期第 m 种新钢坯合格产品的生产总量，单位为吨(t)；

h ——统计报告期生产的新钢坯种类总数；

n ——基期的耗能工质(如水、氮气、氧气等)种类数。

6.1.3 统计报告期能耗

板坯加热炉系统统计报告期能耗 E_r 按照式(3)进行计算。

$$E_r = \sum_{k=1}^{p} c_k E_{rk} \qquad \cdots\cdots\cdots\cdots (3)$$

式中：

E_r ——统计报告期能耗，单位为吨标准煤(tce)；

E_{rk} ——统计报告期板坯加热炉系统消耗的燃料、电力等第 k 种能源及耗能工质的实物量；

c_k ——第 k 种能源和耗能工质的折标准煤系数，按照 GB/T 2589—2008 规定的方法选取；

p ——统计报告期板坯加热炉系统消耗的能源和耗能工质的种类数。

6.1.4 节能量的计算

按照式(4)计算节能量 E_s。计算示例参见附录 A。

$$E_s = E_r - E_a \quad \cdots\cdots(4)$$

式中：

E_s ——板坯加热炉系统节能量，单位为吨标准煤(tce)。

6.2 数据的收集和测量

6.2.1 数据的收集

基期和统计报告期的能耗和产量数据宜采用统计数据、计量数据、运行记录、财务数据及在检定有效期内的仪器仪表的测量数据。基期数据和统计报告期数据收集样表参见附录 B。

6.2.2 数据的验证

应验证收集得到的能耗和产量数据。能耗和产量数据类型及其验证方法见表 1。验证统计报告期数据时应采用与基期一致的验证方法。当采用测量的方法进行验证时，应符合 GB/T 6422 的规定，并满足以下要求：

a) 相关数据应记录、汇编、分析和存档，并符合 GB/T 19022 的要求；

b) 现场计量测试仪器仪表的配备和管理要符合 GB 17167 的规定；

c) 测试要在加热炉连续稳定条件下进行，测试次数不少于 8 次；

d) 测量前应对仪器、仪表进行校准。

表 1 数据类型及其验证方法

序号	数据	验证内容	验证条件	验证方法	测试仪器
1	钢种	加热钢种	稳定工况	核对当日生产计划表	—
2	产量	板坯单重		抽样称重，每次 1 块～2 块板坯	磅秤或根据坯型计算
		出炉板坯数		核对炉前统计数据	—
3	流量	煤气	每 60 min 测量一次	炉前煤气总管或支管上测量	皮托管
		水		炉前水管上测量	微压计、数字温度计、现场仪表
		压缩空气		炉前压缩空气管道上测量	
		氮气		炉前氮气管道上测量	
		氧气		炉前氧气管道上测量	
		水蒸气		炉前水蒸气管道上测量	

表 1（续）

序号	数据	验证内容	验证条件	验证方法	测试仪器
4	温度	水	每 60 min 测量一次	在水管道上测量	水银温度计
		压缩空气		在压缩空气管道上测量	数字温度计
		氮气		在氮气管道上测量	
		氧气		炉前氧气管道上测量	
		水蒸气		在水蒸气管道上测量	
5	压力	水	每 60 min 测量一次	在水管道上测量	数字式压力计
		压缩空气		在压缩空气管道上测量	数字式压力计
		氮气		在氮气管道上测量	
		氧气		炉前氧气管道上测量	
		水蒸气		在水蒸气管道上测量	
6	热值	煤气发热量	每 60 min 测量一次	煤气管道取样测量	色谱、热值仪或根据煤气成分计算

附 录 A
（资料性附录）
板坯加热炉系统节能量测量和验证示例

A.1 项目概况

某钢厂轧钢车间板坯加热炉于2009年6月建成投产，设计产能100万t/年，为侧进侧出步进梁单蓄热连续式加热炉，燃料为高焦炉混合煤气。为进一步节约能源消耗，实施节能技术改造项目，对加热炉炉顶和炉墙安装黑体元件，增加炉衬的黑度和面积，增强炉衬对钢坯的辐射能力。

A.2 节能量测量和验证

A.2.1 项目边界

根据项目改造涉及的影响范围，本项目边界为整个加热炉系统。

A.2.2 基期和统计报告期

基期为项目实施前一年(2011年7月—2012年6月)。报告期为项目实施后一年(2012年7月—2013年6月)。

A.2.3 基期能耗

基期产量及煤气消耗量、电力消耗量和耗能工质消耗量数据见表A.1，相关能源和耗能工质折标准煤系数见表A.2。

表 A.1 基期产量、能源和耗能工质消耗量统计表

钢种编号	产量 t	煤气单耗 GJ/t	折标后煤气单耗 tce/t	电力单耗 kWh/t	折标后电力单耗 tce/t	氮气单耗 m^3/t	折标后氮气单耗 tce/t	氧气单耗 m^3/t	折标后氧气单耗 tce/t	压缩空气单耗 m^3/t	折标后压缩空气单耗 tce/t
A	74 946	1.033	0.035 3	70.022	0.008 61	4.56	0.003 06	1.21	0.000 484	16.18	0.000 647
B	79 013	1.026	0.035 0	71.875	0.008 83	4.41	0.002 96	0.67	0.000 268	9.86	0.000 394
C	80 066	1.033	0.035 3	71.029	0.008 73	5.59	0.003 75	0.86	0.000 344	16.41	0.000 656
D	77 161	1.026	0.035 0	69.430	0.008 53	3.24	0.002 18	0.86	0.000 344	8.58	0.000 343
E	78 014	1.030	0.035 2	69.285	0.008 52	6.82	0.004 58	0.62	0.000 248	9.21	0.000 368
F	88 071	1.033	0.035 3	71.035	0.008 73	4.6	0.003 09	1.03	0.000 412	13.79	0.000 552
G	67 527	1.040	0.035 5	69.168	0.008 50	3.23	0.002 17	0.82	0.000 328	11.86	0.000 474
H	65 349	1.029	0.035 1	72.981	0.008 97	3.06	0.002 05	0.61	0.000 244	10.08	0.000 403
I	54 218	1.025	0.035 0	72.231	0.008 88	3.5	0.002 35	0.73	0.000 292	10.95	0.000 438
J	75 497	1.031	0.035 2	69.817	0.008 58	2.38	0.001 60	0.88	0.000 352	14.16	0.000 566
K	82 058	1.012	0.034 5	71.224	0.008 75	3.38	0.002 27	0.63	0.000 252	11.46	0.000 458
L	75 948	1.021	0.034 9	68.834	0.008 46	4.37	0.002 93	0.91	0.000 364	15.28	0.000 611

表 A.2 能源和耗能工质折标准煤系数

能源及耗能工质类型	煤气	电力	氮气	氧气	压缩空气
折标系数	0.034 14 tce/GJ	$0.122\ 9\times10^{-3}$ tce/kWh	$0.671\ 4\times10^{-3}$ tce/m^3	0.4×10^{-3} tce/m^3	0.04×10^{-3} tce/m^3

A.2.4 统计报告期能耗

统计报告期产量及能耗数据见表 A.3 和表 A.4。

表 A.3 统计报告期产量表

钢种编号	产量 t
A	72 586
B	84 062
C	79 663
D	78 005
E	78 504
F	84 034
G	81 431
H	77 851
I	87 097
J	84 197
K	85 810
L	82 423
合计	975 663

表 A.4 统计报告期能耗表

能源及耗能工质类型	煤气	电力	氮气	氧气	压缩空气
消耗量 (1)	960 281 GJ	70 743 489 kWh	3 460 220 m^3	512 726 m^3	13 696 032 m^3
折标系数 (2)	0.034 14 tce/GJ	$0.122\ 9\times10^{-3}$ tce/kWh	$0.671\ 4\times10^{-3}$ tce/m^3	0.4×10^{-3} tce/m^3	0.04×10^{-3} tce/m^3
折标准煤量 tce (3)=(1)×(2)	32 784	8 694	2 323	205	548

统计报告期能耗 E_r=32 784+8 694+2 323+205+548=44 554 tce。

A.2.5 校准能耗计算

校准能耗计算过程见表 A.5。

表 A.5 校准能耗计算表

钢种编号	统计报告期产量(P_{ri}) t	折标后基期煤气单耗(e_{fbi}) tce/t	折标后基期电力单耗(e_{ebi}) tce/t	折标后基期氮气单耗(e_{bi1}) tce/t	折标后基期氧气单耗(e_{bi2}) tce/t	折标后基期压缩空气单耗(e_{bi3}) tce/t	$e_{fbi}P_{ri}$ tce	$e_{ebi}P_{ri}$ tce	$\sum_{j=1}^{3} e_{bij}P_{ri}$ tce
	(1)	(2)	(3)	(4)	(5)	(6)	(7)=(2)×(1)	(8)=(3)×(1)	(9)=[(4)+(5)+(6)]×(1)
A	72 586	0.035 3	0.008 61	0.003 06	0.000 484	0.000 647	2 562	625	304
B	84 062	0.035 0	0.008 83	0.002 96	0.000 268	0.000 394	2 942	742	304
C	79 663	0.035 3	0.008 73	0.003 75	0.000 344	0.000 656	2 812	695	378
D	78 005	0.035 0	0.008 53	0.002 18	0.000 344	0.000 343	2 730	665	224
E	78 504	0.035 2	0.008 52	0.004 58	0.000 248	0.000 368	2 763	669	408
F	84 034	0.035 3	0.008 73	0.003 09	0.000 412	0.000 552	2 966	734	341
G	81 431	0.035 5	0.008 50	0.002 17	0.000 328	0.000 474	2 891	692	242
H	77 851	0.035 1	0.008 97	0.002 05	0.000 244	0.000 403	2 733	698	210
I	87 097	0.035 0	0.008 88	0.002 35	0.000 292	0.000 438	3 048	773	268
J	84 197	0.035 2	0.008 58	0.001 60	0.000 352	0.000 566	2 964	722	212
K	85 810	0.034 5	0.008 75	0.002 27	0.000 252	0.000 458	2 960	751	256
L	82 423	0.034 9	0.008 46	0.002 93	0.000 364	0.000 611	2 877	697	322
合计	975 662	—	—	—	—	—	34 249	8 465	3 469

校准能耗调整值 A_m 取 0，校准能耗 E_a＝34 249＋8 465＋3 469＝46 183 tce。

A.2.6 节能量计算

节能量 E_s＝E_r－E_a＝44 554－46 183＝－1 629 tce。

附 录 B
（资料性附录）
基期数据和统计报告期数据收集样表

板坯加热炉系统基期数据和统计报告期数据收集样表如表 B.1、表 B.2 和表 B.3 所示。

表 B.1 板坯加热炉系统主要耗能设备性能参数表

设备明细	参数指标
循环水泵	流量(m^3/h)、功率(kW)、扬程(m)
鼓风机	风量(m^3/h)、风压(kPa)、功率(kW)
排烟机	风量(m^3/h)、风压(kPa)、功率(kW)
装、出料机	功率(kW)
炉底机械	功率(kW)

表 B.2 基期(统计报告期)燃料、电和钢坯产量统计(测量)计算参数表

钢种	钢种说明	燃料		钢产量 t	电耗 kW·h
		燃耗 m^3	热值 kJ·m^{-3}		
1					
2					
3					
…					

表 B.3 基期(统计报告期)耗能工质统计(测量)计算参数表

钢种	钢种说明	压缩空气			氮气			水			蒸气			…		
		温度 ℃	压力 Pa	流量 m^3	温度 ℃	压力 Pa	流量 m^3	温度 ℃	压力 Pa	流量 m^3	温度 ℃	压力 Pa	流量 m^3			
1																
2																
3																
…																

ICS 27.010
F 01

中华人民共和国国家标准

GB/T 31345—2014

节能量测量和验证技术要求 居住建筑供暖项目

Technical requirements of measurement and verification of energy savings—Heating system project for residential building

2014-12-31 发布　　2015-07-01 实施

中华人民共和国国家质量监督检验检疫总局
中国国家标准化管理委员会　发布

前　言

本标准按照 GB/T 1.1—2009 给出的规则起草。

本标准由全国能源基础与管理标准化技术委员会(SAC/TC 20)提出并归口。

本标准起草单位:中国建筑科学研究院、中国标准化研究院、北京市市政管理委员会供热办、北京市建筑设计研究院有限公司、北京市住宅建筑设计研究院有限公司、河北工大科雅能源科技有限公司、北京金房暖通节能技术有限公司、北京市热力集团有限责任公司、北京志诚宏业智能控制技术有限公司、北京众力德邦智能机电科技有限公司、哈尔滨工业大学、建研爱康(北京)科技发展公司、中节能建筑节能有限公司、北京市节能环保中心、深圳市前海智慧能源系统有限公司。

本标准主要起草人:邹瑜、冯晓梅、李鹏程、曹勇、魏峥、赫迎秋、万水娥、胡颐蘅、齐承英、丁琦、张立申、徐选才、刘猛、张伟、俞光、方修睦、冯铁栓、罗丽芬、刘祥志、张希庆、姚建国。

节能量测量和验证技术要求 居住建筑供暖项目

1 范围

本标准规定了居住建筑供暖节能改造项目节能量测量和验证的项目边界划分和能耗统计范围、基本要求、测量和验证方法。

本标准适用于居住建筑集中供暖系统及相关建筑围护结构节能技术改造项目节能量的测量和验证。

2 规范性引用文件

下列文件对于本文件的应用是必不可少的。凡是注日期的引用文件，仅注日期的版本适用于本文件。凡是不注日期的引用文件，其最新版本(包括所有的修改单)适用于本文件。

GB/T 2589 综合能耗计算通则

GB/T 28750—2012 节能量测量和验证技术通则

GB/T 30256 节能量测量和验证技术要求 泵类液体输送系统

JGJ/T 132 居住建筑节能检测标准

JGJ/T 288—2012 建筑能效标识技术标准

3 术语和定义

GB/T 28750—2012 界定的以及下列术语和定义适用于本文件。

3.1

基期 baseline period

用以比较和确定项目节能量的，节能措施实施前的时间段。

[GB/T 28750—2012，定义 3.3]

3.2

统计报告期 reporting period

用以比较和确定项目节能量的，节能措施实施后的时间段。

[GB/T 28750—2012，定义 3.4]

3.3

基期能耗 energy consumption in baseline period

基期内，项目边界内用能单位、设备、系统的能源消耗量。

[GB/T 28750—2012，定义 3.5]

3.4

统计报告期能耗 energy consumption in reporting period

统计报告期内，项目边界内用能单位、设备、系统的能源消耗量。

[GB/T 28750—2012，定义 3.6]

3.5

校准能耗　adjusted energy consumption

统计报告期内，根据基期能源消耗状况及统计报告期条件推算得到的，项目边界内用能单位、设备、系统不采用该节能措施时的能源消耗量。

[GB/T 28750—2012，定义 3.7]

3.6

集中供暖系统　central heating system

热源和散热设备分别设置，用热媒管道相连接的，由热源向多个热用户供给热量的设施。

3.7

直接供暖系统　direct heating system

热水不经过中间换热器直接向散热设备供热的集中供暖系统。

3.8

间接供暖系统　indirect heating system

通过中间换热器加热用户侧的循环热水，向散热设备供热的集中供暖系统，包括独立热源间接供暖系统和外部热源间接供暖系统。

3.9

制热能耗　energy consumption for producing heat

热源设备直接消耗的能量或输入换热设备的能量。

3.10

输配能耗　energy consumption for transporting heat

循环水泵、补水泵、鼓风机、引风机等附属设备消耗的能量。

3.11

供暖能耗　energy consumption for heating

制热能耗与输配能耗之和。

4　项目边界划分和能耗统计范围

4.1　项目边界划分

居住建筑供暖节能改造项目节能量测量和验证的项目边界应包括热源、热力站、管网、散热系统及相关建筑围护结构。热源包括热源设备及其附属设备、循环水泵及控制设备等；热力站包括换热设备、循环水泵及控制设备等；散热系统包括散热设备、室内温度控制装置等。根据项目类型的不同，3 类常见的边界划分方法如图 1～图 3 所示。

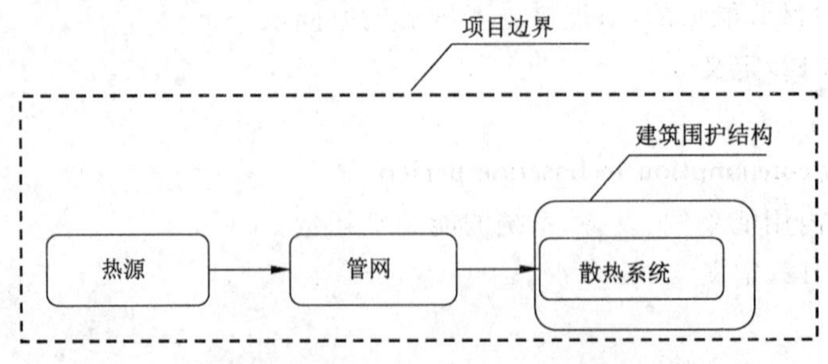

图 1　直接供暖系统项目边界示意图（方法 1）

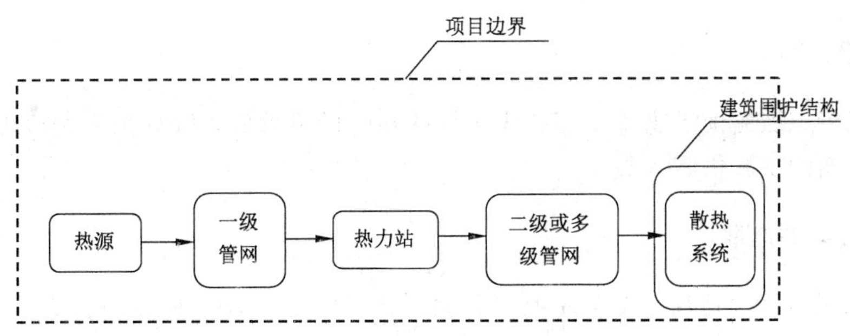

图 2　独立热源间接供暖系统项目边界示意图(方法 2)

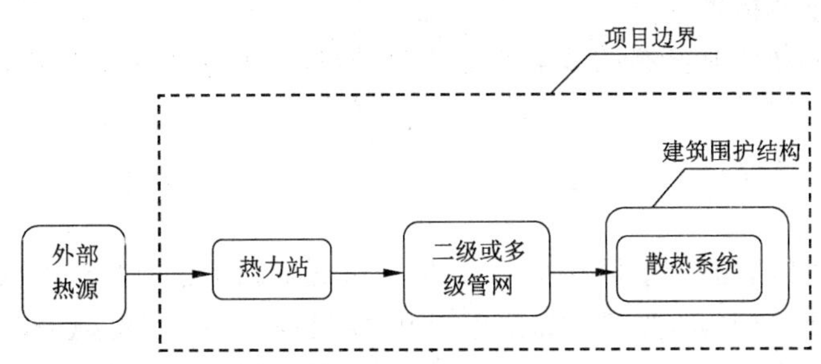

图 3　外部热源间接供暖系统项目边界示意图(方法 3)

4.2　能耗统计范围

4.2.1　对于直接供暖系统，供暖能耗应以热源站房作为能耗核算点，并应将图 1 项目边界内包括的制热能耗、输配能耗计入基期能耗和统计报告期能耗。

4.2.2　对于独立热源间接供暖系统，供暖能耗宜以热源站房作为能耗核算点，并应将图 2 项目边界内包括的制热能耗、输配能耗计入基期能耗和统计报告期能耗。当无法获得热源站房能耗时，在各方认可的情况下，也可参考图 3 的项目边界计算能耗。

4.2.3　对于外部热源间接供暖系统，供暖能耗应以热力站作为能耗核算点，并应将图 3 项目边界内包括的制热能耗、输配能耗计入基期能耗和统计报告期能耗。

4.2.4　对热源设备及(或)其控制系统单独实施的节能改造项目，供暖能耗仅计算制热能耗。

4.2.5　对热源设备、输配设备等多个设备同时实施节能措施的节能改造项目，供暖能耗应计算制热能耗和输配能耗。

4.2.6　计算能耗时，不同种类的能源可统一折算为标准煤。各类燃料应按实测低位发热量折算成标准煤。无法获得实测低位发热量值时，可参照 GB/T 2589 中各种能源折标准煤系数进行折算。当能耗仅为电量时，宜直接用耗电量进行计算，也可按国家统计部门发布的统计报告期上一年度全国火力发电平均发电煤耗进行折算。

5　基本要求

5.1　合规性

节能改造后居住建筑供暖项目的技术指标应符合相关法律法规、强制性技术标准的要求，并得到各方的认可。

5.2 基期和统计报告期

基期应为节能措施实施前至少1个完整供暖期的实际供暖天数。统计报告期应为节能措施实施后至少1个完整供暖期的实际供暖天数。

5.3 测量和验证方法的选取

5.3.1 居住建筑供暖节能改造项目节能量测量和验证方法可选用GB/T 28750—2012中的“基期能耗-影响因素”模型法或模拟软件法。对于可获得完整基期数据和统计报告期数据的项目，宜采用“基期能耗-影响因素”模型法获得较为准确的节能量结果。对于无法获得完整基期能耗数据的项目，可采用模拟软件法获得节能量的参考结果。

5.3.2 对泵类液体输送系统单独实施的节能改造项目，应按照GB/T 30256规定的方法进行节能量测量和验证。

5.4 测量和验证方案

居住建筑供暖系统进行节能量测量和验证时，应在节能措施实施前制定书面的测量和验证方案，其内容应符合GB/T 28750—2012的要求。如采用“基期能耗-影响因素”模型法，应在测量和验证方案中记录相关数学模型的拟合优度以及建立模型所采用的基础数据。

6 测量和验证方法

6.1 “基期能耗-影响因素”模型法

6.1.1 “基期能耗-影响因素”模型的建立和校核

节能改造前应测量或收集基期制热能耗及室外日平均温度、室内日平均温度和供暖天数等主要影响因素的逐日或逐月数据，通过回归分析的方法，建立“基期能耗-影响因素”的回归模型。逐月回归时，样本数至少为2个完整供暖期的供暖月数；逐日回归时，样本数至少为一个完整供暖期的供暖天数。

应对所建立“基期能耗-影响因素”相关性模型进行优度检验，相关性模型应满足以下条件：

a) 回归模型的拟合优度——R^2应大于0.8；

b) 对回归模型进行F检验时，其显著性水平Sig.值应小于或等于0.05。

6.1.2 常见的“基期能耗-影响因素”模型

常见的“基期能耗-影响因素”的模型如式(1)：

$$e_b = B_0 + B_1 \sum_{i=1}^{n}(t_{di} - t_{wi}) + \cdots + B_m \left[\sum_{i=1}^{n}(t_{di} - t_{wi})\right]^m \quad (i=1,2,\cdots,n) \qquad (1)$$

式中：

e_b ——基期单位建筑面积的逐日或逐月制热能耗，单位为千克标准煤每平方米($kgce/m^2$)；

B_0、B_1、B_m ——回归系数；

t_{di} ——基期逐日室内日平均温度，单位为摄氏度(℃)；

t_{wi} ——基期逐日室外日平均温度，单位为摄氏度(℃)；

n ——基期取样的时间段，逐日回归时为1，逐月回归时为当月实际供暖天数；

m ——回归模型的幂次，根据模型的拟合优度确定，一般情况下m不大于3。

校准后的单位面积能耗应按式(2)计算：

$$e_a = B_0 + B_1 \sum_{i=1}^{n'} (t_{di}' - t_{wi}') + \cdots + B_m [\sum_{i=1}^{n'} (t_{di}' - t_{wi}')]^m \quad (i = 1,2,\cdots,n') \qquad \cdots\cdots(2)$$

式中：

e_a ——校准后单位建筑面积的逐日或逐月制热能耗，单位为千克标准煤每平方米($kgce/m^2$)；

t_{di}' —— 统计报告期室内日平均温度，单位为摄氏度(℃)；

t_{wi}' ——统计报告期逐日室外日平均温度，单位为摄氏度(℃)；

n' ——统计报告期取样的时间段，逐日计算时为1，逐月计算时为当月实际供暖天数。

6.1.3 校准能耗

校准能耗 E_a 应按式(3)计算：

$$E_a = M \times \sum_{i=1}^{N} e_{ai} + A_m \quad (i = 1,2,\cdots,N) \qquad \cdots\cdots(3)$$

E_a ——校准能耗，单位为吨标准煤(tce)；

M ——统计报告期内居住建筑供暖系统所供给的建筑面积，单位为平方米(m^2)；

N ——逐日计算时为统计报告期天数，逐月计算时为统计报告期月数；

A_m——校准能耗调整值。

注：当节能改造后，供暖面积增大且新增建筑的节能水平与原有建筑不同时，E_a 应扣除新增面积的制热能耗。

6.1.4 校准能耗调整值

校准能耗调整值 A_m 的确定应符合 GB/T 28750—2012 的要求，并应得到各相关方的确认。

注：A_m 通常为0。

6.1.5 统计报告期能耗

统计报告期能耗 E_r 宜采用统计报告期计量得到的能耗数据，数据获取方法可参考6.1.7的要求。

6.1.6 节能量的计算

按式(4)计算节能量 E_s。计算示例参见附录A。

$$E_s = E_r - E_a \qquad \cdots\cdots(4)$$

式中：

E_s ——节能量，单位为吨标准煤(tce)；

E_r ——统计报告期能耗，单位为吨标准煤(tce)；

E_a ——校准能耗，单位为吨标准煤(tce)。

6.1.7 数据的收集和测量

6.1.7.1 能耗数据

基期能耗和统计报告期能耗宜采用可采信的能源统计数据、运行记录及财务数据，或者符合标准规范要求的能源计量仪表的读数，或者使用在检定有效期内的检测仪器测量得到的能源消耗数据。收集得到的数据应进行有效性验证。

6.1.7.2 气象数据

气象数据包括：

a) 室外日平均温度应采用项目所在地气象台发布的室外日平均温度。

b) 室内日平均温度的测量方法应符合 JGJ/T 132 的要求，测量周期和测温点设置应得到各方的

认可,测温点的设置还应满足以下要求:

1) 在居住建筑供暖系统最不利环路上,分别在距离节能量核算点近、中、远处各选取至少一栋代表性建筑物作为测温对象;
2) 每栋代表性建筑物应选取至少 9 户(间)有代表性的住户(房间)作为测温用户;
3) 每栋代表性建筑物测温用户的总供暖面积不得小于该建筑总供暖面积的 10%;
4) 节能改造前后的测温位置应保持一致。

6.2 模拟软件法

6.2.1 功能要求

模拟软件功能应符合下列要求:

a) 基期和统计报告期的室外温度、室内温度应能逐时或逐日输入;
b) 模拟软件应能计算逐日负荷和逐日能耗。

6.2.2 输入参数

模拟软件的输入参数可参考表 1 的要求。节能改造时未涉及部分,输入参数可采用竣工图中的参数。

表 1 基期和统计报告期的输入参数要求

名称	基期	统计报告期
围护结构参数	设计值	设计值
室内温度/℃	实测值,若无实测数据,则采用 18 ℃	实测值
换气次数/(次/h)	0.5	0.5
建筑物内部得热/(W/m^2)	3.8	3.8
热源设备效率	实测值	实测值
循环水泵的耗电输热比	实测值	实测值
室外管网热损失率	实测值	实测值

6.2.3 软件校核

模拟软件应利用基期和统计报告期的数据进行校核,能耗计算误差应满足以下要求:

a) 当统计报告期的能耗数据完整时,模拟软件计算得到的能耗与实测值相比,月误差、年误差和均方差 CV 分别不应大于±15 %、±10 %和±10 %;
b) 当统计报告期的能耗数据不完整时,应至少具备 7 日的测试数据,此时模拟软件计算得到的能耗与实测值相比,日误差不应大于±10 %。

6.2.4 节能量的计算

可采用以下方法计算节能量:

a) 依据 JGJ/T 288—2012 中附录 A.1 中建筑能耗的计算方法,将改造前建筑性能参数和基期室外温度、室内温度及供暖天数等数据代入模拟软件,计算得到校准能耗。
b) 按式(4)计算节能量 E_s,其中校准能耗调整值 A_m 应符合 GB/T 28750 的要求。

计算示例参见附录 B。

6.2.5 数据的收集和测量

数据的收集和测量可参考6.1.7的要求。循环水泵耗电输热比、室外管网热损失率等的检测方法可依据JGJ/T 132。

附 录 A
（资料性附录）
居住建筑供暖项目节能量测量和验证“基期能耗-影响因素”模型法示例

A.1 项目基本情况和项目边界

项目总供暖面积为 893.8 万 m^2，有热源厂 3 座，热力站 59 座。改造前 2008—2009 年度、2009—2010 年度、2010—2011 年度 3 个供暖期逐月的煤耗数据及天气参数，基础数据齐全。本项目实施了多种节能改造技术，包括气候补偿、水力平衡、分时分区控制等。采用“基期能耗-影响因素”模型法对项目整体的节能量进行测量和验证。

A.2 基期及基期能源利用状况

本项目基期连续 3 年逐月单位面积能耗数据(共 15 个样本)见表 A.1。

表 A.1 基期逐月单位面积能耗　　单位：千克标准煤每平方米月

年度	11 月	12 月	1 月	2 月	3 月
2008—2009	1.97	4.2	4.9	3.58	1.08
2009—2010	2.23	4.53	5.94	3.86	1.29
2010—2011	1.98	4.41	5.99	3.44	1.12

根据基期逐日的室内外温度，计算逐月的累计室内外温度差(根据现场测量，室内日平均温度为 18 ℃)，计算结果见表 A.2。

表 A.2 基期逐月室内外温度差累计值 $\Sigma(t_d - t_w)$　　单位为摄氏度

年度	11 月	12 月	1 月	2 月	3 月
2008—2009	400	626	669	493	205
2009—2010	408	660	749	558	339
2010—2011	358	622	730	529	240

A.3 回归模型的建立

通过分析，基期连续三年 2008—2009 年度、2009—2010 年度、2010—2011 年度各样本对应时间段内单位面积能耗与基期各样本对应时间段内室内外温差累计值之间存在强相关。剔除不合理样本后，采用 14 个样本建立回归模型。

本项目以平均每月单位面积能耗作为因变量(y)，以各样本对应时间段内的室内外温差累计值 $\sum(t_d - t_w)$ 作为自变量(x)进行回归分析，回归分析的结果见表 A.3 和图 A.1。

表 A.3 回归分析结果

方程	回归模型的评估参数		回归系数		
幂次	R^2	Sig	B_0	B_1	B_2
2	0.987	0.000	0.595	$-2.107\ 2\times10^{-4}$	$9.985\ 8\times10^{-6}$

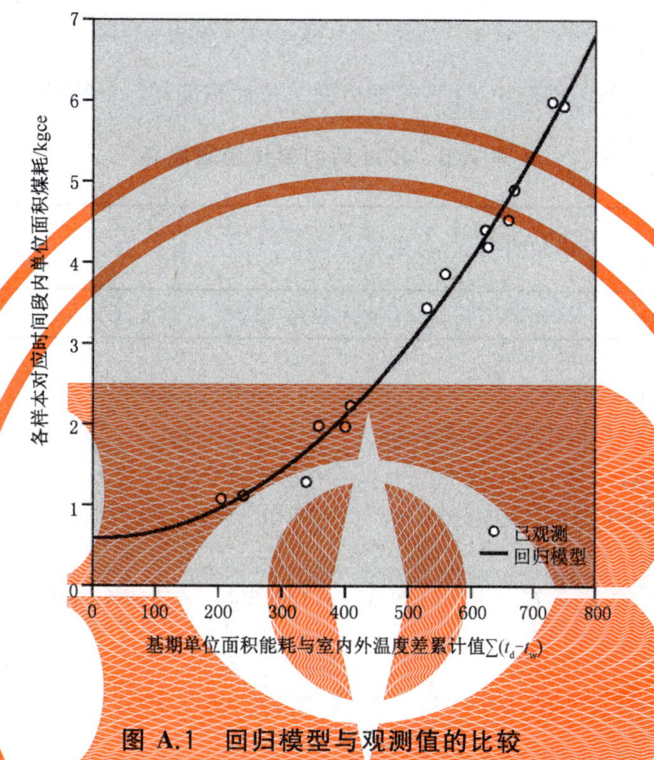

图 A.1 回归模型与观测值的比较

从表 A.4 中可看出，该模型的拟合优度 R^2 为 0.987，模型 Sig.值为 0.000，各回归系数为：

$$B_0=0.594\ 96, B_1=-2.107\ 2\times10^{-4}, B_2=9.985\ 8\times10^{-6}。$$

A.4 统计报告期能源利用情况

本项目的统计报告期为节能改造后的一个完整供暖期，即 2011—2012 年度供暖期。统计报告期单位面积能耗见表 A.4。统计报告期供暖面积不变，仍为 893.8 万 m^2。

表 A.4 统计报告期单位面积能耗 单位：千克标准煤每平方米月

年度	11 月	12 月	1 月	2 月	3 月	统计报告期单位面积能耗/($kgce/m^2$)
2011—2012	2.01	3.38	4.32	3.63	1.49	14.83

根据统计报告期实测的逐日室内外温度(室内日平均温度为 18 ℃)，计算逐月的累计室内外温差，见表 A.5。

表 A.5　统计报告期逐月室内外温度差 $\Sigma(t_d - t_w)$　　单位为摄氏度

年度	11 月	12 月	1 月	2 月	3 月
2011—2012	358	622	730	529	240

A.5　节能量计算

将表 A.5 的数据带入回归模型中，计算校准后的单位面积能耗。计算结果见表 A.6。

表 A.6　校准后的单位面积能耗　　单位：千克标准煤每平方米月

年度	11 月	12 月	1 月	2 月	3 月	校准后的单位面积能耗/($kgce/m^2$)
2011—2012	1.80	4.33	5.76	3.28	1.12	16.29

本项目校准能耗为：

$$E_a = (16.29 \times 10^{-3}\ tce/m^2) \times (893.8 \times 10^4\ m^2) = 145\ 600\ tce$$

统计报告期能耗为：

$$E_r = (14.83 \times 10^{-3}\ tce/m^2) \times (893.8 \times 10^4\ m^2) = 132\ 551\ tce$$

项目节能量为：

$$E_s = E_r - E_a = 132\ 551 - 145\ 600 = -13\ 049\ tce$$

附 录 B
（资料性附录）
居住建筑供暖项目节能量测量和验证模拟软件法示例

B.1 项目基本情况和项目边界

某居住小区总建筑面积为50 000 m^2，有6栋住宅楼，为了降低能源消耗并且提高居民的舒适度，供热公司对该居住小区进行了节能改造，改造内容包括：建筑围护结构节能改造、燃气锅炉房内增设气候补偿器、循环水泵变频改造以及室内温控和热计量节能改造等。由于本项目无基期能耗数据，所以采用模拟软件法估算节能量。

B.2 基期

以节能改造措施实施前的供暖期作为基期，即2011年11月15日至2012年3月15日。

B.3 统计报告期及统计报告期能源利用状况

以节能改造措施实施后的供暖期作为统计报告期，即2012年11月15日至2013年3月15日。由于节能改造后安装了电表和燃气表，所以可以比较方便地获取逐时能耗数据。统计报告期内的总燃气消耗量为2×10^5 m^3，总电耗为1.5×10^4 kWh，统计报告期能耗等于270.89 tce。

B.4 节能量的计算

采用模拟软件建立能耗计算模型，输入表B.1中的参数和2012年11月15日至2013年3月15日的室外气象参数。经过模拟计算，统计报告期的总能耗为249.22 tce，与实测值相比较，年误差$ERR_{年}$为8%，在误差范围之内，因此可以用该软件来计算校准能耗。

表B.1 统计报告期的输入参数

名 称	统计报告期
外围护结构传热系数/[W/(m^2·K)]	屋面：0.5 外墙：0.7 外窗：2.5
室内温度/℃	20.5
换气次数/(次/h)	0.5
建筑物内部得热/(W/m^2)	3.8
锅炉运行效率	0.88
循环水泵的耗电输热比	0.007 19
管网输送效率	0.92

采用以上经过校准的能耗模拟软件，输入表B.2中的改造前建筑性能参数和2012年11月15日至

2013 年 3 月 15 日的室外气象参数等，经过模拟计算，校准能耗为 319.15 tce。

表 B.2 计算校准能耗的输入参数

名 称	输入参数
外围护结构传热系数/[W/(m² · K)]	屋面:0.8 外墙:1.16 外窗:4.7
室内温度/℃	20.5
换气次数/(次/h)	0.5
建筑物内部得热/(W/m²)	3.8
锅炉运行效率	0.7
循环水泵的耗电输热比	0.009 3
管网输送效率	0.85

项目节能量为：

$$E_s = E_r - E_a = 249.22 - 319.15 = -69.93 \text{ tce}$$

ICS 27.010
F 01

中华人民共和国国家标准

GB/T 31346—2014

节能量测量和验证技术要求
水泥余热发电项目

Technical requirements of measurement and verification of energy savings—waste heat power generation project in cement production

2014-12-31 发布　　2015-07-01 实施

中华人民共和国国家质量监督检验检疫总局
中国国家标准化管理委员会　发布

前　言

本标准按照 GB/T 1.1—2009 给出的规则起草。

本标准由全国能源基础与管理标准化技术委员会(SAC/TC 20)提出并归口。

本标准起草单位:中国建筑材料科学研究总院、中国标准化研究院、中国建材检验认证集团股份有限公司、北京市琉璃河水泥有限公司、北京工业大学、鲁南中联水泥有限公司、德州中联大坝水泥有限公司、大连易世达新能源发展股份有限公司、深圳市前海智慧能源系统有限公司。

本标准主要起草人:刘新状、丁新淼、王灵秀、陈海红、李鹏程、刘猛、田建伟、赵向东、刘海鹏、陈璐、兰明章、张卫伟、张雪中、孟凡迎、孙勇、董寿莲、闫浩春、耿雷、徐晓鹏、姚建国。

节能量测量和验证技术要求 水泥余热发电项目

1 范围

本标准规定了水泥余热发电项目节能量测量和验证的项目边界划分和能耗统计范围、基本要求、测量和验证方法。

本标准适用于利用水泥熟料生产系统排放的废气进行余热发电的节能改造项目节能量的测量和验证。

2 规范性引用文件

下列文件对于本文件的应用是必不可少的。凡是注日期的引用文件，仅注日期的版本适用于本文件。凡是不注日期的引用文件，其最新版本(包括所有的修改单)适用于本文件。

GB 16780 水泥单位产品能源消耗限额

GB/T 26281 水泥回转窑热平衡、热效率、综合能耗计算方法

GB/T 26282 水泥回转窑热平衡测定方法

GB/T 27977 水泥生产电能能效测试及计算方法

GB/T 28750 节能量测量和验证技术通则

3 术语和定义

GB/T 28750 界定的以及下列术语和定义适用于本文件。

3.1

窑尾余热锅炉 suspend preheater boiler

利用水泥窑窑尾预热器排出的废气余热生产热水、蒸汽等工质的装置。

3.2

窑头余热锅炉 air quenching cooler boiler

利用水泥窑窑头熟料冷却机排出的废气余热生产热水、蒸汽等工质的装置。

3.3

水泥余热发电 waste heat power generation

利用水泥熟料生产过程中排放的余热进行发电。

3.4

单位熟料煤耗 the standard coal consumption of unit clinker

生产每吨水泥熟料消耗的标准煤量，包括烘干原燃材料和烧成熟料消耗的燃料。

4 项目边界划分和能耗统计范围

4.1 项目边界划分

水泥余热发电项目的项目边界主要包括水泥熟料烧成系统和余热发电系统两部分。水泥熟料烧成

系统是从冷却机熟料出口到预热器废气出口的整个熟料烧成过程,主要包括冷却机、回转窑、预分解系统;余热发电系统是从余热锅炉废气进口至汽轮机及冷却塔的整个余热发电系统,主要包括窑尾余热锅炉、窑头余热锅炉、汽轮机组、发电机组及冷却塔。项目边界示意图见图1。

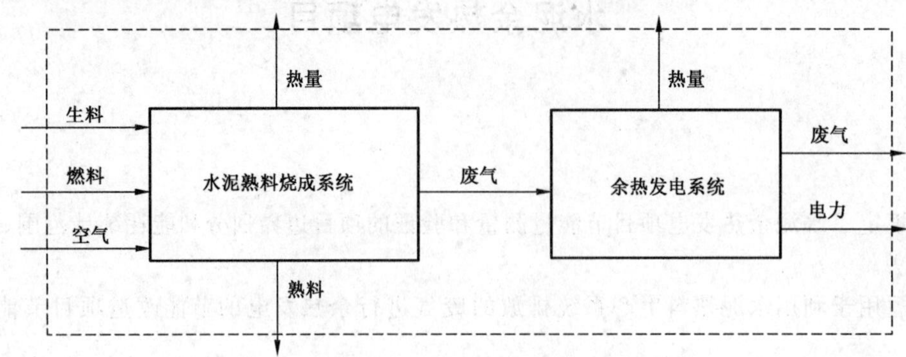

图1 项目边界示意图

4.2 能耗统计范围

水泥熟料烧成系统的煤耗统计范围涵盖从生料出库到熟料入库(含库顶收尘设备)的整个熟料烧成过程,主要包括生料入窑计量与输送、预热分解系统、窑尾高温风机、回转窑、熟料冷却机、窑尾及熟料冷却废气处理、煤粉计量与输送等系统设备的煤耗。不包括采用废弃物作为替代原燃材料时处理废弃物所消耗的煤量。

余热发电系统的能耗统计范围为从余热发电系统的余热锅炉进口至汽轮机及冷却塔的整个余热发电系统。

5 基本要求

5.1 合规性

改造后水泥余热发电项目的技术指标应符合相关法律法规、强制性技术标准的要求,并得到各方的认可。

5.2 基期和统计报告期确定

基期应为余热发电系统投入运行前至少1个全年的生产运行周期,统计报告期宜为余热发电系统稳定运行后1个全年的生产运行周期。

5.3 测量和验证方法的选取

水泥余热发电项目节能量测量和验证方法可选用GB/T 28750中的"基期能耗—影响因素"模型法或直接比较法。对于能够提供准确、完整的基期和统计报告期生产统计报表数据及相关影响因素数据的项目,宜采用"基期能耗—影响因素"模型法获得较为准确的节能量结果。对于不能提供准确、完整的基期生产统计报表数据或余热发电系统和水泥窑系统同时投产运行的项目,可采用直接比较法获得节能量结果。

5.4 测量和验证方案

水泥余热发电系统进行节能量测量和验证时应制定书面的测量和验证方案,其内容应符合

GB/T 28750 的要求。

6　测量和验证方法

6.1　"基期能耗—影响因素"模型法

6.1.1　节能量计算公式

水泥余热发电项目的节能量按式(1)计算：

$$E_s = -[a_r(e_{he} - e_{qt}) - (e_r - e_b)] \times P_{CL,r} \quad \cdots\cdots(1)$$

式中：

E_s ——水泥余热发电项目节能量，单位为千克标准煤(kgce)；

a_r ——统计报告期内熟料强度等级修正系数，无量纲量；

e_{he} ——统计报告期内单位熟料余热电站供电折标准煤量，单位为千克标准煤每吨(kgce/t)；

e_{qt} ——统计报告期内除余热发电外采用其他节能措施产生的单位熟料节能量，单位为千克标准煤每吨(kgce/t)；

e_r ——修正后的统计报告期单位熟料煤耗，单位为千克标准煤每吨(kgce/t)；

e_b ——修正后的基期单位熟料煤耗，单位为千克标准煤每吨(kgce/t)；

$P_{CL,r}$——统计报告期内熟料总产量，单位为吨(t)。

6.1.2　单位熟料余热电站供电折标准煤量

统计报告期单位熟料余热供电折标准煤量按式(2)计算：

$$e_{he} = \frac{c \times (q_{he} - q_0)}{P_{CL,r}} \quad \cdots\cdots(2)$$

式中：

c ——电力折标准煤系数，单位为千克标准煤每千瓦时[kgce/(kW·h)]，应取国家统计部门发布的统计报告期上一年度的全国火力发电平均发电煤耗；

q_{he}——统计报告期内余热电站发电量，单位为千瓦时(kW·h)；

q_0 ——统计报告期内余热电站自用电量，单位为千瓦时(kW·h)。

6.1.3　其他节能措施单位熟料节能量

其他节能措施单位熟料节能量按式(3)计算：

$$e_{qt} = \frac{E_{sqt}}{P_{CL,r}} \quad \cdots\cdots(3)$$

式中：

E_{sqt}——统计报告期其他节能措施产生的节能量，单位为千克标准煤(kgce)，应按照相关标准规范确定。

当企业采用两条或多条水泥熟料生产线共用发电机组时，如每条生产线都有其他节能措施，在计算时应按每条生产线的熟料产量计算加权平均值。

6.1.4　单位熟料煤耗

单位熟料煤耗按式(4)计算：

$$e_{cl,i} = \frac{P_{C,i} Q_{netar,i}}{Q_{BM} P_{CL,i}} \quad \cdots\cdots(4)$$

式中：

i ——节能量测量和验证对应的某个时期，r代表统计报告期，b代表基期，on代表节能措施开启时期，off代表节能措施关闭时期；

$e_{cl,i}$ ——某个时期内单位熟料综合煤耗，单位为千克标准煤每吨(kgce/t)；

$P_{C,i}$ ——某个时期内用于烘干原燃材料和烧成熟料的入窑与入分解炉的实物煤总量，单位为千克(kg)；

$Q_{netar,i}$——某个时期内实物煤的加权平均低位发热量，单位为千焦每千克(kJ/kg)；

Q_{BM} ——每千克标准煤发热量，取29 307 kJ/kg；

$P_{CL,i}$ ——某个时期内熟料产量，单位为吨(t)。

6.1.5 熟料强度等级修正系数

熟料强度等级修正系数按式(5)计算：

$$a_i = \sqrt[4]{\frac{52.5}{A_i}} \qquad \cdots\cdots(5)$$

式中：

52.5——熟料平均抗压强度修正到52.5 MPa；

A_i ——某个时期熟料平均28 d抗压强度，按GB 16780的规定计算，单位为兆帕(MPa)。

6.1.6 修正后单位熟料煤耗

修正后的统计报告期单位熟料煤耗按式(6)计算：

$$e_r = a_r e_{cl,r} \qquad \cdots\cdots(6)$$

修正后的基期单位熟料煤耗按式(7)计算：

$$e_b = a_b e_{cl,b} \qquad \cdots\cdots(7)$$

6.1.7 数据的收集和测量

基期能耗和统计报告期的能耗数据和产量数据宜采用可采信的能源统计数据、运行记录及财务数据，或者符合标准规范要求的计量仪表的读数，或者使用在检定有效期内的检测仪器测量得到的数据。收集得到的数据应进行有效性验证。余热发电系统的发电量和自用电量数据可按照GB/T 27977中的规定进行实测以验证有效性。

6.2 直接比较法

6.2.1 实施步骤

直接比较法测量期间应保证关闭余热发电系统前后窑系统的熟料产量一致，且关闭余热发电系统不影响窑系统的正常运行。具体步骤如下：

a) 在统计报告期内，余热发电系统开启后稳定运行72 h，测量正常生产时熟料煤耗相关的各参数；

b) 在统计报告期内，余热发电系统关闭后稳定运行72 h，测量正常生产时熟料煤耗相关的各参数。

6.2.2 节能量计算公式

节能量按式(8)计算：

$$E_s = -[a_{on}(e_{he,on} - e_{qt,on}) - (e_{on} - e_{off})] \times P_{CL,r} \qquad \cdots\cdots(8)$$

式中：

a_{on} ——水泥余热发电系统开启时的熟料强度等级修正系数；

$e_{he,on}$——余热发电系统开启后单位熟料余热电站供电折标准煤量，单位为千克标准煤每吨(kgce/t)；

$e_{qt,on}$——余热发电系统开启后除余热发电外采用其他节能措施带来的单位熟料节能量，单位为千克标准煤每吨(kgce/t)；

e_{on} ——余热发电系统开启时修正后的单位熟料综合煤耗，单位为千克标准煤每吨(kgce/t)；

e_{off} ——余热发电系统关闭时修正后的单位熟料综合煤耗，单位为千克标准煤每吨(kgce/t)。

式(8)中的参数可参照6.1.2～6.1.6的方法计算。

6.2.3 数据的收集和测量

6.2.3.1 基本要求

直接比较法宜采用测量的方法获得计算所需的数据。

6.2.3.2 测量前的准备及注意事项

a) 根据项目具体情况，制订测量方案；
b) 所用各类仪器仪表及计量设备，均应定期检定或校准；
c) 根据测量要求，开好测孔，搭好脚手架，准备好必要的工具和劳动保护用品；
d) 准备好各测定项目的数据记录表格；
e) 按要求逐项填写并及时整理测量记录，发现问题尽早重测或补测；
f) 各项测量工作，必须在窑系统和余热发电系统处于连续、正常、稳定运行的时间不小于72 h的生产条件下进行；
g) 需要检测的项目，应尽可能同时进行，以保证测量结果的准确性。

6.2.3.3 测量内容、测点位置及测量频率

项目的测量项目、测点位置及测量频率分别见表1和表2。相关参数的测量方法依据GB/T 26282的规定进行。

表1 熟料烧成系统测量内容及测量频率

序号	测量项	测量内容								测量频率
		料量	风温	风压	料温	成分	气流量	含尘量	其他	
1	冷却机废气		●	●			●	●		2次/24 h
2	出窑熟料				●					2次/24 h
3	出冷却机熟料	●			●	●				3次/24 h
4	冷却机各室鼓风		●	●			●			2次/24 h
5	窑头一次风		●	●			●			2次/24 h
6	窑头煤粉输送风		●	●			●			2次/24 h
7	入窑煤粉	●			●				低位热值	1次/8 h
8	预热器系统出口烟气		●	●		●	●	●		2次/24 h
9	入预热器生料	●			●	●				2次/24 h
10	分解炉煤粉输送风		●	●			●			2次/24 h

表 1（续）

序号	测量项	测量内容								测量频率
		料量	风温	风压	料温	成分	气流量	含尘量	其他	
11	入炉煤粉	●			●				低位热值	1 次/8 h
12	煤磨抽热风		●	●			●			2 次/24 h
13	表面温度	测试边界内各热工设备								1 次/24 h
14	环境条件	大气温度、压力、环境风速等								2 次/24 h

表 2　余热发电系统测量内容及测量频率

序号	测量项	测量内容						测量频率
		风压	风温	气流量	成分	含尘量	其他	
1	冷却机废气	●	●	●		●		2 次/24 h
2	入 AQC 炉废气	●	●	●		●		2 次/24 h
3	出 AQC 炉废气	●	●	●				2 次/24 h
4	入 SP 炉废气	●	●	●	●	●		2 次/24 h
5	出 SP 炉废气	●	●	●	●			2 次/24 h
6	表面温度[a]	包括：窑头余热锅炉、窑尾余热锅炉和连接管道						2 次/24 h
7	环境条件	大气温度、大气压力、环境风速等						2 次/24 h
8	电量	余热发电系统发电量、自用电量						1 次 24 h

[a] 如果回转窑烧成带筒体散热用于发电，应增加烧成带部分的筒体表面温度测量。

6.2.3.4　测量数据的处理

测量数据应按照 GB/T 26282、GB/T 26281 的规定进行处理，燃料消耗量根据煤粉喂煤秤累计值计算，熟料产量宜通过生料计量秤累计值和生熟料折合比计算。

6.2.3.5　测量数据的质量要求

根据每 24 h 的测量数据进行数据处理，3 组 24 h 测量结果之间偏差应小于 5%，同时按照 GB/T 26281 计算所得热平衡表中“其他支出”计算值 Q_{qt} 应小于±3%，否则应重新进行测量。

附　录　A
（资料性附录）
水泥余热发电项目节能量计算示例

A.1　项目基本情况

本附录给出了某水泥企业余热发电项目的节能量计算示例，采用的数据为余热发电站运行前后的某一月份的参数。项目没有采取其他节能措施，$e_{qt}=0$。某企业 2 500 t/d 熟料生产线相关参数见表 A.1。

表 A.1　某水泥余热发电项目基期和统计期参数数据

时　间	熟料产量 $P_{CL,i}$/t	熟料综合煤耗 $e_{cl,i}$/(kgce/t)	熟料 28 d 强度 A_i/MPa	余热发电参数	
				发电量 q_{he}/kW·h	自用电量 q_0/kW·h
余热发电投入运行前某月	62 013	113	58.2	—	—
余热发电投入运行后对应于基期的月份	73 003	113	57.5	1 917 500	226 500
注：熟料综合煤耗和熟料 28 d 强度均为加权平均值。					

A.2　节能量的计算

A.2.1　基期各参数计算

A.2.1.1　单位熟料煤耗

表 A.1 中的单位熟料煤耗从企业生产统计报表数据计算得到。基期单位熟料煤耗按式(A.1)计算：

$$e_{cl,b}=\frac{P_{C,b}Q_{netar,b}}{Q_{BM}P_{CL,b}}=113\ \text{kgce/t} \qquad \cdots\cdots(\text{A.1})$$

A.2.1.2　熟料强度等级修正系数

熟料平均 28 d 抗压强度的计算依据 GB 16780 中的方法进行，基期修正系数按式(A.2)计算：

$$a_b=\sqrt[4]{\frac{52.5}{A_b}}=\sqrt[4]{\frac{52.5}{58.2}}=0.97 \qquad \cdots\cdots(\text{A.2})$$

A.2.1.3　修正后的单位熟料煤耗

考虑到企业生产的熟料 28 d 抗压强度变化，需对单位熟料煤耗进行修正。按式(A.3)修正：

$$e_b=a_b e_{cl,b}=0.97\times 113=109.6\ \text{kgce/t} \qquad \cdots\cdots(\text{A.3})$$

A.2.2　统计报告期各参数计算

A.2.2.1　单位熟料煤耗

单位熟料煤耗按式(A.4)计算：

$$e_{\mathrm{cl,r}}=\frac{P_{\mathrm{C,r}}Q_{\mathrm{netar,r}}}{Q_{\mathrm{BM}}P_{\mathrm{CL,r}}}=113\ \mathrm{kgce/t} \qquad \cdots\cdots\cdots(\mathrm{A.4})$$

A.2.2.2 余热供电折算标准煤量

余热供电折标准煤应考虑余热发电量和余热电站自用电量，折标系数采用上一年度国家统计局公布的全国火力发电平均发电煤耗，计算结果见式(A.5)：

$$e_{\mathrm{he}}=\frac{c\times(q_{\mathrm{he}}-q_0)}{P_{\mathrm{CL,r}}}=\frac{0.305\times(1\ 917\ 500-226\ 500)}{73\ 003}=7.06\ \mathrm{kgce/t} \qquad \cdots\cdots\cdots(\mathrm{A.5})$$

注：0.305 为上年全国火电机组平均发电标准煤耗，单位为 kgce/(kW·h)。

A.2.2.3 熟料强度等级修正系数

熟料强度等级修正系数按式(A.6)计算：

$$a_{\mathrm{r}}=\sqrt[4]{\frac{52.5}{A_{\mathrm{r}}}}=\sqrt[4]{\frac{52.5}{57.5}}=0.98 \qquad \cdots\cdots\cdots(\mathrm{A.6})$$

A.2.2.4 修正后的单位熟料煤耗

修正后的单位熟料煤耗按式(A.7)计算：

$$e_{\mathrm{r}}=a_{\mathrm{r}}e_{\mathrm{cl,r}}=0.98\times113=110.7\ \mathrm{kgce/t} \qquad \cdots\cdots\cdots(\mathrm{A.7})$$

A.2.3 余热发电项目节能量的计算

将式(A.3)、式(A.5)、式(A.6)、式(A.7)计算的结果及相关参数代入式(A.8)得：

$$\begin{aligned}E_{\mathrm{s}}&=-[a_{\mathrm{r}}(e_{\mathrm{he}}-e_{\mathrm{qt}})-(e_{\mathrm{r}}-e_{\mathrm{b}})]\times P_{\mathrm{CL,r}}=-[0.98\times(7.06-0)-(110.7-109.6)]\times73\ 003\\&=-6.3\times73\ 003=-424\ 789.9\ \mathrm{kgce}\end{aligned} \qquad \cdots\cdots\cdots(\mathrm{A.8})$$

即统计报告期某月余热发电项目的节能量为 424 789.9 kgce。

参考文献

[1] CBMF 1—2013 水泥制造能效测试技术规程

ICS 27.010
F 01

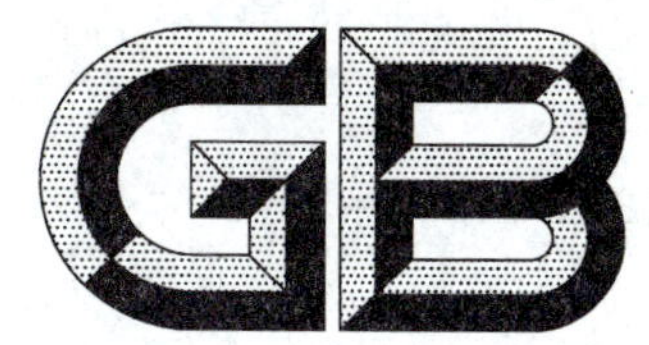

中华人民共和国国家标准

GB/T 31347—2014

节能量测量和验证技术要求 通信机房项目

Technical requirements of measurement and verification of energy savings—Communication room project

2014-12-31 发布　　2015-07-01 实施

中华人民共和国国家质量监督检验检疫总局
中国国家标准化管理委员会　发布

前 言

本标准按照 GB/T 1.1—2009 给出的规则起草。

本标准由全国能源基础与管理标准化技术委员会(SAC/TC 20)提出并归口。

本标准起草单位:上海宽带技术及应用工程研究中心(国家宽带网络与应用工程技术研究中心)、中国标准化研究院、山东省计算中心(国家超级计算济南中心)、上海市电信有限公司、中国电信上海研究院、上海移动通信有限责任公司、上海邮电设计咨询研究院有限公司、上海科技网络通信有限公司、上海市能效中心、东方有线网络有限公司、深圳市前海智慧能源系统有限公司。

本标准主要起草人:方行、李鹏程、王延松、葛昌荣、陈海红、田建伟、夏玉娟、潘崇超、李刚、周伟、吴晓明、李敏、娄洁良、王孝明、谢静、丁波、黄赟、张懿、秦洪波、曹宇、谈骞。

节能量测量和验证技术要求 通信机房项目

1 范围

本标准规定了通信机房节能技术改造项目节能量测量和验证的项目边界划分和能耗统计范围、基本要求、测量和验证方法。

本标准适用于通信机房中实施的节能改造项目节能量的测量和验证，不适用于不间断供电系统(UPS)扩容项目。

2 规范性引用文件

下列文件对于本文件的应用是必不可少的。凡是注日期的引用文件，仅注日期的版本适用于本文件。凡是不注日期的引用文件，其最新版本(包括所有的修改单)适用于本文件。

GB/T 28750—2012 节能量测量和验证技术通则

3 术语和定义

GB/T 28750—2012 界定的以及下列术语和定义适用于本文件。

3.1

通信机房 communication room

安装放置通信设备的场所，包括互联网数据中心(IDC)、通信基站等。

3.2

通信设备信息流量 data traffic of communication equipment

一定时间内通信设备所承载的出局数据吞吐量和入局数据吞吐量的总和。

4 项目边界划分和能耗统计范围

4.1 项目边界划分

项目边界划分如图1所示。

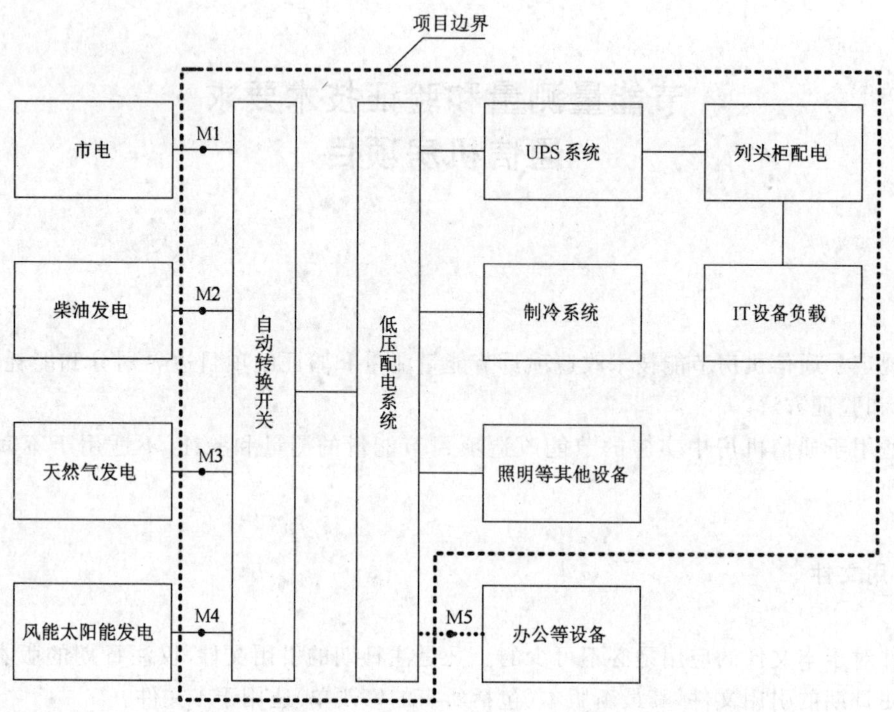

图 1 通信机房节能改造项目边界示意图

通信机房节能改造项目边界包括以下几部分：

a) 信息通信设备(ICT设备)，包括计算、存储和网络等不同类型的设备；

b) 制冷系统；

c) 自动转换开关、配电系统及不间断供电系统(UPS)；

d) 其他消耗电能的基础设施，包括传输线路、照明设备和安防设备等。

通信机房节能改造项目边界不包括机房以外的办公区域和公用区域。

4.2 能耗统计范围

由市政供电的通信机房，能耗的统计或测量点应取自动转换开关之前，即图1中的M1点。当某一时间段(如市政供电故障时)，通信机房由柴油发电机、天然气发电机或风能、太阳能发电设备提供电能时，M2、M3、M4点可作为通信机房能耗的统计或测量点。如果是多用途机房，通信机房总能耗计算中，需减去在M5点测量的办公等设备能耗。

5 基本要求

5.1 合规性

节能改造后通信机房的技术指标应符合相关法律法规和强制性技术标准的要求。

5.2 基期和统计报告期

基期和统计报告期应覆盖通信机房的典型用能周期，宜为1年。当逐月确定节能量时，统计报告期与基期的月份应完全对应。

5.3 测量和验证方法的选取

通信机房节能改造项目节能量测量和验证方法可选用 GB/T 28750—2012 中的"基期能耗-影响因素"模型法或直接比较法。对于可获得完整基期能耗、统计报告期能耗及相关影响因素数据的节能改造项目,宜采用"基期能耗-影响因素"模型法;对于无法获得完整基期能耗数据的项目,节能措施可关停且对系统正常运行无影响的节能改造项目,可采用直接比较法。

5.4 测量和验证方案

通信机房进行节能量测量和验证时,应在节能措施实施前制定书面的测量和验证方案,其内容应符合 GB/T 28750—2012 的要求。如采用"基期能耗-影响因素"模型法,应在测量和验证方案中记录相关数学模型的拟合优度以及建立模型所采用的基础数据。

6 测量和验证方法

6.1 "基期能耗-影响因素"模型法

6.1.1 能耗影响因素

建立通信机房"基期能耗-影响因素"回归模型时应重点分析以下影响因素:

a) 机房内、外环境的温度;

b) 机房内、外环境的相对湿度;

c) 通信设备信息流量;

d) 不间断供电系统(UPS)负载。

6.1.2 "基期能耗-影响因素"模型

应基于通信机房能耗和相关影响因素的基期数据,通过回归分析等方法建立以影响因素为独立变量的"基期能耗-影响因素"函数,见式(1)。

$$E_b = f(x_1, x_2, \cdots, x_i) \quad \cdots\cdots(1)$$

式中:

E_b ——通信机房基期能耗,单位为千瓦时(kWh);

x_i ——基期影响因素的值,$i=1,2,\cdots,n$,其中 n 为影响因素的个数;

f ——基期能耗与影响因素之间的函数关系。

应对所建立的通信机房"基期能耗-影响因素"回归模型进行假设检验,其显著性水平(Sig.值)应小于等于 0.05,回归模型的拟合优度确定系数(R^2 值)应大于 0.8。

建立通信机房"基期能耗-影响因素"回归模型的数据组对应的时间段最小单位应为月或日,数据组应不少于 12 个。

6.1.3 校准能耗

将统计报告期的测量数据带入建立的回归模型计算校准能耗,见式(2):

$$E_a = f(x_1', x_2', \cdots, x_i') + A_m \quad \cdots\cdots(2)$$

式中:

E_a ——通信机房校准能耗,单位为千瓦时(kWh);

x_i' ——统计报告期影响因素的值;

A_m——校准能耗调整值,单位为千瓦时(kWh)。

6.1.4 校准能耗调整值

校准能耗调整值 A_m 的确定应符合 GB/T 28750—2012 的要求，并应得到各相关方的确认。

注：A_m 通常为 0。

6.1.5 统计报告期能耗

统计报告期能耗 E_r 宜采用测量得到的能耗数据，数据获取方法可参考 6.1.7 的要求。

6.1.6 节能量的计算

节能量按式(3)计算：

$$E_s = E_r - E_a \qquad \cdots\cdots(3)$$

式中：

E_s ——通信机房的节能量，单位为千瓦时(kWh)；

E_r ——通信机房统计报告期能耗，单位为千瓦时(kWh)。

"基期能耗-影响因素"模型法的节能量测量和验证示例见附录 A。

6.1.7 数据的收集和测量

6.1.7.1 能耗数据

能耗数据可根据通信机房的能源统计数据、计量数据、在线监测数据等获得，也可使用在检定有效期内的检测仪器测量获得。收集得到的数据应进行有效性验证。

6.1.7.2 影响因素数据

机房内温度、机房内相对湿度、通信设备信息流量、UPS 负载等数据应通过测量或收集获取，具体方法见表 1。

机房外温度、机房外相对湿度可通过测量或收集当地气象数据获得。

表 1 应记录的能耗影响因素

参数名称	测量方法
机房温度	通过温度传感器或温度计测量
机房相对湿度	通过湿度传感器或湿度计测量
通信设备信息流量	收集网管软件记录数据
UPS 负载	收集 UPS 记录数据

基期和统计报告期内通信设备信息流量按式(4)进行计算：

$$I = DT_i + DT_O \qquad \cdots\cdots(4)$$

式中：

I ——通信设备信息流量，单位为万亿字节(TB)；

DT_i ——通信设备网络出口交换机入局吞吐量，单位为万亿字节(TB)；

DT_O ——通信设备网络出口交换机出局吞吐量，单位为万亿字节(TB)。

6.2 直接比较法

6.2.1 相似日比较法

相似日比较法是典型的通信机房项目节能量测量和验证直接比较方法。相似日比较法在通信机房正常工作条件下，选取两个或多个测量日作为相似日，其中，一天或多天关闭节能措施并以此状态下的机房能耗作为对应时间长度内的改造前通信机房能耗，另一天或多天开启节能措施并以此状态下的机房能耗作为对应时间长度内的改造后通信机房能耗，通过比较节能措施开启和关闭时的机房能耗变化从而测量和验证节能量。

6.2.2 能耗主要影响因素的选取

应参照6.1.1先列出所有影响通信机房项目能耗变化的影响因素，根据各影响因素对系统能耗影响的大小和方式，在相关各方共同认可的基础上，确定作为相似日选取依据的能耗主要影响因素。

6.2.3 相似日的选取

应选择统计报告期内主要影响因素值最接近的运行日作为相似日。当无法找到满足条件的相似日时，独立变量允许的偏差应由相关方共同认可。确定节能量时，每月应至少选取2个相似日进行比较。

6.2.4 节能量计算

相似日比较法节能量计算按式(5)、式(6)和式(7)：

$$E_s = E_r' \cdot \left(\frac{\eta_s}{1-|\eta_s|}\right) \qquad (5)$$

$$E_r' = E_r - S_b \qquad (6)$$

$$\eta_s = \frac{S_r - S_b}{S_b} \times 100\% \qquad (7)$$

式中：

E_s ——通信机房项目节能量，单位为千瓦时(kWh)；

E_r' ——节能措施开启状态下的通信机房统计报告期能耗，单位为千瓦时(kWh)；

η_s ——节能率；

E_r ——通信机房统计报告期能耗(含节能措施关闭状态下各测试日的累计能耗)，单位为千瓦时(kWh)；

S_b ——节能措施关闭状态下测试日的累计能耗，单位为千瓦时(kWh)；

S_r ——节能措施开启状态下测试日的累计能耗，单位为千瓦时(kWh)；

其中，

$$S_b = \sum_{i=1}^{k} e_{b,i}' \qquad (8)$$

$$S_r = \sum_{i=1}^{k} e_{r,i}' \qquad (9)$$

式中：

$e_{b,i}'$ ——节能措施关闭状态下测试日的逐日能耗，单位为千瓦时(kWh)，$i=1, \cdots, k$，k 为节能措施关闭状态下测试日天数；

$e_{r,i}'$ ——节能措施开启状态下测试日的逐日能耗，单位为千瓦时(kWh)，$i=1, \cdots, k$，k 为节能措施开启状态下测试日天数。

相似日比较法的节能量测量和验证示例参见附录B。

6.2.5 数据收集和测量

数据收集和测量参考6.1.7的要求。

附 录 A
（资料性附录）
“基期能耗-影响因素”模型法示例

A.1 项目基本情况

某通信机房为减少空调运营成本，对空调系统进行改造，实现精确送风。精确送风方式能实现定点、定量地输送冷风，使冷风能先冷却设备，后冷却室内空气，从而提高机房内设备的散热降温效果。

A.2 节能量测量和验证

A.2.1 项目边界

该项目边界区域总面积约 210 m^2，包括 IT 设备、空调系统、照明安防等基础设施及 UPS 配电系统。项目边界只包含机房所占区域，不含办公区域。

A.2.2 基期和统计报告期

项目基期为 2012 年 7 月 1 日到 2013 年 6 月 30 日，统计报告期为 2013 年 7 月 1 日到 2014 年 6 月 30 日。

A.2.3 测量和验证方法

本项目节能量测量和验证方法选取“基期能耗-影响因素”模型法。

A.2.4 影响因素选取

本项目影响因素选取通信机房内、外环境的温度，通信机房内、外环境的相对湿度及信息流量。

A.2.5 数据的收集与测量

本项目记录的数据覆盖基期和统计报告期，分别包括通信机房月耗电量、机房内外月平均温度差、月平均相对湿度差和信息流量。基期能耗和影响因素数据见表 A.1，统计报告期能耗和影响因素数据见表 A.2。

表 A.1 基期能耗和影响因素数据

时间	机房月耗电量 E_b kWh	机房内外月平均 温度差 ℃	机房内外月平均 相对湿度差 %	信息流量 TB
2012 年 7 月	55 420.2	5.02	13.22	349.34
2012 年 8 月	55 443.3	4.16	13.54	352.21
2012 年 9 月	55 279.4	−0.47	11.92	328.12
2012 年 10 月	54 937.3	−3.99	11.58	309.21
2012 年 11 月	54 155.2	−11.78	8.86	285.45

表 A.1（续）

时间	机房月耗电量 E_b kWh	机房内外月平均 温度差 ℃	机房内外月平均 相对湿度差 %	信息流量 TB
2012 年 12 月	53 935.2	−17.53	9.04	277.89
2013 年 1 月	54 059.5	−18.87	9.11	290.23
2013 年 2 月	54 365.3	−18.2	10.01	320.31
2013 年 3 月	54 264.1	−12.69	9.98	302.72
2013 年 4 月	54 619.4	−9.41	12.37	323.56
2013 年 5 月	54 903.2	3.1	4.09	341.78
2013 年 6 月	55 463.1	1.06	14.91	361.92

表 A.2　统计报告期能耗和影响因素数据

时间	机房月耗电量 E_r kWh	机房内外月平均 温度差 ℃	机房内外月平均 相对湿度差 %	信息流量 TB
2013 年 7 月	46 213.2	7.29	3.43	351.76
2013 年 8 月	46 335.3	6.64	9.26	348.92
2013 年 9 月	46 070.2	−1.07	14.57	312.67
2013 年 10 月	45 300.2	−4.29	16.98	310.65
2013 年 11 月	45 147.3	−10.45	7.87	279.34
2013 年 12 月	45 399.2	−17.56	9.18	282.84
2014 年 1 月	45 453.1	−17.07	3.81	312.55
2014 年 2 月	45 422.3	−17.27	25.49	330.78
2014 年 3 月	46 113.1	−12.61	7.65	295.25
2014 年 4 月	46 213.2	−8.39	8.85	341.93
2014 年 5 月	46 357.3	2.98	1.89	338.56
2014 年 6 月	46 223.1	0.48	15.31	370.26
总计	550 247.5	—	—	—

A.3　回归模型建立

根据以上基期数据（表 A.1），建立回归模型，结果如下：

$$E_b = 38.129x_1 + 48.853x_2 + 6.161x_3 + 52\,493.318 \qquad \cdots\cdots\cdots\cdots\cdots\cdots (A.1)$$

式中：

E_b ——基期月耗电量，单位为千瓦时（kWh）；

x_1 ——基期机房内外月平均温度差，单位为摄氏度（℃）；

x_2 ——基期机房内外月平均相对湿度差,%;

x_3 ——基期机房信息流量,单位为万亿字节(TB)。

该回归模型显著性水平为 Sig.=0.00<0.05,拟合优度 R^2=0.971,符合标准要求。

A.4 校准能耗计算

将统计报告期月影响因素数据(表 A.2)代入式(A.1),计算得月校准能耗。计算结果见表 A.3。

表 A.3 通信机房月校准能耗

时间	校准能耗 E_a/kWh
2013 年 7 月	55 106.04
2013 年 8 月	55 348.57
2013 年 9 月	55 090.67
2013 年 10 月	55 073.18
2013 年 11 月	54 200.36
2013 年 12 月	54 014.82
2014 年 1 月	53 954.21
2014 年 2 月	55 118.03
2014 年 3 月	54 205.27
2014 年 4 月	54 712.40
2014 年 5 月	54 785.14
2014 年 6 月	55 540.73
总计	657 149.41

A.5 节能量计算

根据统计报告期机房能耗数据(表 A.2)和校准能耗数据(表 A.3),代入式(3)计算得出通信机房年节能量(E_s)为 106 901.91 kWh。

附 录 B
（资料性附录）
直接比较法示例

B.1 项目基本情况

某通信机房采用新风系统节能改造措施。由于该地一年中有近1/2的时间室外温度低于20 ℃，在这样季节中，对通信机房引入室外新风，将室外新风送入空调送风管中，通过新风本身的初效过滤，由湿膜加湿器加湿后经中效过滤段后，直接将冷空气送到送风器中。从而实现只开启新风机组即可满足机房的送风制冷要求，降低机房能耗。

B.2 节能量测量和验证

B.2.1 项目边界

该项目边界包括IT设备、空调系统、配电系统和其他基础设施(包括传输线路、照明设备和安防设备等)。

B.2.2 能耗主要影响因素选取

根据分析，该通信机房用电量主要受室内外天气参数及UPS负载，因此确定本项目的主要能耗影响因素为室内外温度、室内外相对湿度及UPS负载。经相关方协商设定的相似日影响因素最大允许偏差均为±5%。

B.2.3 测量和验证方法

该通信机房改造前无新风系统，改造后通信机房安装了新风系统，新风系统可以关闭且不影响通信机房的正常运行，采用直接比较法进行节能量测量和验证。

B.3 节能量的计算

选取2010年3月确定节能量，在该月选取2天按照节能措施关闭工况(新风系统关闭)运行，然后在最大允许偏差范围内选取2天按照节能措施开启工况(新风系统开启)运行，经测量，上述2个相似日内能耗及主要影响因素值如表B.1和表B.2所示。

表 B.1 相似日1机房能耗及主要影响因素对比

工况	日用电量 kWh	日均室外温度 ℃	日均室外相对湿度 %	日均室内温度 ℃	日均室内相对湿度 %	UPS日负载 kWh
节能措施关闭	15 492	15.42	48.31	24.23	43.35	10 603
节能措施开启	13 387	15.50	47.73	24.85	42.88	10 712
参数偏差		0.52%	−1.2%	2.56%	−1.08%	1.03%

表 B.2 相似日 2 机房能耗及主要影响因素对比

工况	日用电量 kWh	日均室外温度 ℃	日均室外相对湿度 %	日均室内温度 ℃	日均室内相对湿度 %	UPS 日负载 kWh
节能措施关闭	15 223	14.23	36.15	23.12	42.04	10 423
节能措施开启	12 935	13.88	37.67	22.16	41.82	10 512
参数偏差		−2.46%	4.20%	−4.15%	−0.52%	0.85%

根据上述数据，按照式(8)计算节能措施关闭状态下测试日累计能耗：

$$S_b=\sum_{i=1}^{k}e'_{b,i}=e'_{b,1}+e'_{b,2}=15\ 492+15\ 223=30\ 715\ \text{kWh}$$

按照式(9)计算节能措施开启状态下测试日累计能耗：

$$S_r=\sum_{i=1}^{k}e'_{r,i}=e'_{r,1}+e'_{r,2}=13\ 387+12\ 935=26\ 322\ \text{kWh}$$

将上述 S_b 和 S_r 的计算结果代入式(7)计算得到节能率：

$$\eta_s=\frac{S_r-S_b}{S_b}\times100\%=\frac{26\ 322-30\ 715}{30\ 715}\times100\%=-14.30\%$$

该项目 2010 年 3 月总用电量 E_r 为 412 553 kWh，按照式(6)计算节能措施开启状态下的通信机房统计报告期能耗：

$$E'_r=E_r-S_b=412\ 553-30\ 715=381\ 838\ \text{kWh}$$

将上述计算结果代入式(5)计算得到该月项目节能量：

$$E_s=E'_r\cdot\left(\frac{\eta_s}{1-|\eta_s|}\right)=381\ 838\times\left(\frac{-14.30\%}{1-14.30\%}\right)=-63\ 714\ \text{kWh}$$

ICS 27.010
F 01

中华人民共和国国家标准

GB/T 31348—2014

节能量测量和验证技术要求　照明系统

Technical requirements of measurement and verification of energy savings—Lighting system

2014-12-31 发布　　2015-07-01 实施

中华人民共和国国家质量监督检验检疫总局
中国国家标准化管理委员会　发布

前　言

本标准按照 GB/T 1.1—2009 给出的规则起草。

本标准由全国能源基础与管理标准化技术委员会(SAC/TC 20)提出并归口。

本标准起草单位:中国标准化研究院、全国节能减排标准化技术联盟、北京澄通光电股份有限公司、天津圣明科技有限公司、深圳斯派克节能服务有限公司、广东荣文能源科技集团有限公司、飞利浦(中国)投资有限公司、山东天时光电科技有限公司、深圳市裕富照明有限公司、深圳百时得能源环保科技有限公司、武汉长江半导体照明科技股份有限公司、深圳洲明科技股份有限公司、河南新飞照明科技有限责任公司、深圳市前海智慧能源系统有限公司。

本标准主要起草人:潘崇超、李鹏程、陈海红、田建伟、王磊、赵跃进、吕秋生、康通博、夏玉娟、徐国平、王又生、姚彦卫、吴峰、孙健、刘永生、徐碧文、刘波、曹小兵、刘洋、邓明军、王月飞、包明芬。

节能量测量和验证技术要求　照明系统

1　范围

本标准规定了照明系统节能量测量和验证的项目边界划分和能耗统计范围、基本要求、测量和验证方法及测量和验证方案等。

本标准适用于室内和室外照明系统节能技术改造项目节能量的测量和验证。

本标准不适用于景观照明系统改造项目以及改造前后照明用途或照明面积发生变化的项目。

2　规范性引用文件

下列文件对于本文件的应用是必不可少的。凡是注日期的引用文件，仅注日期的版本适用于本文件。凡是不注日期的引用文件，其最新版本(包括所有的修改单)适用于本文件。

GB/T 5700—2008　照明测量方法

GB 17167—2006　用能单位能源计量器具配备和管理通则

GB/T 28750—2012　节能量测量和验证技术通则

GB 50034　建筑照明设计标准

GB 50582　室外作业场地照明设计标准

CJJ 45　城市道路照明设计标准

JGJ/T 163　城市夜景照明设计规范

JTG/T D70　公路隧道设计细则

3　术语和定义

GB/T 5700—2008、GB/T 28750—2012 界定的以及下列术语和定义适用于本文件。

3.1

照明系统　lighting system

以照明为目的，由灯、灯具和控制系统的集中式或半集中式照明设施组成的总体。

4　项目边界划分和能耗统计范围

4.1　项目边界划分

应根据照明系统节能改造项目内容和照明系统的现场条件，合理确定照明系统边界，通常应包括灯、灯具和控制系统，如图 1 所示。

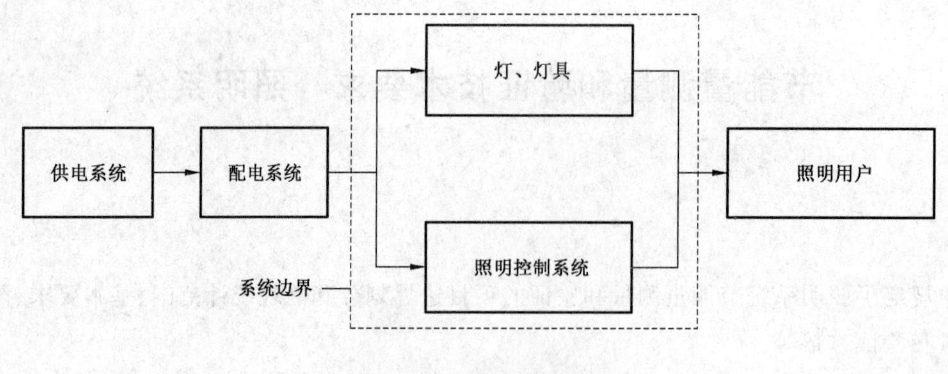

图 1 系统边界示意图

4.2 能耗统计范围

照明系统基期能耗和统计报告期能耗应包括系统边界内灯、灯具和照明控制系统的能耗。

5 基本要求

5.1 合规性

节能改造后照明系统及其产品的性能指标应符合相关法律法规和强制性标准的要求，并应符合GB 50034、GB 50582、CJJ 45、JGJ/T 163、JTG/T D70 等照明设计标准的要求。

5.2 基期和统计报告期

基期和统计报告期应选取照明系统正常工况下的运行时间，通常为 1 年。当逐月确定节能量时，统计报告期与基期的月份应完全对应。

5.3 测量和验证方法的选取

照明系统节能量测量和验证方法宜选用 GB/T 28750—2012 中的“基期能耗-影响因素”模型法或直接比较法。“基期能耗-影响因素”模型法适用于可获得完整基期能耗、统计报告期能耗及相关影响因素数据的照明系统节能改造项目。对于无法获得完整基期能耗数据的项目，节能措施可关停且对系统正常运行无影响的节能改造项目，可采用直接比较法获得节能量的参考结果。

5.4 测量和验证方案

照明系统进行节能量测量和验证时，应在节能措施实施前制定书面的测量和验证方案，其内容应符合 GB/T 28750—2012 的要求。

6 测量和验证方法

6.1 “基期能耗-影响因素”模型法

6.1.1 能耗影响因素

照明系统的性能指标符合照明设计标准时，照明系统能耗的主要影响因素包括：

a) 灯及灯具的功率；

b) 灯的数量；

c) 照明时间；

d) 亮灯率。

6.1.2 校准能耗

计算照明系统校准能耗时，应按不同的照明功能区域将照明系统中的灯进行分组，每组灯所在的区域在改造前后应具有相同的照明功能要求(包括照明标准值等)。校准能耗由式(1)计算：

$$E_a = \sum_{j=1}^{m} \left(\sum_{i=1}^{n} P_{b,ij} \times T_{r,j} \right) \times S_r + A_m \quad \cdots\cdots (1)$$

式中：

E_a ——照明系统校准能耗，单位为千瓦时(kW·h)；

$P_{b,ij}$——基期第 j 组中第 i 盏灯及其灯具的标称功率之和，单位为千瓦(kW)；

n ——每组内灯的盏数；

$T_{r,j}$ ——与基期第 j 组灯对应的灯在统计报告期内的运行时间，单位为小时(h)；

m ——灯分组的数量；

S_r ——统计报告期照明系统亮灯率，可近似取 1；

A_m ——照明系统校准能耗调整值，单位为千瓦时(kW·h)。

当难以详细统计基期灯的数量、型号且基期照明系统亮灯率大于 96%或者基期照明系统具有智能节电控制系统时，校准能耗 E_a 等于基期照明系统的总电耗 E_b，单位为千瓦时(kW·h)。

6.1.3 统计报告期能耗

照明系统统计报告期能耗 E_r 为统计报告期照明系统的总电耗，单位为千瓦时(kW·h)。

6.1.4 校准能耗调整值

校准能耗调整值 A_m 的确定应符合 GB/T 28750—2012 的要求，并应得到各相关方的确认。

注：A_m 通常为 0。

6.1.5 节能量的计算

照明项目节能量由式(2)计算：

$$E_s = E_r - E_a \quad \cdots\cdots (2)$$

式中：

E_s ——照明系统节能量，单位为千瓦时(kW·h)；

E_r ——照明系统统计报告期能耗，单位为千瓦时(kW·h)；

E_a ——照明系统校准能耗，单位为千瓦时(kW·h)。

“基期能耗-影响因素”模型法的节能量测量和验证示例参见附录 A。

6.1.6 数据的收集和测量

6.1.6.1 应通过收集统计资料、照明系统设备台账、设计文件等获得以下数据：

a) 基期灯的数量；

b) 基期灯的功率；

c) 不同照明功能区域的数量、面积、照明标准值等。

6.1.6.2 应依据分项计量数据、可采信的电力消耗数据及财务数据(如电力公司的电费账单等)等获得照明系统基期电耗及统计报告期电耗。

6.1.6.3 应通过统计、测量的方式获得统计报告期的照明时间。在各方认可的情况下，也可合理约定统计报告期的照明时间。

6.1.6.4　测量所用的仪器、仪表应符合附录B中的规定。

6.2　直接比较法

6.2.1　直接比较法的实施

6.2.1.1　在照明系统正常工作条件下，设定固定的照明系统运行时间用于节能量测量和验证，所设定的照明系统运行时间应大于等于24 h。

6.2.1.2　关闭节能措施，以此状态下的照明系统能耗作为改造前的照明系统能耗。

6.2.1.3　开启节能措施，以此状态下的照明系统能耗作为改造后的照明系统能耗。

6.2.1.4　比较节能措施开启和关闭时的照明系统能耗变化计算节能量。

6.2.2　节能量的计算

直接比较法节能量计算按式(3)～式(5)：

$$E_s = E'_r \times \left(\frac{\eta_s}{1-|\eta_s|}\right) \qquad \cdots\cdots(3)$$

$$E'_r = E_r - S_b \qquad \cdots\cdots(4)$$

$$\eta_s = \frac{S_r - S_b}{S_b} \times 100\% \qquad \cdots\cdots(5)$$

式中：

E_s ——照明系统项目节能量，单位为千瓦时(kW·h)；

E'_r ——节能措施开启状态下的照明系统统计报告期电耗(不含 S_b)，单位为千瓦时(kW·h)；

η_s ——节能率；

E_r ——照明系统统计报告期能耗(含 S_b)，单位为千瓦时(kW·h)；

S_b ——节能措施关闭状态下的累计电耗，单位为千瓦时(kW·h)；

S_r ——节能措施开启状态下的累计电耗，单位为千瓦时(kW·h)。

直接比较法的节能量测量和验证示例参见附录C。

6.2.3　数据的收集和测量

数据的收集和测量应符合6.1.6的要求。

附 录 A
（资料性附录）
“基期能耗-影响因素”模型法示例

A.1 基本情况和项目边界

北京某礼堂的主席台和观众席进行LED照明改造。改造前，主席台采用的是150 W的金卤灯，共计100盏；观众席采用的是660 W的金卤灯，共计160盏。改造后，主席台采用25 W的LED灯进行节能改造，共计50盏；观众席采用150 W的LED等进行节能改造，共计80盏。本项目系统边界包括灯和灯具。

按照照明功能区域的不同，将灯分为主席台组（A组）和观众席组（B组）共2组。

A.2 基期情况

本项目的基期为改造前照明系统的完整运行年。本项目基期相关参数见表A.1。

表A.1 基期照明系统相关参数

灯的分组编号	灯的类型	灯及灯具标称功率之和 W	数量 盏	全年平均运行时间 h	平均照度 lx	照明面积 m^2
A	金卤灯	150	100	4 745	731	60
B	金卤灯	660	160	4 745	286	180

A.3 统计报告期情况

本项目的统计报告期为改造后照明系统的完整运行年。本项目统计报告期相关数据见表A.2和表A.3。

表A.2 统计报告期照明系统相关参数

灯的分组编号	灯的类型	灯及灯具标称功率之和 W	数量 盏	全年平均运行时间 h	平均照度 lx	照明面积 m^2
A	LED灯	25	50	4 850	1 049	60
B	LED灯	150	80	4 850	554	180

表 A.3 统计报告期能耗数据

时间	照明系统电耗 kW·h
2013 年 3 月	5 567
2013 年 4 月	5 769
2013 年 5 月	5 048
2013 年 6 月	5 181
2013 年 7 月	5 652
2013 年 8 月	5 774
2013 年 9 月	5 723
2013 年 10 月	5 106
2013 年 11 月	5 798
2013 年 12 月	5 269
2014 年 1 月	4 790
2014 年 2 月	4 585
合计(E_r)	64 262

A.4 校准能耗

校准能耗调整值 A_m 等于 0,按照式(1)校准能耗 E_a 计算如下:

$$\begin{aligned}E_a &= \sum_{j=1}^{2}\left(\sum_{i=1}^{100}P_{b,ij}\times T_{r,j}\right)\times S_r + A_m\\ &=[(150\times 100/1\,000)\times 4\,850+(660\times 160/1\,000)\times 4\,850]\times 1+0\\ &=584\,910\ (\mathrm{kW\cdot h})\end{aligned}$$

A.5 项目节能量

按照式(2)计算,该项目的节能量为:

$$\begin{aligned}E_s &= E_r - E_a\\ &=64\,262-584\,910\\ &=-520\,648\ (\mathrm{kW\cdot h})\end{aligned}$$

附 录 B
（规范性附录）
测量仪器要求

在照明系统节能量测量和验证过程中，所用到的测量仪器应符合表 B.1 的规定。

表 B.1 数据测量仪器要求

<table>
<tr><th>仪器类别</th><th colspan="2">测量目的</th><th>准确度等级要求</th></tr>
<tr><td>功率计[a]</td><td colspan="2">测量照明系统的平均功率</td><td>1.5 级</td></tr>
<tr><td rowspan="6">电能表[b]</td><td rowspan="5">进出用能单位有功交流电能计量</td><td>Ⅰ类用户</td><td>0.5 s</td></tr>
<tr><td>Ⅱ类用户</td><td>0.5</td></tr>
<tr><td>Ⅲ类用户</td><td>1.0</td></tr>
<tr><td>Ⅳ类用户</td><td>2.0</td></tr>
<tr><td>Ⅴ类用户</td><td>2.0</td></tr>
<tr><td colspan="2">进出用能单位直流电能计量</td><td>2.0</td></tr>
<tr><td>电压表[a]</td><td colspan="2">测量电压</td><td>1.5</td></tr>
<tr><td>电流表[a]</td><td colspan="2">测量电流</td><td>1.5</td></tr>
<tr><td colspan="4">注：运行中的电能计量装置按其所计量电能量的多少，将用户分为五类。Ⅰ类用户为月平均用电量 500 万 kW·h 及以上或变压器容量为 1 万 kVA 及以上的高压计费用户；Ⅱ类用户为小于Ⅰ类用户用电量（或变压器容量）但月平均用电量 100 万 kW·h 及以上或变压器容量为 2 000 kVA 及以上的高压计费用户；Ⅲ类用户为小于Ⅱ类用户用电量（或变压器容量）但月平均用电量 10 万 kW·h 及以上或变压器容量为 315 kVA 及以上的计费用户；Ⅳ类用户为负荷容量为 315 kVA 以下的计费用户；Ⅴ类用户为单相供电的计费用户。</td></tr>
<tr><td colspan="4">[a] 参见 GB/T 5700—2008 中 5.2 的规定。
[b] 参见 GB 17167—2006 中表 4 的规定。</td></tr>
</table>

当计量器具是由传感器（变送器）、二次仪表组成的测量装置或系统时，表 A.1 中给出的准确度等级应是装置或系统的准确度等级。装置或系统未明确给出其准确度等级时，可用传感器与二次仪表的准确度等级按误差合成方法合成。

照度测量应采用不低于一级的光照度计，对于道路和广场照明的照度测量，应采用分辨率小于或等于 0.1 lx 的光照度计。其计量性能应满足以下条件：

a） 相对示值误差绝对值：≤4％；

b） $V(\lambda)$匹配误差绝对值：≤6％；

c） 余弦特性（方向性响应）误差绝对值：≤4％；

d） 换挡误差绝对值：≤1％；

e） 非线性误差绝对值：≤1％。

附 录 C
（资料性附录）
直接比较法示例

C.1 基本情况和项目边界

某地下车库进行照明系统节能改造。改造前后，灯及灯具数量不发生变化，仅增加了照明控制系统。本项目边界包括灯、灯具以及照明控制系统。由于本项目照明控制系统关停不影响照明系统的正常运行，同时由于基期数据无法获取，所以采用"直接比较法"进行节能量测量和验证。

C.2 节能量计算

现场测试时，设定 39 h 作为固定的照明系统运行时间。

关闭照明控制系统，照明系统运行 39 h 的累计能耗 S_b 为 63.7 kW·h。

开启照明控制系统，照明系统运行 39 h 的累计能耗 S_r 为 24.2 kW·h。

将 S_b 和 S_r 代入式(5)计算得到节能率：

$$\eta_s = \frac{S_r - S_b}{S_b} \times 100\% = \frac{24.2 - 63.7}{63.7} \times 100\% = -62\%$$

根据电能表的实测数据，该照明系统改造后 1 年的总用电量 E_r 为 3 266.0 kW·h。按照式(4)计算节能措施开启状态下的照明系统统计报告期能耗：

$$E'_r = E_r - S_b = 3\,266 - 63.7 = 3\,202.3 \text{ kW·h}$$

将上述计算结果代入式(3)计算得到项目节能量：

$$E_s = E'_r \times \left(\frac{\eta_s}{1 - |\eta_s|}\right) = 3\,202.3 \times \left(\frac{-62\%}{1 - 62\%}\right) = -5\,224.8 \text{ kW·h}$$

ICS 27.010
F 01

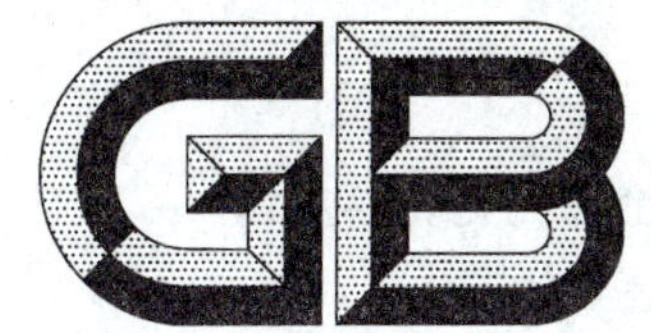

中华人民共和国国家标准

GB/T 31349—2014

节能量测量和验证技术要求 中央空调系统

Technical requirements of measurement and verification of energy savings—Central air-conditioning system

2014-12-31 发布 2015-07-01 实施

中华人民共和国国家质量监督检验检疫总局
中国国家标准化管理委员会 发布

前　言

本标准按照 GB/T 1.1—2009 给出的规则起草。

本标准由全国能源基础与管理标准化技术委员会(SAC/TC 20)提出并归口。

本标准起草单位:中国标准化研究院、同济大学、合肥通用机械研究院、北京志诚宏业智能控制技术有限公司、深圳市前海智慧能源系统有限公司、中国建筑科学研究院。

本标准主要起草人:刘猛、潘毅群、李鹏程、陈海红、林翎、吴俊峰、田建伟、张伟、曹勇、潘崇超、丁晴、夏玉娟、林美顺、姚建国。

节能量测量和验证技术要求
中央空调系统

1 范围

本标准规定了中央空调系统节能改造项目节能量测量和验证的项目边界划分及能耗统计范围、基本要求、测量和验证方法。

本标准适用于以电为驱动能源的中央空调系统节能技术改造项目的节能量测量和验证。

2 规范性引用文件

下列文件对于本文件的应用是必不可少的。凡是注日期的引用文件,仅注日期的版本适用于本文件。凡是不注日期的引用文件,其最新版本(包括所有的修改单)适用于本文件。

GB/T 17683.1 太阳能 在地面不同接收条件下的太阳光谱辐照度标准 第1部分:大气质量1.5的法向直接日射辐照度和半球向日射辐照度

GB/T 17758 单元式空气调节机

GB/T 17981 空气调节系统经济运行

GB/T 28750—2012 节能量测量和验证技术通则

GB/T 30256 节能量测量和验证技术要求 泵类液体输送系统

GB/T 30257 节能量测量和验证技术要求 通风机系统

GB 50155 采暖通风与空气调节术语标准

JB/T 7249 制冷设备 术语

JGJ/T 177 公共建筑节能检测标准

JGJ/T 132 居住建筑节能检测标准

3 术语和定义

GB/T 17683.1、GB/T 17758、GB/T 17981、GB/T 28750—2012、GB 50155、JB/T 7249 界定的术语和定义适用于本文件。

4 项目边界划分和能耗统计范围

4.1 项目边界划分

中央空调系统节能改造项目边界通常包括中央空调系统和空调区域(含末端设备)的建筑围护结构,项目边界示意如图1所示,根据改造项目类型的不同,也可以是其中的某个子系统。

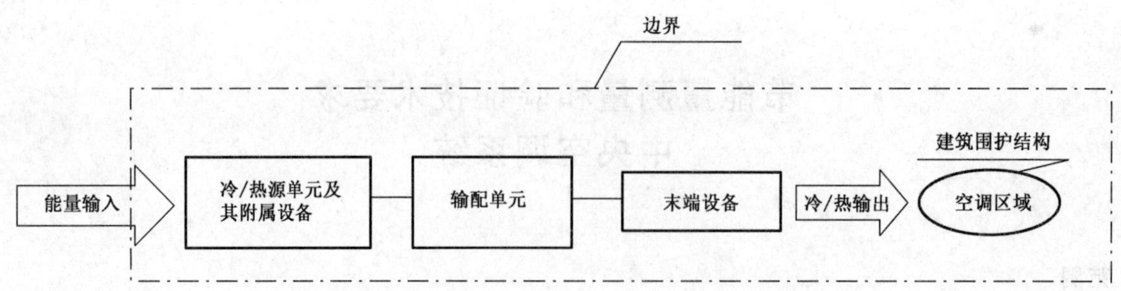

图 1 中央空调系统节能改造项目边界示意图

4.2 能耗统计范围

应将以下中央空调系统边界内设备的能耗计入基期能耗和统计报告期能耗：

a) 冷/热源单元及其附属设备：包括空调冷/热源机组本体及其控制系统，以及冷却塔本体、冷却水泵及其控制系统。

b) 输配单元：包括冷冻水泵(或热水循环泵)及相关控制系统。

c) 末端设备：包括中央空调系统中的新风机组、空调机组、风机盘管、变风量箱及其控制系统。

5 基本要求

5.1 合规性

改造后中央空调系统的技术指标如室内温度等应符合相关法律法规、强制性技术标准的要求，并得到各方的认可。

5.2 基期和统计报告期

5.2.1 对于仅提供制冷量的中央空调系统，基期应至少包括实施节能措施前的 1 个完整制冷季，统计报告期应为实施节能措施后的 1 个完整制冷季。

5.2.2 对于既可提供制冷量又可提供制热量的中央空调系统，基期应至少包括实施节能措施前的 1 个完整制冷季和 1 个完整的制热季，统计报告期应为实施节能措施后的 1 个完整制冷季和 1 个完整的制热季。

5.3 测量和验证方法的选取

5.3.1 中央空调系统节能改造项目节能量测量和验证方法可选用 GB/T 28750—2012 中的"基期能耗-影响因素"模型法或直接比较法。对可获得完整基期能耗、统计报告期能耗及相关影响因素数据的项目，宜采用"基期能耗-影响因素"模型法获得较为准确的节能量结果。对于无法获得完整基期能耗数据的项目，如节能措施可关停且对系统正常运行无影响，可采用直接比较法获得节能量结果。

5.3.2 针对泵类液体输送系统、通风机系统等单独实施的节能改造项目，应分别按照 GB/T 30256、GB/T 30257 等标准规定的方法进行节能量测量和验证。

5.4 测量和验证方案

中央空调系统进行节能量测量和验证时，应在节能措施实施前制定书面的测量和验证方案，其内容应符合 GB/T 28750—2012 的要求。如采用"基期能耗-影响因素"模型法，应在测量和验证方案中记录相关数学模型的拟合优度以及建立模型所采用的基础数据。

6 测量和验证方法

6.1 "基期能耗-影响因素"模型法

6.1.1 选取能耗主要影响因素

建立中央空调系统"基期能耗-影响因素"回归模型时应考虑以下能耗主要影响因素：

a) 室内/外干球温度，室内/外湿球温度或相对湿度；

b) 太阳辐照度；

c) 中央空调系统运行时间；

d) 空调面积；

e) 建筑使用情况(如运行时间、用能人数、入住率、出租率、产量等)。

6.1.2 建立"基期能耗-影响因素"回归模型

6.1.2.1 基于中央空调系统能耗和相关影响因素的基期数据，可建立如式(1)的中央空调系统"基期能耗-影响因素"函数，函数中的能耗影响因素均应为独立变量。

$$e_{b,i}=f(x_{i,1},x_{i,2},\cdots,x_{i,j}) \qquad \cdots\cdots(1)$$

式中：

$e_{b,i}$——基期逐时段中央空调系统能耗，单位为千瓦时(kW·h)，$i=1,2,\cdots,m$，其中，m 为基期的时段数；

$x_{i,j}$——基期逐时段影响因素值，$j=1,2,\cdots,n$，其中，n 为影响因素的个数。

6.1.2.2 应对回归模型进行假设检验，模型验证结果应满足统计学的一般验证条件。

6.1.2.3 建立基期回归模型的数据组对应的时间段最小单位应为日或月。当时间段最小单位为月时，数据组应不少于12个。

6.1.3 校准能耗的计算

将统计报告期的测量数据代入建立的回归模型对校准能耗进行计算，见式(2)。

$$E_a=\sum_{i=1}^{g}\left[\sum_{j=1}^{n}f(x'_{i,1},x'_{i,2},\cdots,x'_{i,j})\right]+A_m \qquad \cdots\cdots(2)$$

式中：

E_a ——中央空调系统校准能耗，单位为千瓦时(kW·h)；

$x'_{i,j}$ ——统计报告期逐时段影响因素值，$i=1,2,\cdots,g$，其中，g 为统计报告期的时段数，$j=1,2,\cdots,n$，其中，n 为影响因素的个数；

A_m ——校准能耗调整值。

6.1.4 校准能耗调整值

校准能耗调整值 A_m 的确定应符合 GB/T 28750—2012 的要求，并应得到各相关方的确认。

注：A_m 通常为0。

6.1.5 统计报告期能耗的计算

将统计报告期的逐时段能耗数据代入式(3)计算统计报告期能耗。

$$E_r=\sum_{i=1}^{g}e_{r,i} \qquad \cdots\cdots(3)$$

式中：

E_r ——中央空调系统统计报告期能耗，单位为千瓦时(kW·h)；

$e_{r,i}$ ——统计报告期逐时段中央空调系统能耗，单位为千瓦时(kW·h)，$i=1,2,\cdots,g$，其中，g 为统计报告期的时段数。

6.1.6 节能量的计算

按照式(4)计算节能量。基于"基期能耗—影响因素"模型法的节能量测量和验证示例见附录A。

$$E_s = E_r - E_a \qquad \cdots\cdots(4)$$

式中：

E_s ——节能量，单位为千瓦时(kW·h)；

E_r ——统计报告期能耗，单位为千瓦时(kW·h)；

E_a ——校准能耗，单位为千瓦时(kW·h)。

6.1.7 数据的收集和测量

基期和统计报告期的能耗数据及产量数据宜采用可采信的能源统计数据、运行记录及财务数据，或者符合标准规范要求的计量仪表的读数，或者使用在检定有效期内的检测仪器测量得到的数据。收集得到的数据应进行有效性验证。相关参数的测量方法可参见GB/T 17683.1、JGJ/T 132和JGJ/T 177。

6.2 直接比较法

6.2.1 相似日比较法

相似日比较法是典型的中央空调系统节能量测量和验证直接比较方法。相似日比较法是在项目报告期内选取两个或多个测试日作为相似日，其中，一天或多天关闭节能措施并以此状态下的系统能耗作为对应时间长度内的改造前中央空调系统能耗，另一天或多天开启节能措施并以此状态下的系统能耗作为对应时间长度内的改造后中央空调系统能耗，通过比较节能措施开启、关闭时的中央空调系统能耗进行对节能量的测量和验证。

6.2.2 能耗主要影响因素的选取

应参照6.1.1先列出所有影响中央空调系统节能改造项目能耗变化的影响因素，根据各影响因素对系统能耗影响的大小和方式，在相关各方共同认可的基础上，确定作为相似日选取依据的能耗主要影响因素。

6.2.3 相似日的选取

应选择报告期内主要影响因素值最接近的运行日作为相似日。当无法找到满足条件的相似日时，独立变量允许的偏差应由相关方共同认可。

6.2.4 节能量的计算

相似日比较法节能量按式(5)、式(6)、式(7)计算：

$$E_s = E_r' \cdot \left(\frac{\eta_s}{1-|\eta_s|}\right) \qquad \cdots\cdots(5)$$

$$E_r' = E_r - S_b \qquad \cdots\cdots(6)$$

$$\eta_s = \frac{S_r - S_b}{S_b} \times 100\% \qquad \cdots\cdots(7)$$

式中：

E_s ——中央空调系统节能量，单位为千瓦时(kW·h)；

E_r' ——节能措施开启状态下的中央空调系统统计报告期能耗，单位为千瓦时(kW·h)；

η_s ——节能率；

E_r ——中央空调系统统计报告期能耗(含节能措施关闭状态下各测试日的累计能耗)，单位为千瓦时(kW·h)；

S_b ——节能措施关闭状态下测试日的累计能耗，单位为千瓦时(kW·h)；

S_r ——节能措施开启状态下测试日的累计能耗，单位为千瓦时(kW·h)；

其中 S_b 和 S_r 按式(8)和式(9)计算：

$$S_b = \sum_{i=1}^{k} e_{b,i}' \qquad \cdots\cdots (8)$$

$$S_r = \sum_{i=1}^{k} e_{r,i}' \qquad \cdots\cdots (9)$$

式中：

$e_{b,i}'$——节能措施关闭状态下测试日的逐日能耗，单位为千瓦时(kW·h)，$i=1,\cdots,k$，k 为节能措施关闭状态下测试日天数；

$e_{r,i}'$——节能措施开启状态下测试日的逐日能耗，单位为千瓦时(kW·h)，$i=1,\cdots,k$，k 为节能措施开启状态下测试日天数。

相似日比较法的节能量测量和验证示例见附录B。

6.2.5 数据的收集和测量

直接比较法宜采用测量的方法获得计算所需的数据，数据收集和测量的要求可参考6.1.7。

附 录 A
（资料性附录）
中央空调系统节能量测量和验证“基期能耗—影响因素”模型法示例

A.1 项目概况

该项目为上海的某酒店，建筑总面积为 45 456 m^2。为降低能源成本，项目采用高效空调冷热源设备（螺杆式风冷热泵机组替换活塞式风冷热泵机组）、水泵变频技术、中央空调机组群控系统的优化运行控制技术，对酒店的中央空调系统进行节能改造。

A.2 节能量的测量和验证

A.2.1 项目边界

根据项目改造涉及的影响范围，本项目边界包括中央空调系统和空调区域（含末端设备）的建筑围护结构。

A.2.2 基期和统计报告期

项目基期定为该酒店节能改造前 2008 年—2010 年的 3 个制冷季（5 月—10 月）。项目统计报告期定为该酒店节能改造后 2012 年 5 月—10 月。

A.2.3 测量和验证方法

该项目改造前后能耗数据及其主要影响因素的记录较完备，因此采用“基期能耗—影响因素”模型法。

A.2.4 能耗主要影响因素

一般而言，酒店空调用电量主要与室外天气参数、入住率及节假日天数有关。本项目记录的能耗影响因素有：月平均室外干球温度、月平均入住率及节假日数。基期能耗选取 2008 年—2010 年 18 个月的能耗数据，可以从电费账单中得到。基期能耗及其影响因素统计见表 A.1。

表 A.1 基期能耗和主要影响因素数据

时间	月平均室外干球温度 $\bar{t}_{\mathrm{wd},i}$/℃	月平均入住率 $\bar{z}_i$/%	节假日数 HD_i/d	空调系统用电量 $e_{\mathrm{b},i}$/kW·h
2008 年 5 月	21.8	53.92	13	286 125
2008 年 6 月	24.2	54.11	8	400 625
2008 年 7 月	30.4	42.59	10	677 625
2008 年 8 月	28.6	36.05	8	717 500
2008 年 9 月	26	50.35	8	503 250
2008 年 10 月	21	67.09	13	338 000

表 A.1(续)

时间	月平均室外干球温度 $\bar{t}_{wd,i}$/℃	月平均入住率 $\bar{z}_i$/%	节假日数 HD_i/d	空调系统用电量 $e_{b,i}$/kW·h
2009 年 5 月	22.5	40.99	13	370 125
2009 年 6 月	26.4	60.28	9	403 125
2009 年 7 月	29	68.06	9	683 250
2009 年 8 月	28.1	50.02	8	691 250
2009 年 9 月	25.4	60.53	8	442 375
2009 年 10 月	21.4	64.47	13	373 625
2010 年 5 月	20.9	78.3	10	303 250
2010 年 6 月	24.1	81.6	10	422 750
2010 年 7 月	28.8	80.3	8	697 125
2010 年 8 月	30.9	73.8	10	604 125
2010 年 9 月	26.2	80.9	9	530 250
2010 年 10 月	19.3	76.9	11	327 875

在建立回归模型前,进行影响因素与能耗的相关性分析,对影响因素进行筛选。月平均室外干球温度与能耗的相关系数$|r|=0.907$,两变量高度相关;月平均入住率与能耗的相关系数$|r|=0.203$,两变量相关程度弱;节假日数与能耗的相关系数$|r|=0.618$,两变量中度相关。按照对项目能耗的影响方式和大小,剔除影响能耗的次要因素,确定该项目的主要影响因素为:月平均室外干球温度及节假日数。

A.2.5 "基期能耗—影响因素"模型

本示例中,相关方经协商设定的回归模型不确定性标准为:$R^2 \geqslant 0.8$,显著性检验标准 $F \geqslant 30$,Sig<0.05。

将表 A.1 中每月的用电量和月平均室外干球温度、节假日数进行线性回归,得到回归方程为:

$$e_{b,i} = f(\bar{t}_{wd,i}, HD_i) = -382\ 082 + 36\ 821.63 \times \bar{t}_{wd,i} - 6\ 202.90 \times HD_i \qquad \cdots\cdots(A.1)$$

式中:

$e_{b,i}$ ——基期逐月中央空调系统能耗,单位为千瓦时(kW·h);

$\bar{t}_{wd,i}$——月平均室外干球温度,单位为摄氏度(℃);

HD_i——节假日数,单位为天(d)。

通过计算得到:$R^2=0.827$,$F=35.845$,Sig$=1.93\times10^{-6}$。式(A.1)的回归模型满足显著性假设检验要求。

A.2.6 校准能耗的计算

项目统计报告期为该酒店节能改造后 2012 年 5 月—10 月(一个完整的制冷季)。统计报告期的电耗即为改造后能耗,同样可以从电费账单中得到,统计报告期能耗及其主要影响因素统计见表 A.2。

表 A.2 统计报告期能耗及主要影响因素数据

时间	月平均室外干球温度 $\overline{t}_{wd,i}$/℃	节假日数 HD_i'/d	空调系统用电量 $e_{r,i}$/kW·h
2012 年 5 月	21.9	9	281 000
2012 年 6 月	24.4	10	374 992
2012 年 7 月	30.2	9	548 957
2012 年 8 月	28.3	8	487 898
2012 年 9 月	24.7	9	448 278
2012 年 10 月	19.3	13	219 887

将表 A.2 中统计报告期主要影响因素实测数据代入式(A.1)得到统计报告期校准能耗 E_a,取校准能耗的调整值 $A_m=0$。

$$E_a=\sum_{i=1}^{m'}\left[\sum_{j=1}^{n}f(x'_{i,1},x'_{i,2},\cdots,x'_{i,j})\right]+A_m=\sum_{i=1}^{6}f(\overline{t}_{wd,i},HD'_i)=2\ 826\ 798\ \text{kW}\cdot\text{h}$$

A.2.7 节能量的计算

将表 A.1 中基期逐月能耗数据带入式(3)得到统计报告期能耗:

$$E_r=\sum_{i=1}^{6}e_{r,i}=2\ 361\ 012\ \text{kW}\cdot\text{h}$$

将上述数据代入式(4),得到项目节能量为:

$$E_s=E_r-E_a=-465\ 786\ \text{kW}\cdot\text{h}$$

附 录 B
(资料性附录)
中央空调系统节能量测量和验证直接比较法示例

B.1 项目基本情况

该节能改造项目为位于北京的某酒店,建筑面积为13万m^2,中央空调系统冷冻机房总制冷量为3400RT,包括两台1200RT定频离心冷机、一台为500RT的变频离心冷机及一台500RT的定频离心冷机。该冷冻机房原为一次泵系统,24 h连续运行,部分负荷时通过压差旁通阀来调节末端流量,冷却塔及水泵均为定频运行。为了减少运行费用,对冷冻机房实现自动运行基础上的整体节能优化改造。对相关的水泵及冷却塔风机进行变频改造并均加装远程监控信号。同时,为了实现冷机的优化控制及保护,每台主机的运行参数,如冷凝压力和温度等,也均作为自动优化控制系统的采集参数。

B.2 节能量测量和验证

B.2.1 项目边界

项目边界内包括中央空调系统冷/热源单元及其附属设备(包括空调冷/热源机组本体及其控制系统,以及冷却塔本体、冷却水泵及其控制系统)和中央空调系统输配单元(包括冷冻水泵及相关控制系统)。

B.2.2 能耗主要影响因素选取和节能量测量验证方法确定

该冷冻机房原运行方式为定流量系统,改造后冷冻水和冷却水系统都将成为变流量系统,详细的改造前后运行工况变化见表B.1。

表 B.1 冷冻机房改造前后运行工况对比

	改造前	改造后
冷机运行工况	—主机手动启停。 —主机供水温度及运行台数根据同期历史记录确定	—主机启停及台数控制由控制系统根据优化结果确定并自动执行。 —主机供水温度由控制系统自动设置
冷冻水泵/冷却水泵	—水泵台数与主机台数一一对应。 —水泵均工频运行	—水泵启停及台数控制由控制系统根据优化结果确定并自动执行。 —水泵变频运行,其运行频率由控制系统自动设置
冷却塔	—冷却塔手动启停,台数根据同期历史记录确定。 —冷却塔风机工频运行	—冷却塔启停及台数控制由控制系统根据优化结果确定并自动执行。 —冷却塔风机变频运行,其运行频率由控制系统自动设置

由于项目改造前缺乏相应的传感器和电表,该冷冻机房基本没有历史运行记录,因此该项目的节能量拟采用直接比较法确定。改造后,相应的冷水机组及冷却塔等的运行能耗都会受到影响。此外,由于优化控制系统带来的水泵台数和冷却塔台数组合及冷机负荷分配等多方面的调整,改造后系统的运行

已经相对复杂,很难通过简单的开关单台设备来比较获得节能量,因此该项目的节能量具体采用直接比较法中的相似日比较法来确定。

根据分析,该冷冻机房用电量主要受室外天气参数及入住率影响,因此确定本项目的主要能耗影响因素为室外干、湿球温度和入住率。经相关方协商设定的相似日影响因素偏差要求如表 B.2 所示。

表 B.2 主要能耗影响因素最大允许偏差

参数名称	日平均室外干球温度	日平均室外湿球温度	日入住率
相似日最大允许偏差	±5%	±3%	±10%

B.2.3 节能量的计算

以该项目 2011 年 8 月的实测数据为统计报告期数据,在该月选取 3 天按照节能措施关闭工况运行,然后在表 B.2 最大允许偏差范围内选取按照节能措施开启工况运行的 3 天,经测量记录上述的 3 组相似日能耗及主要影响因素值如表 B.3～表 B.5 所示。

表 B.3 相似日 1 的能耗及主要影响因素对比

工况	日用电量 kW·h	日平均室外干球温度 ℃	日平均室外湿球温度 ℃	日入住率 %
节能措施关闭	15 306	27.8	22.7	41
节能措施开启	10 420	27.8	22.3	43
参数偏差		0%	−1.8%	4.9%

表 B.4 相似日 2 的能耗及主要影响因素对比

工况	日用电量 kW·h	日平均室外干球温度 ℃	日平均室外湿球温度 ℃	日入住率 %
节能措施关闭	14 321	27.8	21.7	55
节能措施开启	10 740	27.0	21.3	55
参数偏差		−2.9%	−1.8%	0

表 B.5 相似日 3 的能耗及主要影响因素对比

工况	日用电量 kW·h	日平均室外干球温度 ℃	日平均室外湿球温度 ℃	日入住率 %
节能措施关闭	16 260	28.1	24.5	40
节能措施开启	12 962	28.2	24.0	42
参数偏差		0.4%	−2.1%	5%

根据上述数据,按照式(8)计算节能措施关闭状态下测试日累计能耗:

$$S_b=\sum_{i=1}^{k}e'_{b,i}=e'_{b,1}+e'_{b,2}+e'_{b,3}=15\ 306+14\ 321+16\ 260=45\ 887\ \text{kW}\cdot\text{h}$$

按照式(9)计算节能措施开启状态下测试日累计能耗：

$$S_r=\sum_{i=1}^{k}e'_{r,i}=e'_{r,1}+e'_{r,2}+e'_{r,3}=10\ 420+10\ 740+12\ 962=34\ 122\ \text{kW}\cdot\text{h}$$

将上述 S_b 和 S_r 的计算结果带入式(7)计算得到节能率：

$$\eta_s=\frac{S_r-S_b}{S_b}\times100\%=\frac{34\ 122-45\ 887}{45\ 887}\times100\%=-25.6\%$$

通过该项目安装的自动监控系统所记录的统计报告期内 2011 年 8 月该项目系统总用电量 E_r 为 387 100 kW・h，按照式(6)计算节能措施开启状态下的中央空调系统统计报告期能耗：

$$E'_r=E_r-S_b=387\ 100-45\ 887=341\ 213\ \text{kW}\cdot\text{h}$$

将上述计算结果带入式(5)计算得到项目节能量：

$$E_s=E'_r\times\left(\frac{\eta_s}{1-|\eta_s|}\right)=341\ 213\times\left(\frac{-25.6\%}{1-25.6\%}\right)=-117\ 406\ \text{kW}\cdot\text{h}$$

B.3 测量仪器

节能量测量和验证过程中使用的主要测量仪器仪表如表 B.6 所示。此外，现场安装的传感器均连接到自动控制系统，自动记录和监控相关参数。

表 B.6 节能量测量和验证中使用的主要测量仪器仪表

设备名称	测量范围	精度	传感器类型	输出信号	监控点
流量计	0.1 m/s～8 m/s	±1%FSO	超声波流量计	4 mA～20 mA	冷冻水和冷却水流量
温度传感器	0 ℃ ～50 ℃	±0.1% FSO	PT1000(自带变送器)		冷冻水供回水温度、冷却水供回水温度
室外温湿度传感器	−50 ℃～50 ℃	温度±0.1% FSO，湿度±5%	PT1000(自带变送器)		室外空气温湿度
三相功率变送器	—	0.5 级	可编程数显变送器	RS485	水泵、冷却塔及冷机等用电量

ICS 27.010
F 01

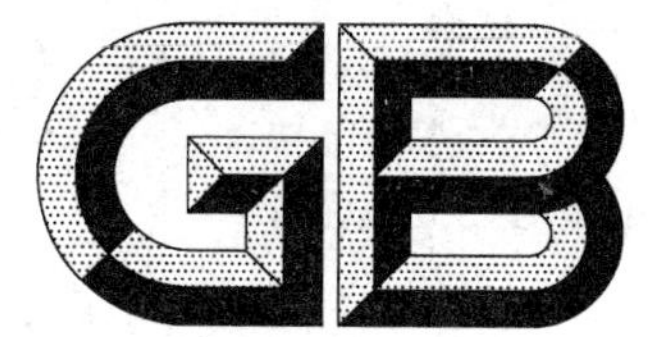

中华人民共和国国家标准

GB/T 31350—2014

烧结墙体屋面材料企业能源计量器具配备和管理导则

Guideline for energy measurement apparatus equipping and management of sintering wall & roof materials enterprise

2014-12-31 发布　　2015-07-01 实施

中华人民共和国国家质量监督检验检疫总局
中国国家标准化管理委员会　发布

前　言

本标准按照GB/T 1.1—2009给出的规则起草。

本标准由全国能源基础与管理标准化技术委员会建材行业能源管理分技术委员会(SAC/TC 20/SC 10)提出并归口。

本标准起草单位:中国建材检验认证集团西安有限公司、贵州省建材产品质量监督检验院、淄博功力机械制造有限责任公司。

本标准主要起草人:董鹏飞、胡小迪、蒋德勇、丁伟东、夏莉娜、高玲、李铮、王保财、高华、刘庆。

烧结墙体屋面材料企业能源计量器具配备和管理导则

1 范围

本标准规定了烧结墙体材料、烧结屋面材料、烧结道路材料企业能源计量器具配备和管理的基本要求。

本标准适用于烧结墙体材料、烧结屋面材料、烧结道路材料企业。

2 规范性引用文件

下列文件对于本文件的应用是必不可少的。凡是注日期的引用文件，仅注日期的版本适用于本文件。凡是不注日期的引用文件，其最新版本(包括所有的修改单)适用于本文件。

GB 17167 用能单位能源计量器具配备和管理通则

GB/T 19022 测量管理体系 测量过程和测量设备的要求

3 术语和定义

GB 17167 界定的术语和定义适用于本文件。

4 能源计量器具配备

4.1 能源计量种类

本标准所称能源，指原煤或含发热量的原料、天然气、煤气、热力、成品油和其他直接或者加工、转换而取得有用能的各种资源。

注：含发热量的原料是指煤矸石、粉煤灰、污泥等。

4.2 能源计量范围

能源计量范围包括：

a) 输入企业用能单位、次级用能单位和主要用能设备的能源及载能工质。

b) 输出企业用能单位、次级用能单位和用能设备的能源及载能工质。

c) 企业用能单位、次级用能单位和用能设备使用(消耗)的能源及载能工质。

d) 企业用能单位、次级用能单位和用能设备可回收利用的余能资源。

4.3 能源计量器具的配备原则

4.3.1 能源计量器具的配备应满足企业用能单位实现能源分类计量的需要。

4.3.2 能源计量器具的配备应满足企业用能单位实现分级分项统计和核算的要求。

4.3.3 能源计量器具的性能应满足被测介质及使用环境的要求。

4.4 能源计量器具的配备要求

4.4.1 能源计量器具配备率按式(1)计算：

$$R_P = \frac{N_S}{N_1} \times 100\% \quad \cdots\cdots(1)$$

式中：

R_P——能源计量器具配备率，%；

N_S——能源计量器具实际安装配备数量；

N_1——能源计量器具理论需要量。

4.4.2 进出烧结墙体屋面材料企业用能单位、进出烧结墙体屋面材料企业次级用能单位和烧结墙体屋面材料企业用能设备使用（消耗）能源，应安装能源计量器具。

4.4.3 用能量（产能量或者输运能量）大于或等于表1中一种或多种能源消耗量限定值的烧结墙体屋面材料企业次级用能单位，应按表2的要求配备安装能源计量器具。

表1 次级用能单位能源消耗量（或功率）限定值

能源种类	电力	原煤或含发热量的原料	成品油、液化石油气	煤气、天然气	蒸汽、热水	水	其他
单位	kW	t/a	t/a	m^3/a	GJ/a	t/a	tce/a
限定值	10	100	40	10 000	5 000	5 000	100

注1：表中 m^3 指在标准状态下。

注2：2 931 GJ 相当于 100 t 标准煤。其他能源应按等价热值折算，表2类推。

表2 能源计量器具配备率要求

%

能源种类		用能单位	次级用能单位	主要用能设备
电力		100	100	95
固态能源	原煤	100	100	90
	含发热量的原料	100	100	90
液态能源	成品油	100	100	95
	重油	100	100	90
气态能源	天然气	100	100	90
	液化气	100	100	90
	煤气	100	90	80
载能工质	蒸汽	100	80	70
	水	100	95	80
可回收利用的余能		90	80	—

注1：进出烧结墙体屋面材料企业用能单位的季节性供暖蒸汽（热水）可采用非直接计量载能工质流量的其他计量结算方式。

注2：烧结墙体屋面材料企业次级用能单位的季节性供暖用蒸汽（热水）可以不配备管理器具。

4.4.4 单台设备能源消耗大于或者等于表3中一种或者多种能源消耗量限定值的为烧结墙体屋面材料企业主要用能设备。

烧结墙体屋面材料企业主要用能设备应按表2的要求配备安装能源计量器具。

表 3　主要用能设备能源消耗量(或功率)限定值

能源种类	电力	原煤或含发热量的原料	成品油、液化石油气	煤气、天然气	蒸汽、热水	水	其他
单位	kW	t/h	t/h	m^3/h	MW	t/h	tce/h
限定值	30	1	0.5	50	7	1	1

注 1：对于可以单独进行能源计量考核的装置、设备，如果已配备了能源计量器具，其主要用能设备可以不再单独配备能源计量器具。

注 2：对于集中管理同类用能设备的锅炉房、泵房等，如果已配备了能源计量器具，其主要用能设备可以不再单独配备能源计量器具。

4.4.5　烧结墙体屋面材料企业用能单位、烧结墙体屋面材料企业次级用能单位和烧结墙体屋面材料企业主要用能设备的能源计量器具配备率应符合表 2 的要求。

4.4.6　烧结墙体屋面材料企业用能单位、烧结墙体屋面材料企业次级用能单位和烧结墙体屋面材料企业主要用能设备安装能源计量器具的计量性能应符合表 4 的要求。

表 4　能源计量器具的准确度等级要求

序号	计量器具名称	计量项目		准确度等级		
				用能单位	次级用能单位	主要用能设备
1	非自动衡器	固体、液体物料静态计量		Ⅲ	Ⅲ	Ⅲ
2	动态轨道衡	固体、液体动态计量		0.5	0.5	—
3	连续累计自动衡器	固体物料计量		—	1.0	1.0
4	电能表	有功交流电能计量(6 kV 以下)	用能单位变压器容量≥1 500 kV·A	0.5	1.0	2.0
			315 kV·A≤用能单位变压器容量<1 500 kV·A	1.0	2.0	2.0
			用能单位变压器容量<315 kV·A或单相供电	2.0	2.0	2.0
5	油流量表	成品油计量		0.1	0.5	1.0
		重油计量		0.5	2.0	2.0
6	气体流量计	天然气、煤气计量		2.0	2.0	2.5
		压缩空气计量		1.5	1.5	2.0
7	蒸汽流量计	蒸汽计量		2.0	2.5	2.5
8	水流量计	水计量	管径≤150 mm	2.0	2.0	2.5
			管径>150 mm	1.5	1.5	2.0
		热水计量	管径≤100 mm	2.0	2.5	2.5
			管径>100 mm	1.5	2.0	2.5

表 4（续）

序号	计量器具名称	计量项目	准确度等级		
			用能单位	次级用能单位	主要用能设备
9	热值测定仪	耗能生产过程质量计算相关的材料发热量计量	0.01	0.01	0.01
10	温度计	耗能生产过程质量计算相关的温度计量	1.0	1.0	1.0
11	红外温度计	耗能生产过程质量计算相关的温度计量	1.0	1.0	1.0
12	温度变送器	耗能生产过程质量计算相关的温度计量	1.0	1.0	1.0
13	压力表	耗能生产过程质量计算相关的压力计量	1.0	1.0	1.0
14	压力变送器	耗能生产过程质量计算相关的压力计量	1.0	1.0	1.0

注 1：当计量器具由传感器(变送器)、二次仪表组成的测量装置或系统时，表中给出的计量性能是装置或系统的计量性能。装置或系统未明确给出其计量性能时，可能传感器与二次仪表的计量性能按误差合成方法合成。

注 2：Ⅲ表示非自动称准确度等级。

4.4.7 能源作为生产原料使用时，其计量器具的计量性能应能满足相应的生产工艺要求。

4.4.8 能源计量器具的性能应满足相应的生产工艺及使用环境（如温度、温度表化率、湿度、照明、振动、噪声、粉尘、腐蚀、电磁干扰等）要求。

5 能源计量器具的管理要求

5.1 能源计量管理制度

5.1.1 企业应按 GB/T 19022 建立测量管理体系，保持并持续改进其有效性。

5.1.2 企业应建立、保持和使用文件化的程序来规范能源计量人员行为、能源计量器具管理、能源计量数据的采集和汇总。

5.2 能源计量人员

5.2.1 企业用能单位、烧结墙体屋面材料行业次级用能单位应设专人负责能源计量器具的配备、使用、检定（校准）、维修、更新、报废等管理工作。

5.2.2 企业用能单位的能源计量管理人员应通过相关部门的培训考核，持证上岗。

5.2.3 企业用能单位能源计量器具检定、校准、维修人员，应具有相应的资质。

5.3 能源计量器具

5.3.1 企业应备有完整的能源计量器具一览表，企业次级用能单位应备有独立的能源计量器具一览表分表。表中应列出计量器具的名称、型号规格、计量性能、检定（校准）周期、检定（校准）单位、测量范围、生产厂家、出厂编号、用能单位管理编号、安装使用地点、状态(合格、准用、停用等)。

5.3.2 企业用能单位应建立能源计量器具档案,内容包括:

a) 计量器具使用说明书;

b) 计量器具出厂合格证;

c) 计量器具最近两个连续周期的鉴定(测试、校准)证书;

d) 计量器具维修记录;

e) 计量器具其他相关信息。

5.3.3 企业用能单位应备有能源计量器具量值传递溯源图,其中作为用能单位内部标准计量器具使用的,要明确规定其测量范围、可溯源的上级传递标准。

5.3.4 企业用能单位的能源计量器具,凡属自行校准且自行确定校准间隔的,应制定计量器具自校管理程序和自校规范作为依据。

5.3.5 企业用能单位的能源计量器具应实行定期检定(校准)。凡经检定(校准)不符合要求的或超过检定(校准)周期的计量器具一律不得使用。属强制检定的计量器具,其检定周期、检定方法应遵守有关计量法律法规的规定。

5.3.6 企业用能单位在用的能源计量器具应在明显位置粘贴与能源计量器具一览表编号对应的标签,以备检查和管理。

5.4 能源计量数据

5.4.1 企业用能单位应建立能源统计报表制度,能源统计报表数据应能追溯至计量检测记录。

5.4.2 企业用能单位能源计量数据记录应采用规范的表格格式,计量测试记录表格应便于数据的汇总和分析,应说明被测量与记录数据之间转换方法和关系。

5.4.3 企业用能单位可根据需要建立能源计量数据管理,实现能源计量数据的管理。

5.4.4 企业用能单位按生产周期(班、日、月)及时统计计算出其单位产品的各种主要能源消耗量。

ICS 77.040.99
H 26

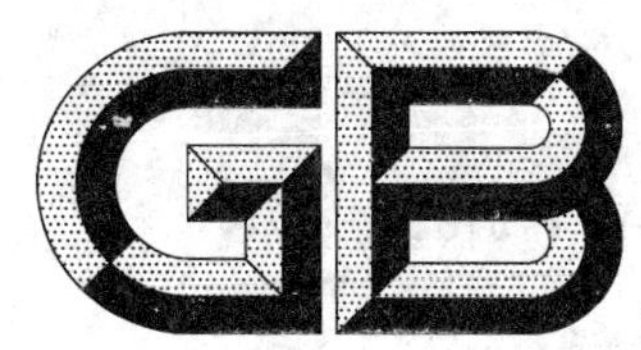

中华人民共和国国家标准

GB/T 31351—2014

碳化硅单晶抛光片微管密度无损检测方法

Nondestructive test method for micropipe density of polished monocrystalline silicon carbide wafers

2014-12-31 发布　　2015-09-01 实施

中华人民共和国国家质量监督检验检疫总局
中国国家标准化管理委员会　发布

前 言

本标准按照 GB/T 1.1—2009 给出的规则起草。

请注意本文件的某些内容可能涉及专利。本文件的发布机构不承担识别这些专利的责任。

本标准由全国半导体设备和材料标准化技术委员会(SAC/TC 203)和全国半导体设备和材料标准化技术委员会材料分会(SAC/TC 203/SC 2)共同提出并归口。

本标准起草单位:北京天科合达蓝光半导体有限公司、中国科学院物理研究所。

本标准主要起草人:陈小龙、郑红军、张玮、郭钰、刘振洲。

碳化硅单晶抛光片微管密度无损检测方法

1 范围

本标准规定了4H晶型和6H晶型碳化硅单晶抛光片的微管密度的无损检测方法。

本标准适用于4H晶型和6H晶型碳化硅单晶抛光片经单面抛光或双面抛光后、微管的径向尺寸在一微米至几十微米范围内的微管密度的测量。

2 术语和定义

下列术语和定义适用于本文件。

2.1

微管 micropipe

4H或6H碳化硅单晶抛光片中沿c轴方向延伸且径向尺寸在一微米至几十微米范围的中空管道。

2.2

微管密度 micropipe density

单位面积内微管个数，记为MPD，单位为个每平方厘米(个/cm^2)。

3 方法原理

利用入射光线在微管周围处的折射系数差异确定微管，从而计算出相应的微管密度。测试系统的光源首先通过偏振光片P1(起偏器)，自然光改变成为具有一定振动方向的光；如果样品的晶格排列均匀，即折射率相同，则经过样品的光线仍旧是同一振动方向的光；这样，经过与P1成90°的偏振光片P2(检偏器)后，探测器得到的光强信号将是均匀的。如果样品某处存在微管，碳化硅微管内部中空，且周围存在一定的应力场，其相应的折射系数不一致，则经过样品的光线在微管附近振动方向与整体不再平行，结果探测器得到的光强信号就会反应出相应的差别。示意图如图1。

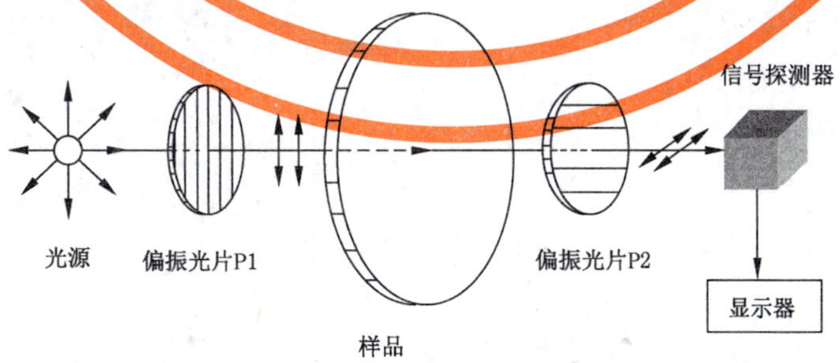

图1 微管无损检测原理图

当样品表面平行于(0001)晶面时，微管显示为蝴蝶状亮点；当样品表面偏离(0001)晶面时，微管显示为彗星状，这种光强信号的差别表示微管的存在。用正交偏光显微镜在透射光模式下放大50倍～100倍观察，当晶片切割方向垂直于c轴时，微管的典型形貌为蝴蝶状，如图2 a)所示；当切割方向与c轴存在夹角时，微管的形貌为彗星状，如图2 b)所示。

计量单位面积上微管的个数即得到碳化硅单晶抛光片的微管密度。

a） 蝴蝶状

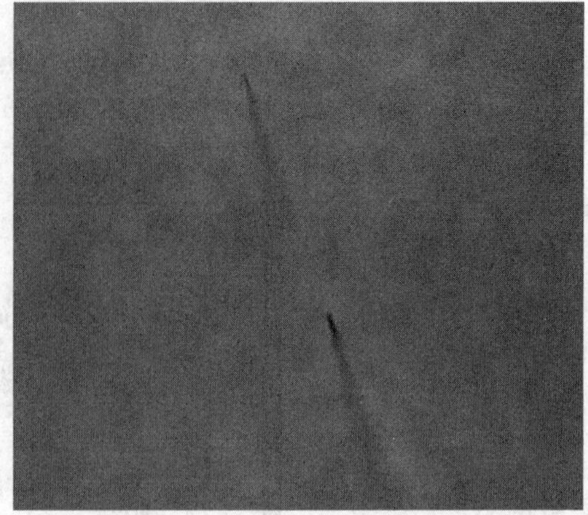

b） 彗星状

图 2 微管在透射偏光下的典型形貌

4 仪器

4.1 具有透射正交偏光的光学显微镜，物镜放大倍数 5 倍～10 倍。

4.2 图像采集设备及图像分析系统。

5 试样

测试样片应为单面抛光或双面抛光的碳化硅单晶片，样品表面法线方向为〈0001〉方向，且其偏离角不应大于±8°。

6 测试环境

除另有规定外，应在下列条件下进行测试：

a） 环境温度：23 ℃±5 ℃；

b） 相对湿度（RH）：≤90%；

c） 大气压：86 kPa～106 kPa。

7 测试程序

7.1 测量点的位置

测量点应均匀分布在晶片上，并应去除样品的边缘去除区。边缘去除区应符合表 1 的规定。测量时 x 方向为连续观测，y 方向为步进观测，步进长度比视场高度稍大，以保证测量面积足够，同时要保证微管缺陷不被重复计数。测量点分布如图 3 所示。

表 1 边缘去除区

单位为毫米

直径	边缘去除区
50.8	1
76.2	2
100	3

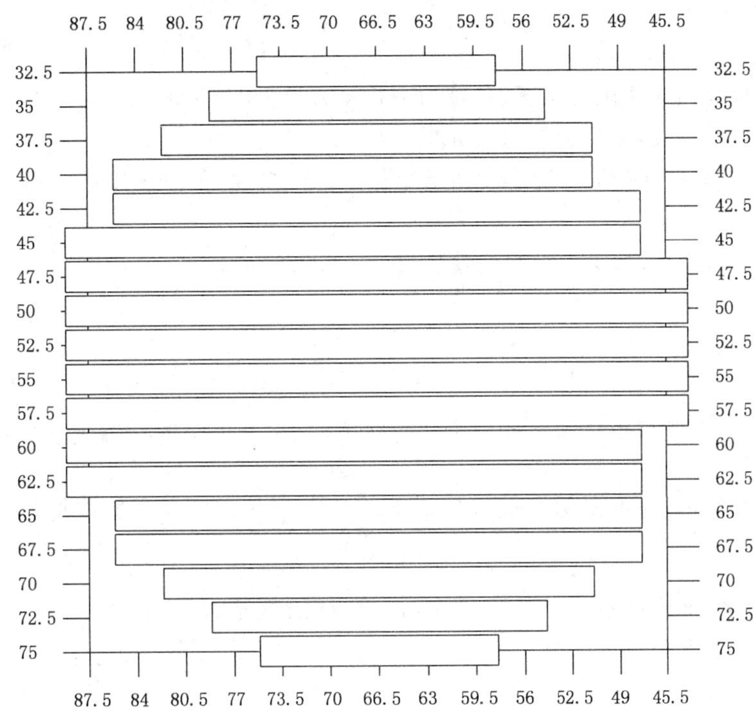

图 3 碳化硅单晶片的测量点位置分布示意图

7.2 测量区域的面积

测量区域的总面积不应小于晶片总面积的 2/3。

7.3 测试系统准备

正式测试前，检查确定测试系统各仪器处于良好状态。确定测试系统在无测试样片时，系统的透射光经过两个正交的偏光镜后，观察视野为黑色，无光线透过。

7.4 测试步骤

测试应按下列步骤进行：

a) 打开光源，检查是否正常工作；

b) 调节起偏镜和检偏镜，使透射光处于正交状态；

c) 将样品放在载物台上，并使其处于起偏镜和检偏镜之间，选择透射光，根据视场大小，选择合适的放大倍数(物镜 5 倍～10 倍)，调节焦距使图像分析仪监视器显示的图像清晰；

d) 在载物台上标好相应的刻度，按照 7.1 规定的测量点位置上下左右移动载物台，分别检测并记录各观察点视野范围内的微管数目；

e） 图像分析、数据处理。

8 测试结果的计算

碳化硅单晶抛光片的微管密度按式(1)计算：

$$D=\frac{1}{h\sum_{i}^{n}l_i}\sum_{i}^{n}N_i \qquad \cdots\cdots(1)$$

式中：

D ——碳化硅单晶抛光片微管密度，单位为个每平方厘米(个/cm^2)；

h ——每个视场的高度，单位为厘米(cm)；

l_i ——x 方向连续测量时，第 i 行连续测量的长度，单位为厘米(cm)，其中 $i=1,2,3,\cdots n$；

n ——测量行的总行数；

N_i ——x 方向连续测量时，第 i 行的微管数目，$i=1,2,3,\cdots n$。

9 精密度

本标准的精密度是由起草单位和验证单位在同样条件下，用正交透射偏光显微镜对碳化硅标准样片进行重复性、再现性验证，并根据标准偏差公式 $S=\sqrt{\frac{\sum(x_i-\bar{x})^2}{N-1}}$ 和试验数据计算得出标准偏差和相对偏差。

本标准的重复性标准偏差不大于 0.5 个/cm^2，相对偏差不大于 15%，再现性标准偏差不大于 3 个/cm^2，相对偏差不大于 50%。

10 质量保证和控制

应使用比对样品在每次测试前校核该方法的有效性，当过程失控时，应找出原因，纠正错误后，重新进行校核。

11 测试报告

测试报告应包括以下内容：

a） 样品的来源、规格及编号；

b） 所用测试系统编号及选用参数；

c） 被测试样品的测试点及测试数据；

d） 整个样品的平均微管密度；

e） 本标准编号；

f） 测试单位及测试操作人印章或签字；

g） 测试时间。

ICS 77.040.99
H 21

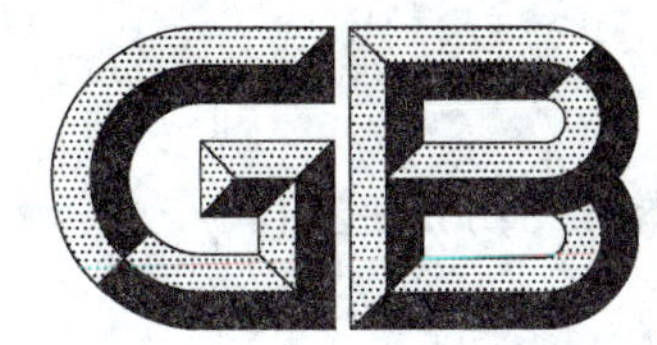

中华人民共和国国家标准

GB/T 31352—2014

蓝宝石衬底片翘曲度测试方法

Test methods for warp of sapphire substrates

2014-12-31 发布 2015-09-01 实施

中华人民共和国国家质量监督检验检疫总局
中国国家标准化管理委员会
发布

前 言

本标准按照 GB/T 1.1—2009 给出的规则起草。

请注意本文件的某些内容可能涉及专利。本文件的发布机构不承担识别这些专利的责任。

本标准由全国半导体设备和材料标准化技术委员会(SAC/TC 203)和全国半导体设备和材料标准化技术委员会材料分会(SAC/TC 203/SC 2)共同提出并归口。

本标准起草单位:江苏协鑫软控设备科技发展有限公司、中国科学院上海光学精密机械研究所、北京合能阳光新能源技术有限公司。

本标准主要起草人:薛抗美、魏明德、黄修康、杭寅、夏根平、肖宗杰。

蓝宝石衬底片翘曲度测试方法

1 范围

本标准规定了蓝宝石切割片、研磨片、抛光片(以下简称蓝宝石衬底片)翘曲度的测试方法。

本标准适用于直径 50.8 mm～304.8 mm,厚度为不小于 200 μm 的蓝宝石衬底片翘曲度的测试。

2 规范性引用文件

下列文件对于本文件的应用是必不可少的。凡是注日期的引用文件,仅注日期的版本适用于本文件。凡是不注日期的引用文件,其最新版本(包括所有的修改单)适用于本文件。

GB/T 2828.1 计数抽样检验程序 第1部分:按接收质量限(AQL)检索的逐批检验抽样计划

GB/T 6620 硅片翘曲度非接触式测试方法

GB/T 14264 半导体材料术语

3 术语和定义

GB/T 14264 界定的以及下列术语和定义适用于本文件。

3.1

翘曲度 warp

自由无夹持晶片中位面与中位面基准平面之间的最大和最小距离的差值。

3.2

中位面基准平面 median surface reference plane

由指定的小于晶片标称直径的直径圆周上的 3 个等距离点决定的平面。

4 方法提要

4.1 接触式测试

将蓝宝石衬底片置放在基准环的 3 个支点上,3 支点形成一个基准平面,利用低压力位移指示器沿规定路径测量蓝宝石衬底片偏离基准平面的距离,记录成对位移指示器的读数并求其差值,针对一系列成对数值的差值取其最大值与最小值的差值除以 2,该得值即表示衬底片的翘曲度。

4.2 非接触式测试

将蓝宝石衬底片置放在基准环的 3 个支点上,3 支点形成一个基准平面,利用非接触式位移传感器沿规定路径测量蓝宝石衬底片偏离基准平面的距离,记录成对位移指示器的读数并求其差值,针对一系列成对数值的差值,取其最大值与最小值的差值除以 2,该得值即表示衬底片的翘曲度。

4.3 白光干涉式测试

激光照射蓝宝石衬底片表面,光经过反射相互叠加干涉,干涉图经光学成像系统记录,开始高低形貌测量;物镜在 Z 轴方向上不断微小的移动,在每个移动位置上,光学成像系统进行拍照收集图片,形成整个三维形貌数据。经信号处理系统后得到衬底片的翘曲度。

5 干扰因素

5.1 接触式和非接触式测试

5.1.1 参考平面的变化,可能导致在不正确的位置计算极值,扫描过程中参考平面的任何变化都会使显示的测试结果产生误差。

5.1.2 测试值与不平行度有关,参考平面与基准面的不平行度会产生误差。

5.1.3 基准环和蓝宝石衬底片之间的外来颗粒、沾污会产生误差。

5.1.4 测试样品相对于探头测试轴的振动会产生误差。

5.1.5 在这两种测试方法扫描过程中,探头离开测试样品会给出错误的读数。

5.1.6 这两种测试方法中,翘曲度由规定的路径进行扫描,采样不是整个表面,不同的扫描路径可产生不同的测试结果。

5.1.7 采集数据的频率不同,可产生不同的测试结果。

5.1.8 这两种测试方法并不能完全把厚度变化和翘曲度分开,在某些情况下,中位面是平面,仍显示一个非零的翘曲度。

5.1.9 设备硬件的不同或测试参数的不同设置可能会影响测试结果。

5.2 白光干涉式测试

5.2.1 蓝宝石衬底片表面的沾污会影响反射光强的大小,从而影响翘曲度测试的准确性。

5.2.2 入射光源的强度会影响成像的清晰度,从而影响翘曲度测试的准确性。

5.2.3 成像系统的分辨率大小直接影响翘曲度测试的准确性。

5.2.4 测试过程中,蓝宝石衬底片的振动或者挪移会影响成像的清晰度,从而影响翘曲度测试。

5.2.5 使用不同算法进行数据处理可能会影响翘曲度测试结果。

6 仪器和设备

6.1 接触式测试仪

6.1.1 测量仪由基准环、带有数字显示的位移指示器及带有定位标识的测试平台组成。

6.1.2 基准环是由基座、3个支撑球、3个定位柱组成的专用器具。

6.1.3 位移指示器由一对同轴的接触式传感探头、探头支架和信号采集系统及数字显示屏组成。上下探头同轴,与蓝宝石衬底片上下表面探测位置相对应。固定探头的公共轴应与测量平台上的平面垂直(在±2°之内),传感器可感应各探头的输出信号,并能通过采集、数据处理及运算在显示屏显示当前点的翘曲度。显示有效数字3位以上,单位为微米(μm)。

6.1.4 测试平台是一块结构细密、表面光滑的石板,测量区表面的平整度应小于0.25 μm,并装有限制基准环移动的限位器,保证下探头的固定。

6.2 非接触式测试仪

6.2.1 非接触式测试仪由基准环、带有数字显示的位移传感器和带有定位标识的测试平台以及厚度校准片组成。

6.2.2 基准环是由基座、3个支撑球、3个定位柱组成的专用器具。

6.2.3 位移传感器由一对同轴的无接触传感探头(探头传感原理可以是电容的、光学的或其他非接触方式的)、探头支架和信号采集系统及数字显示屏组成。上下探头同轴,与蓝宝石衬底片上下表面探测位置相对应。固定探头的公共轴应与测试平台上的平面垂直(在±2°之内),传感器可感应各探头的输出信号,并能通过采集、数据处理及运算在显示屏显示当前点的弯曲度。显示有效数字3位以上,单位为微米(μm)。

6.2.4 测试平台是一块结构细密、表面光滑的石板,测试区表面的平整度应小于0.25 μm,并装有限制基准环移动的限位器,保证下探头的固定。

6.2.5 厚度校准片:测试仪应备有的附件,用以校正测试仪。

6.3 白光干涉式测试仪

6.3.1 白光干涉式测试仪由光学照明系统、光学成像系统、垂直扫描系统及信号处理系统组成。

6.3.2 光学照明系统采用半导体激光或 He-Ne 激光作为光源。

6.3.3 光学成像系统采用无限远光学成像系统,由显微物镜和成像目镜组成。

6.3.4 垂直扫描系统采用闭环反馈控制方式驱动显微物镜垂直移动,移动范围100 μm～1 000 μm,位置移动精度10^{-4} μm。

6.3.5 信号处理系统由计算机和数字信号协处理器组成,采集系列原始图像数据并使用专用数字信号协处理器完成数据解析。

7 试样

7.1 从一批蓝宝石衬底片中按GB/T 2828.1计数抽样方案或双方商定的方案抽取试样。

7.2 蓝宝石衬底片应具有清洁、干燥的表面。

7.3 如果待测片不具备参考面,应在衬底片背面边缘处作出测试定位标记。

8 测试环境

除另有规定外,应在下列条件下进行测试:

a) 环境温度:20 ℃～25 ℃;
b) 相对湿度:≤65%;
c) 洁净度:8级洁净室或以上;
d) 配置有防振平台。

9 测试程序

9.1 非接触式测试仪器校正

9.1.1 从一组厚度校准片中选取厚度与待测衬底片厚度相差在125 μm范围内的厚度校准片进行校正测试。

9.1.2 仪器可自动调整厚度测试仪,使所得测试值与该厚度校准片的厚度标准之差在2 μm以内。

9.2 测试

9.2.1 接触式或非接触式测试

9.2.1.1 根据衬底片试样的直径大小,选用或调整基准环的3个支点的位置。

9.2.1.2 将衬底片试样的正面(或规定面)朝上,放入基准环。

9.2.1.3 衬底片如有参考面,应调整参考面的位置与基准环上的标线平行。

9.2.1.4 移动基准环依扫描路径(见图1)移动取点,中心点厚度作为衬底片的标称厚度,利用接触式或非接触式的探头或激光器扫描衬底片表面,进行测量。距边 5 mm 内开始取点,每 1 mm～3 mm 取一点记录读值。

9.2.1.5 测量仪作自动测量时直接读取翘曲度的值。

9.2.1.6 测量仪作手动测量时,依据式(1)计算衬底片翘曲度值。

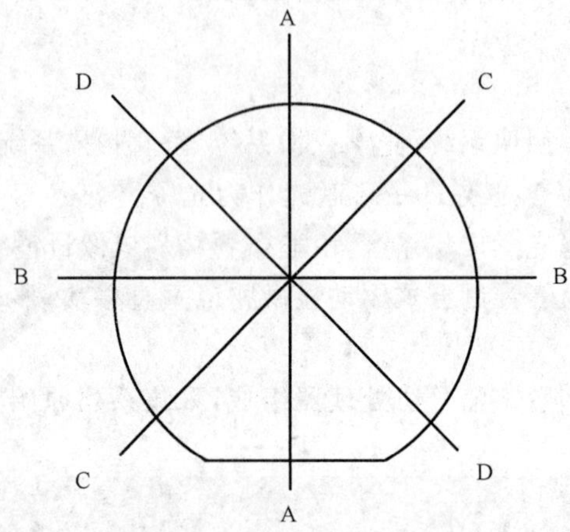

图 1 扫描路径图

9.2.2 白光干涉式测试

9.2.2.1 根据衬底片试样的直径大小,选用或调整吸衬底片的平台的位置。

9.2.2.2 将衬底片放到吸衬底片的平台上然后打开吸气开关。

9.2.2.3 选择解析装置上激光光源。

9.2.2.4 进行计算后调整衬底片位置。

9.2.2.5 打开解析装置进行测试。

9.2.2.6 测试仪直接读取翘曲度数值。

10 测试结果的计算

10.1 本标准建议采用 GB/T 6620 中规定的方法计算衬底片的翘曲度。翘曲度的计算按照式(1)进行:

$$W_{arp}=\frac{|b-a|_{max}-|b-a|_{min}}{2} \qquad \cdots\cdots(1)$$

式中:

W_{arp}——衬底片的翘曲度,单位为微米(μm);

a ——衬底片上表面到上探头的距离,单位为微米(μm);

b ——衬底片下表面到下探头的距离,单位为微米(μm)。

max 表示最大值,min 表示最小值。

10.2 计算衬底片翘曲度的实例见图 2 。

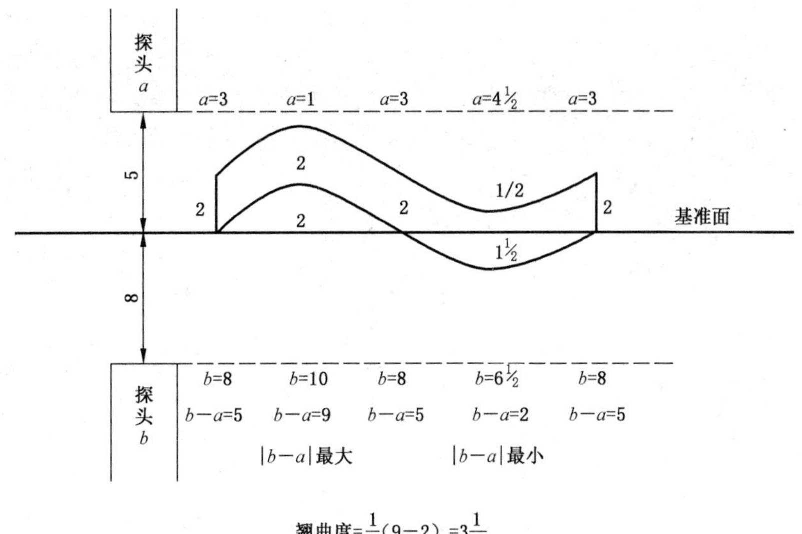

翘曲度$=\frac{1}{2}(9-2)=3\frac{1}{2}$

图 2 衬底片翘曲度计算示意图

11 精密度

本方法的精密度是经过 4 个实验室巡回测试确定的，测试衬底片试样共 25 片，衬底片直径为 50.8 mm，单个实验室的 2σ 标准偏差小于 1.09 μm，多个实验室间的精密度为±20%。

12 试验报告

试验报告应包含以下信息：

a) 材料批号、规格或其他标识；

b) 设备名称、型号；

c) 测试方法和测试条件；

d) 已测试的衬底片数量；

e) 本标准编号；

f) 测试结果；

g) 测试日期及测试者。

ICS 77.040.99
H 21

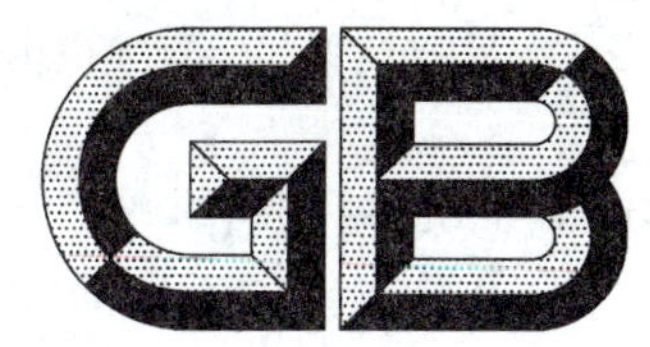

中华人民共和国国家标准

GB/T 31353—2014

蓝宝石衬底片弯曲度测试方法

Test methods for bow of sapphire substrates

2014-12-31 发布　　2015-09-01 实施

中华人民共和国国家质量监督检验检疫总局
中国国家标准化管理委员会　发布

前　言

本标准按照 GB/T 1.1—2009 给出的规则起草。

请注意本文件的某些内容可能涉及专利。本文件的发布机构不承担识别这些专利的责任。

本标准由全国半导体设备和材料标准化技术委员会(SAC/TC 203)和全国半导体设备和材料标准化技术委员会材料分会(SAC/TC 203/SC 2)共同提出并归口。

本标准起草单位:江苏协鑫软控设备科技发展有限公司、中国科学院上海光学精密机械研究所、北京合能阳光新能源技术有限公司。

本标准主要起草人:薛抗美、魏明德、黄修康、杭寅、林清香、肖宗杰。

蓝宝石衬底片弯曲度测试方法

1 范围

本标准规定了蓝宝石切割片、研磨片、抛光片(以下简称蓝宝石衬底片)弯曲度的测试方法。

本标准适用于直径 50.8 mm～304.8 mm,厚度为不小于 200 μm 的蓝宝石衬底片弯曲度的测试。

2 规范性引用文件

下列文件对于本文件的应用是必不可少的。凡是注日期的引用文件,仅注日期的版本适用于本文件。凡是不注日期的引用文件,其最新版本(包括所有的修改单)适用于本文件。

GB/T 2828.1 计数抽样检验程序 第1部分:按接收质量限(AQL)检索的逐批检验抽样计划

GB/T 6619 硅片弯曲度测试方法

GB/T 14264 半导体材料术语

3 术语和定义

GB/T 14264 界定的以及下列术语和定义适用于本文件。

3.1

弯曲度 bow

自由无夹持晶片中位面的中心点与中位面基准平面间的偏离。

3.2

中位面基准平面 median surface reference plane

由指定的小于晶片标称直径的直径圆周上的 3 个等距离点决定的平面。

4 方法提要

4.1 接触式测试

将蓝宝石衬底片放置在基准环的 3 个支点上,3 支点形成一个基准平面,利用低压力位移指示器测试蓝宝石衬底片中心点偏离基准平面的距离,翻转衬底片,重复测试。两次测试值之差的一半表示衬底片的弯曲度。

4.2 非接触式测试

将蓝宝石衬底片放置在基准环的 3 个支点上,3 个支点形成一个基准平面,利用非接触式位移传感器测试蓝宝石衬底片中心点偏离基准平面的距离,翻转衬底片,重复测试。两次测试值之差的一半表示衬底片的弯曲度。

4.3 白光干涉式测试

激光照射蓝宝石衬底片表面,光经过反射相互叠加干涉,干涉图经光学成像系统记录,开始高低形貌测试;物镜在 Z 轴方向上不断微小的移动,在每个移动位置上,光学成像系统进行拍照收集图片,形成整个三维形貌数据。经信号处理系统后得到衬底片的弯曲度。

5 干扰因素

5.1 接触式和非接触式测试

5.1.1 参考平面的变化,可能导致在不正确的位置计算极值,扫描过程中参考平面的任何变化都会使显示的测试结果产生误差。

5.1.2 测试值与不平行度有关,参考平面与基准面的不平行度会产生误差。

5.1.3 基准环和蓝宝石衬底片之间的外来颗粒、沾污会产生误差。

5.1.4 测试样品相对于探头测试轴的振动会产生误差。

5.1.5 在扫描过程中,探头离开测试样品会给出错误的读数。

5.1.6 接触式和非接触式测试方法中,弯曲度由规定的路径进行扫描,采样不是整个表面,不同的扫描路径可产生不同的测试结果。

5.1.7 如果中位面的弯曲不是处处朝着相同的方向,用弯曲度不能完全表示中位面的形变,接触式和非接触式测试方法测定的数值也可能不代表中位面同参考平面的偏差。

5.1.8 采集数据的频率不同,可产生不同的测试结果。

5.1.9 设备硬件的不同或测试参数的不同设置可能会影响到测试结果。

5.2 白光干涉式测试

5.2.1 蓝宝石衬底片表面的沾污会影响反射光强的大小,从而影响弯曲度测试的准确性。

5.2.2 入射光源的强度会影响成像的清晰度,从而影响弯曲度测试的准确性。

5.2.3 成像系统的分辨率大小直接影响弯曲度测试的准确性。

5.2.4 测试过程中,蓝宝石衬底片的振动或者挪移会影响成像的清晰度,从而影响弯曲度测试。

5.2.5 使用不同算法进行数据处理可能会影响弯曲度测试结果。

6 仪器和设备

6.1 接触式测试仪

6.1.1 接触式测试仪由基准环、带有数字显示的位移指示器、读数仪表及带有定位标识的测试平台组成。

6.1.2 基准环:由基座、3 个支撑球、3 个定位柱组成的专用器具。

6.1.3 位移指示器:指示器指针应处于基准环中心,移动方向垂直于基准平面,偏差小于 1°。指针头部呈半球状,球体半径在 1.0 mm～2.0 mm 之间。指针头部对被测蓝宝石衬底片的压力应不大于 0.3 N。位移指示器分辨率为 1 μm。

6.1.4 读数仪表:读取位移数值的电动仪表,显示有效数字 3 位以上,单位为微米(μm)。

6.1.5 测试平台:一块结构细密、表面光滑的石板,测试区表面的平整度应小于 0.25 μm,并装有限制基准环移动的限位器,保证下探头的固定。

6.2 非接触式测试仪

6.2.1 非接触式测试仪由基准环、带有数字显示的位移传感器、带有定位标识的测试平台和厚度校准片组成。

6.2.2 基准环是由基座、3 个支撑球、3 个定位柱组成的专用器具。

6.2.3 位移传感器由一对同轴的无接触传感探头(探头传感原理可以是电容的、光学的或其他非接触方式的)、探头支架和信号采集系统及数字显示屏组成。上下探头同轴,与蓝宝石衬底片上下表面探测位置相对应。固定探头的公共轴应与测试平台上的平面垂直(在±2°之内),传感器可感应各探头的输出信号,并能通过采集、数据处理及运算在显示屏显示当前点的弯曲度。显示有效数字3位以上,单位为微米(μm)。

6.2.4 测试平台是一块结构细密、表面光滑的石板,测试区表面的平整度应小于0.25 μm,并装有限制基准环移动的限位器,保证下探头的固定。

6.2.5 厚度校准片是测试仪应备有的附件,用以校正测试仪。

6.3 白光干涉式测试仪

6.3.1 白光干涉式测试仪由光学照明系统、光学成像系统、垂直扫描系统及信号处理系统组成。

6.3.2 光学照明系统采用半导体激光或He-Ne激光作为光源。

6.3.3 光学成像系统采用无限远光学成像系统,由显微物镜和成像目镜组成。

6.3.4 垂直扫描系统采用闭环反馈控制方式驱动显微物镜垂直移动,移动范围100 μm~1 000 μm,位置移动精度10^{-4} μm。

6.3.5 信号处理系统由计算机和数字信号协处理器组成,采集系列原始图像数据并使用专用数字信号协处理器完成数据解析。

7 试样

7.1 从一批蓝宝石衬底片中按GB/T 2828.1计数抽样方案或双方商定的方案抽取试样。

7.2 蓝宝石衬底片应具有清洁、干燥的表面。

7.3 如果待测片不具备参考面,应在衬底片背面边缘处作出测试定位标记。

8 测试环境

除另有规定外,应在下列条件下进行测试:

a) 环境温度:20 ℃~25 ℃;

b) 相对湿度:≤65%;

c) 洁净度:8级洁净室或以上;

d) 配置有防振平台。

9 测试程序

9.1 非接触式测试仪器校正

9.1.1 从一组厚度校准片中选取厚度与待测衬底片厚度相差在125 μm范围内的厚度校正标准片进行校正测试。

9.1.2 仪器可自动调整厚度测试仪,使所得测试值与该厚度校准片的厚度标准之差在2 μm以内。

9.2 测试

9.2.1 接触式或非接触式测试

9.2.1.1 根据衬底片试样的直径大小,选用或调整基准环的3个支点的位置。

9.2.1.2　将衬底片试样的正面(或规定面)朝上,放入基准环。

9.2.1.3　衬底片如有参考面,应调整参考面的位置与基准环上的标线平行。

9.2.1.4　移动基准环,使衬底片中心处在指示器指针或传感器探头之下。

9.2.1.5　测试衬底片试样中心的位置,记录指示器的读值,并记作 F_1。

9.2.1.6　顺时针转动试样片,每转 90°测试一次,读取数值并记录,分别记为 F_2、F_3、F_4。

9.2.1.7　翻转试样片,重复上述步骤,读取数值并记录,分别记为 B_1、B_2、B_3、B_4,需考虑数值的正负符号。

9.2.1.8　依据式(1)计算衬底片弯曲度。

9.2.2　白光干涉式测试

9.2.2.1　根据衬底片试样的直径大小,选用或调整吸衬底片的平台的位置。

9.2.2.2　将衬底片放到吸衬底片的平台上然后打开吸气开关。

9.2.2.3　选择解析装置上激光光源。

9.2.2.4　进行计算后调整衬底片位置。

9.2.2.5　打开解析装置进行测试。

9.2.2.6　测试仪直接读取弯曲度数值。

10　测试结果的计算

10.1　本标准建议采用 GB/T 6619 中规定的方法计算衬底片弯曲度,如图 1 所示。弯曲度的计算按照式(1)进行:

$$BOW_i = \frac{|F_i - B_i|}{2} \quad \cdots\cdots(1)$$

式中:

BOW_i ——衬底片的弯曲度,单位为微米(μm);

F_i ——衬底片正面测试数值,单位为微米(μm);

B_i ——衬底片反面测试数值,单位为微米(μm)。

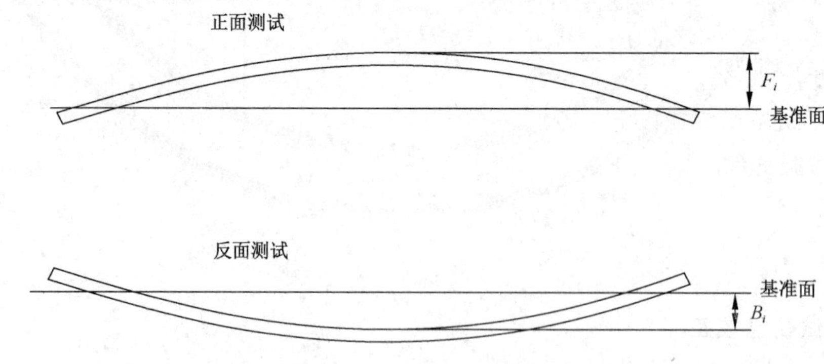

图 1　弯曲度正面、反面测试示意图

10.2　取 BOW_1、BOW_2、BOW_3、BOW_4 中的最大值作为蓝宝石衬底片的弯曲度。

11　精密度

本方法的精密度是经过 4 个试验室巡回测试确定的,测试衬底片试样共 25 片,衬底片直径为 50.8 mm,单个实验室的 2σ 标准偏差小于 1.41 μm,多个实验室间的精密度为±37%。

12 试验报告

试验报告应包含以下内容：

a) 选择的测试方法；

b) 材料批号、规格或其他标识；

c) 设备名称、型号；

d) 已测试的衬底片数量；

e) 测试结果；

f) 本标准编号；

g) 测试日期和测试者。

ICS 83.140
A 82

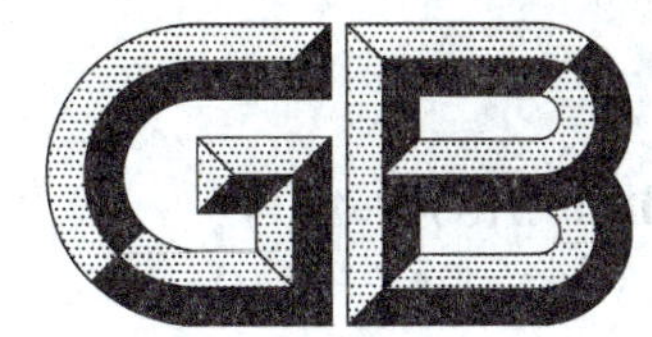

中华人民共和国国家标准

GB/T 31354—2014

包装件和容器氧气透过性测试方法 库仑计检测法

Determination of oxygen gas transmission rate through dry packages—Coulometric sensor

2014-12-31 发布 2015-03-02 实施

中华人民共和国国家质量监督检验检疫总局
中国国家标准化管理委员会 发布

前　言

本标准按照 GB/T 1.1—2009 给出的规则起草。

本标准使用重新起草法修改采用 ASTM F 1307:2002《用库仑计传感器测定干燥包装件氧气透过率的标准试验方法》。

本标准与 ASTM F 1307:2002 的技术性差异及其原因如下：

——用“规范性引用文件”代替“参考文件”，删除了 ASTM 标准，引用相应的国家标准，以适应我国的技术条件；

——删除了 3.1.2“氧气透过系数”的定义，因为本标准未使用该参数；

——ASTM F 1307:2002 中未规定具体的试验环境条件，本标准第 6 章采用 GB/T 2918 标准中规定的标准环境条件；

——将 ASTM F 1307:2002 中的 7.1.2.4 温度控制装置，7.1.4 流量计，7.1.8 电压记录仪，增加精度要求，使描述更加严谨；

——将 ASTM F 1307:2002 中的 8.1 中“ppm”改为“μL/L”，因为 ppm 为非法定计量单位；

——将 ASTM F 1307:2002 中的第 8 章试剂和原料，增加粘合剂的描述，对实际操作更具指导意义；

——将 ASTM F 1307:2002 中的 9.2 吹扫流量改为“不小于 40 mL/min”，以适应我国的技术条件；

——删除第 17 章“精度和偏差”，因该描述为针对单一品牌设备进行的不具普遍意义的分析。

本标准做了下列编辑性修改：

——删除第 5 章“意义和使用”；

——将第 6 章“干扰物”调整为本标准的 8.3；

——将第 10 章和第 11 章合并，并调整为本标准的第 5 章；

——将第 8 章“试剂和材料”调整为本标准的 7.3；

——将第 12 章“仪器校准”的说明作为本标准的附录 A；

——将第 13 章“包装件检测前的准备”调整为本标准的 9.1；

——删除第 14 章中 14.1 和 14.6；

——删除第 18 章“关键字”。

本标准由全国质量监管重点产品检验方法标准化技术委员会(SAC/TC 374)提出并归口。

本标准起草单位：国家包装产品质量监督检验中心(广州)、佛山市南方包装有限公司、广州丽盈塑料有限公司、广东省潮州市质量计量监督检测所、广州市冠誉铝箔包装材料有限公司、广州质量监督检测研究院。

本标准主要起草人：陈立伟、孙世彧、程小炼、郑雪菲、冯祥皓、田育添、马军、刘如强、刘贵深、侯晓东、方六英、郑灿炜。

包装件和容器氧气透过性测试方法 库仑计检测法

1 范围

本标准规定了在稳态条件下采用库仑计法对包装件和容器氧气透过性进行测试的试验方法。

本标准适用于塑料及其复合材料包装件和容器(以下简称“包装件”)的氧气透过性的测试。

2 规范性引用文件

下列文件对于本文件的应用是必不可少的。凡是注日期的引用文件,仅注日期的版本适用于本文件。凡是不注日期的引用文件,其最新版本(包括所有的修改单)适用于本文件。

GB/T 2918 塑料试样状态调节和试验的标准环境(GB/T 2918—1998,ISO 291:1997,IDT)

3 术语和定义

下列术语和定义适用于本文件。

3.1

稳态 steady state

当试样吸收的气体量与透过试样的气体量达到平衡时的状态。

3.2

氧气透过率 oxygen transmission rate

$\boldsymbol{R}(\mathbf{O_2})$

在试验条件下,在单位时间内从包装件外部透入内部的氧气量。国际单位是摩尔每秒(mol/s)。

在标准温度和压力(Standard Temperature and Pressure,STP)下,氧气透过率的常用单位为立方厘米每天(cm^3/d)。

注:在标准温度和压力下,1 atm=0.101 3 MPa,1 cm^3(STP)=44.62 μmol,24 h=86.4×10^3 s。

3.3

氧气透过量 oxygen permeance

$\boldsymbol{P}(\mathbf{O_2})$

氧气透过率与包装件内外氧气分压之差的比值,国际单位为摩尔每秒帕[mol/(s·Pa)],常用单位为立方厘米每天兆帕[cm^3/(d·MPa)]。

4 试验原理

将包装件装在仪器的包装件试验支架上,并将包装件的开口密封。向包装件内通入氮气载气,包装件外侧则置于已知氧气浓度的环境中(如氧气浓度为20.8%的大气中或氧气浓度为100%的密封环境中)。透过包装件壁的氧气随氮气载气一起进入库仑电量传感器中进行反应并产生电流,该电流强度与单位时间内通过库仑电量传感器的氧气量成线性关系。

5 试样

试样应具有代表性，保证密封良好。折痕或其他缺陷会影响测试结果。

6 样品状态调节和试验环境

6.1 实验室环境

按 GB/T 2918 的规定，实验室环境条件为 23 ℃±2 ℃，相对湿度为 50%±10%。

6.2 样品状态调节

在测试条件下，进行试样状态调节，时间为 48 h 以上。

7 测试仪器及辅助材料

7.1 仪器构成简图

见图 1。

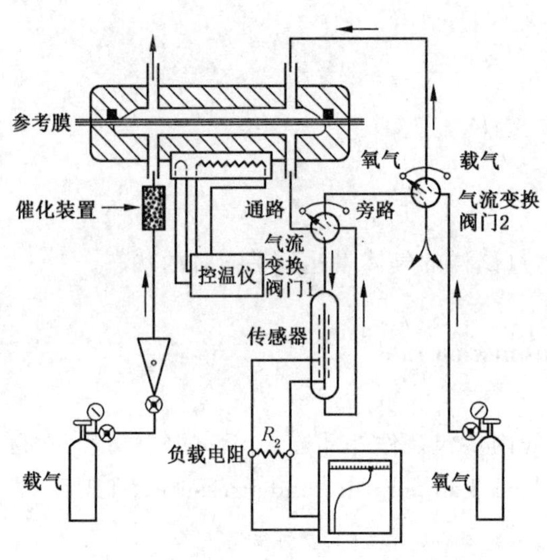

图 1 仪器构成简图

7.2 仪器部件

7.2.1 包装件试验支架

包装件试验支架应有可供载气输入和输出的通路，并且不会产生明显的气流损失或泄漏。

7.2.2 检测腔

检测腔由上下两部分组成，并应配有温度控制装置，控温精度为±0.5 ℃。当使用参考膜对系统进行校准时，检测腔应关闭。

7.2.3 催化装置

催化装置由一个配有接口的金属管构成。金属管中装有 3 g～5 g 含 0.5%的铂或钯的氧化铝固载催化剂或其他等效的除氧装置，保证通往扩散腔和包装件中的载气中不含氧气。

7.2.4 流量计

用于测量载气的流量，其量程为 5 mL/min～100 mL/min，准确度等级不低于 1.0。

7.2.5 气流变换阀门

不少于两个气流变换阀门，用于切换载气和待测气体。

7.2.6 库仑电量传感器

库仑电量传感器仅对氧气敏感，其运行特性恒定有效，效率为 95%～98%，用于检测透过的氧气量。

7.2.7 负载电阻器

由库仑传感器产生的电流通过一个负载电阻器，并由负载电阻器测量输出的电压。典型的负载电阻器的值为 5.3 Ω 或 53 Ω，精度不低于 1%。

7.2.8 电压记录仪

用一台多量程记录仪来记录负载电阻器上产生的电压，该记录仪能够记录的量程电压为 0.1 mV～50 mV，最小分度值为 10 μV，精度不低于为 1%，其阻抗至少为 5 000 Ω。

7.3 试剂和材料

7.3.1 载气

载气为氮气或氮气和氢气的混合物，其中氢气的体积百分比含量为 0.5%～3.0%，载气应干燥，氧气的含量不得高于 100 μL/L。

7.3.2 密封油脂

活塞用的高粘度有机硅油脂或高真空油脂，用于密封校准薄膜。

7.3.3 氧气

氧气应干燥，含量不低于 99.5%。测试某些透过量较大的样品时可采用空气(20.8% O_2)、其他已知浓度的氧气-氮气或氧气-其他惰性气体混合气。

7.3.4 粘合剂

粘合剂(如环氧树脂)应能快速固化，具有良好的密封性能，用于试样与仪器的连接紧固。

8 注意事项

8.1 过多地使用干燥气体可能会导致传感器的输出和反应时间下降。

8.2 温度是影响氧气透过率测量的关键参数，故良好的温度控制可以降低因为温度波动而导致的数据波动，在检测中应定期监测和记录温度。

8.3 当完成低阻隔材料(如低密度聚乙烯)测试后，再测试高阻隔材料时，传感器需要相对长的时间才能达到稳定。因此,同一次试验中应测试气体透过性能相近的材料。应确保载气一直在设备内流通。

8.4　一些材料的氧气透过性能会受相对湿度的影响。如果包装件暴露在实验室空气(20.8% O_2)中检测,应控制室内相对湿度的变化幅度为3%以内。

8.5　在载气中客观存在的特定干扰物可能会引起不必要的电流输出及错误因素。这些干扰物包括自由氯和一些强力氧化剂。传感器应尽量不要暴露在二氧化碳中,以避免因氢氧化钾电极与二氧化碳反应而使传感损坏。

9　试验步骤

9.1　仪器的校准:如果需要,可按附录A校准仪器。

9.2　将待测试样安装在仪器的包装件试验台上,用环氧树脂将试样与试验台连接处密封。待测试样与仪器的连接方式取决于包装件的形状、类型和检测目的。连接时,进气管与出气管的位置应尽量远离,进气管应高于出气管。对大多数测试而言,包装件可能在空气中检测(20.8% O_2)。对于高阻隔的材料,可将其置于100%的氧气中进行检测。这会增加氧气透过量,增加的比例关系为:100%/20.8%=4.8。各种连接方式见图2～图5所示。

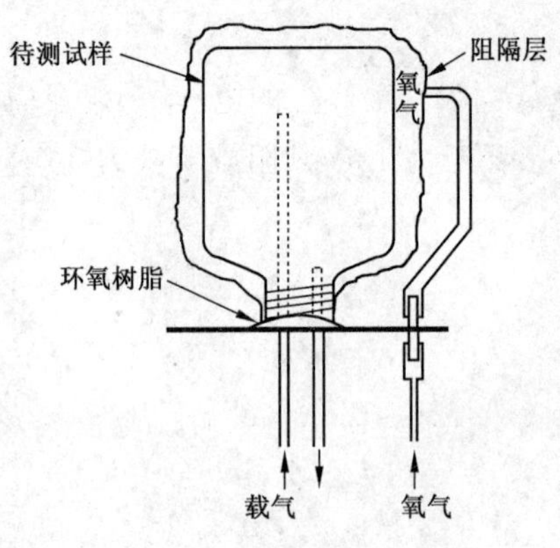

图2　试验气体为100% O_2

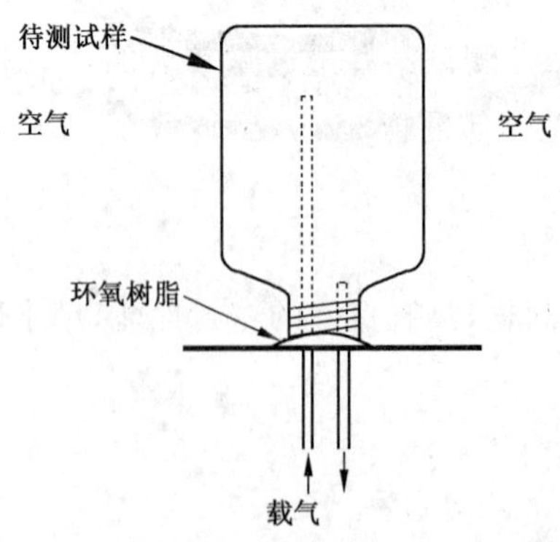

图3　试验气体为空气(20.8% O_2)[容器(不带盖)]

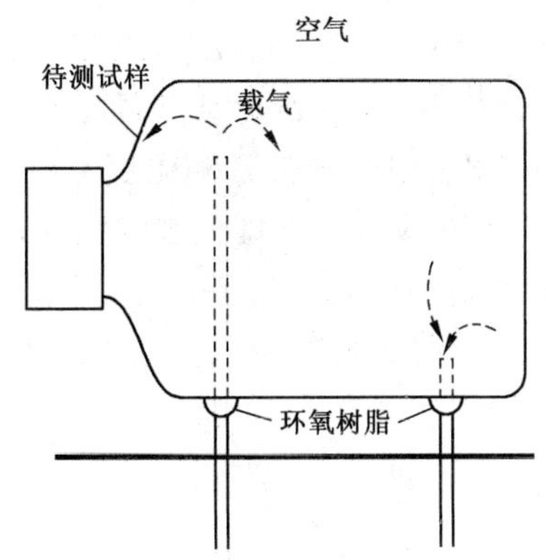

图 4　试验气体为空气(20.8% O_2)[容器(带盖)]

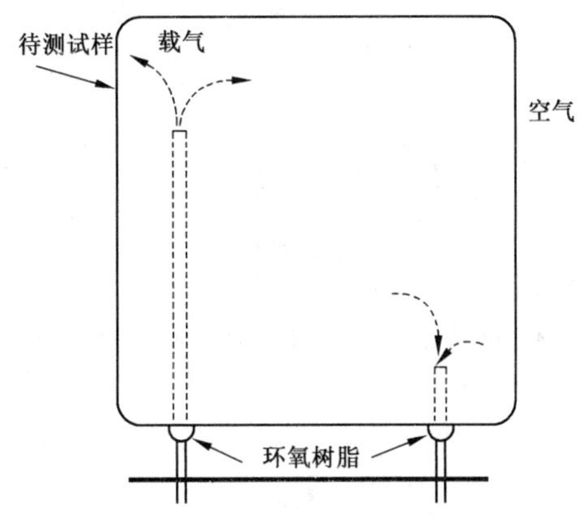

图 5　试验气体为空气(20.8% O_2)(包装袋)

9.3　打开氮气载气的开关和阀门,以不小于 40 mL/min 的流量将待测试样内的空气吹净。吹扫时间根据样品的容积而定,不少于以下规定时间:

体积 $V<100$ mL 时:30 min

100 mL$\leqslant V<200$ mL 时:1 h

200 mL$\leqslant V<500$ mL 时:2 h

$V\geqslant 500$ mL 时:3 h 以上

空气吹扫时间结束后,将流量降低至 5 mL/min～15 mL/min,并维持 30 min。

9.4　吹扫结束后,将保持载气流量不变,使载气进入库仑计中。此时,电压记录仪显示的传感器的输出电压将逐渐增加,说明氧气正随氮气载气一起进入传感器内。这些氧气的来源可能是:

a)　试样脱气;

b)　系统泄漏;

c)　氧气开始渗透到试样内;

d)　以上三种因素的结合。

此时,应定时观察记录仪的变化,直至传感器输出一个稳定的数值。传感器的输出电压应逐渐增加,最终稳定为一个常数。包装件通常需要几个小时或几天时间才能达到扩散平衡的一个稳定值。在此期间,除了检测平衡水平的短暂时间间隔,仪器应处于旁通状态。当记录仪连续获得一个相同的数值,记录此数值,以 E_e 表示。

9.5 当达到稳态并确定 E_e 后，重新使传感器处于旁通状态，只把载气通入传感器中，维持此状态 30 min，或直至传感器输出一个稳定的数值。记录此数值，以 E_0 表示。

9.6 当使用室温以外的其他温度进行检测时，为避免载气温度波动对传感器的影响，可以将试样放置在温度控制箱(控温精度±0.5 ℃)中，以控制试样的检测温度。

9.7 根据壁厚不同，一些低阻隔材料制成的包装件即使在空气中检测也会超过仪器的检测上限，典型的例子有以聚乙烯、聚碳酸酯和聚苯乙烯制成的软包装。这是由于检测低阻隔材料时，载气中的氧气浓度过高而使传感器饱和。为了避免这一现象，可使用氧气浓度比空气低的混合检测气，并且该混合检测气的氧气分压应为已知值。

10 结果计算

10.1 氧气透过率

按式(1)计算试样的氧气透过率。

$$R(O_2)=\frac{(E_e-E_0)Q}{R_L} \qquad \cdots\cdots(1)$$

式中：

$R(O_2)$——氧气透过率，单位为立方厘米每天(cm^3/d)；

E_e ——稳态时测试电压，单位为毫伏(mV)；

E_0 ——试验前零电压，单位为毫伏(mV)；

Q ——仪器校准常数，单位为立方厘米欧姆每天毫伏[$cm^3 \cdot \Omega/(d \cdot mV)$]；

R_L ——负载电阻值，单位为欧姆(Ω)。

10.2 氧气透过量

按式(2)计算试样的氧气透过量。

$$P(O_2)=\frac{R(O_2)}{p} \qquad \cdots\cdots(2)$$

式中：

$P(O_2)$——氧气透过量，单位为立方厘米每天兆帕[$cm^3/(d \cdot MPa)$]；

$R(O_2)$——氧气透过率，单位为立方厘米每天(cm^3/d)；

p ——试验气体中的氧气分压，单位为兆帕(MPa)。

10.3 试验结果

试验结果保留三位有效数字。

11 试验报告

试验报告应包括如下内容：

a) 对试样的描述和测试的位置；

b) 测试时的大气压力；

c) 试验气体中的氧气分压；

d) 载气流量；

e) 预处理调节过程的描述；

f) 试验环境的温度范围和平均温度；

g） 试验环境的湿度范围和平均湿度；

h） 试验结果；

i） 试验仪器；

j） 试验人员和试验日期；

k） 其他有必要说明的事项。

附　录　A
（资料性附录）
仪器的校准

A.1　概述

本标准方法中所用的氧气传感器是库仑计设备，其线性输出符合法拉第定律。由于传感器的效率为95%～98%，故其几乎是一个绝对值传感器，不需要校准。然而经验显示，传感器在长期使用后，可能会衰竭或损坏，致使效率和反应会削弱。为此，本标准提供了周期性的系统校准方法。

A.2　校准步骤

A.2.1　确保传感器在旁路状态，即没有气流进入传感器得情况下，松开检测腔并打开腔盖。在检测腔密封边缘上均匀涂抹一层密封油脂(见7.3.2)。放入参考薄膜，小心避免折痕和起皱，然后重新放回腔盖并夹紧。

A.2.2　开始通入氮气载气，调节其流量为50 mL/min～60 mL/min(由流量计显示)，以使空气从上、下腔中排出。3 min～4 min后把流量调至5 mL/min～15 mL/min，并保持30 min。

A.2.3　在系统通氮气并且传感器处于旁路状态下30 min后，把氮气载气引入传感器。此时，电压记录仪上显示的传感器输出通常会突然增大，这表示氧气随着载气进入到传感器。这些氧气可能来自于样品的脱气、系统泄漏，或者两种情况的组合。操作者应该观察记录轨迹直到传感器输出电流稳定在一个不变的没有明显趋势变化的低值。此时，记录下记录仪曲线上可观察到的偏差，把它记为E_0。

A.2.4　记录零值(E_0)后，将氧气气流切换到检测腔的检测气一侧，而氮气则持续流入到检测舱的另一侧。此后，在电压记录仪上显示的传感器输出应该会增加并逐渐稳定至恒定的数值(E_e)。记录下观察到的最终稳态电压值E_e。

A.2.5　仪器的校准最好是在参考膜的氧气透过率数据所得出的那个温度下进行。温度不同时，应引入恰当的修正系数。通过监控设置在参考膜两侧的温度计或热电偶得到检测温度。参考膜的温度被认为是两个数值的中间值。

A.2.6　如果在系统校准后想进行包装件检测，设备应该根据以下步骤设置到备用状态：

a)　关闭氧气检测气，将氮气载气切换到检测舱的检测气一侧；

b)　关闭氧气输入；

c)　降低氮气载气的流量至小于5 mL/min，并保持此低流量避免空气倒流。

A.2.7　确定校准参考薄膜的有效面积A，使用参考薄膜的标称渗透量确定校准常数Q：

$$Q=\frac{R(O_2)\times R_L}{E_e-E_0} \qquad \text{(A.1)}$$

式中：

$R(O_2)$——通过面积A的氧气渗透率，参考薄膜本身提供该数据；

R_L　——负载电阻的大小(见7.2.7)；

E_e　——稳态电压值(见A.2.4)；

E_0　——零值(见A.2.3)。

A.2.8　使用不同的参考膜来重复校准仪器，直到测量到的校准常数Q在可接受的界限内。当仪器有多个测试腔时，应把参考膜放入同一个腔进行测试。

A.2.9 原则上，传感器中每进入一个氧气分子，就会释放出四个电子。同时，经验显示，设备的传感器效率为95%～98%。因此，应该查找引起校准常数Q的明显波动的原因并采取相应措施。

A.2.10 校准因子Q是检测结果描述的单位函数，如果改变单位，根据基本单位（质量、长度和时间）的换算，Q的数值也会相应变化。

ICS 83.140
A 82

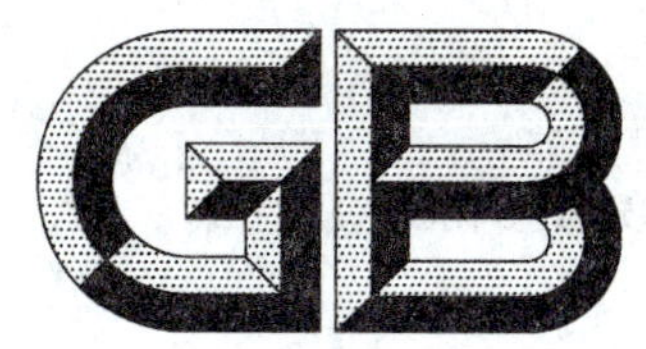

中华人民共和国国家标准

GB/T 31355—2014

包装件和容器水蒸气透过性测试方法　红外传感器法

Determination of water vapor transmission rate through dry packages—Modulated infrared sensor

2014-12-31 发布　　2015-03-02 实施

中华人民共和国国家质量监督检验检疫总局
中国国家标准化管理委员会　发布

前　言

本标准按照 GB/T 1.1—2009 给出的规则起草。

本标准由全国质量监管重点产品检验方法标准化技术委员会(SAC/TC 374)提出并归口。

本标准起草单位:国家包装产品质量监督检验中心(广州)、佛山市南方包装有限公司、广东省潮州市质量计量监督检测所、辽宁省出入境检验检疫局技术中心、广州质量监督检测研究院。

本标准主要起草人:孙世彧、程小炼、刘名扬、刘贵深、郑雪菲、林晓亮、吴健兴、侯晓东、马军、方六英、郑灿伟。

包装件和容器水蒸气透过性测试方法　红外传感器法

1　范围

本标准规定了在稳态条件下采用红外传感器法对包装件和容器水蒸气透过性进行测试的试验方法。

本标准适用于塑料及其复合材料包装件和容器(以下简称包装件)的水蒸气透过性的测试。

2　规范性引用文件

下列文件对于本文件的应用是必不可少的。凡是注日期的引用文件,仅注日期的版本适用于本文件。凡是不注日期的引用文件,其最新版本(包括所有的修改单)适用于本文件。

GB/T 2918　塑料试样状态调节和试验的标准环境(GB/T 2918—1998, ISO 291:1997, IDT)

3　术语和定义

下列术语和定义适用于本文件。

3.1

水蒸气透过率　water vapor transmission rate;

R

在规定的试验条件下,试验达到平衡时在单位时间内,从包装件外部透入内部的水蒸气量,常用的单位是克每天(g/d)。

3.2

参考膜　reference specimen

在特定的试验条件下,水蒸气透过率为已知的膜片。

4　试验原理

将包装件装在仪器上,并将包装件的开口密封。包装件内通入干燥载气,包装件外侧则置于已知相对湿度环境中。由于包装件内外存在一定的湿度差,水蒸气从高湿度侧,通过包装件壁向低湿度侧渗透。透过包装件壁的水蒸气随载气一起传送到红外传感器中,传感器测量由水蒸气吸收的红外能量的比例,产生一定强度的电信号,电信号的强度与水蒸气的浓度呈比例关系。通过检测一定时间内电信号的强度计算出试样的水蒸气透过率。

5　试样

试样应具有代表性,保证密封良好。折痕或其他缺陷会影响测试结果。

6 样品状态调节和试验环境

6.1 实验室环境

实验室环境条件为 23 ℃±2 ℃,相对湿度为 50%±10%。

6.2 样品状态调节

将样品放到测试条件下进行试样状态调节,时间为 48 h 以上。

7 测试仪器及辅助材料

7.1 仪器构成

仪器包括透湿仪和温湿度控制装置(如外置的恒温恒湿箱)。

透湿仪由包装件试验装置、透湿室、湿度调节装置、流量计、干燥管、气流变换阀门、红外传感器、电压记录仪等部件组成。

温湿度控制装置的控温精度为±0.5 ℃,控湿精度为±2%。

7.2 透湿仪仪器部件

7.2.1 包装件试验支架

将包装件连接到透湿仪的支架,含有可供载气输入和输出的通路,而不会产生明显的气流损失或泄漏。

7.2.2 透湿室

由两个金属腔组成,使用参考膜进行系统校正时应关闭。透湿室应同时配有温度控制装置,控温精度为±0.5 ℃。

7.2.3 湿度调节装置

湿度调节装置用于调节透湿室高湿腔的相对湿度,控湿精度为±2%。

7.2.4 流量计

流量计用于测量载气的流量,其量程为 5 mL/min～100 mL/min,准确度等级不低于 1.0。

7.2.5 干燥管

可将载气干燥至检测限或检测限以下。

7.2.6 气流变换阀门

用于变换干燥载气和测试气体。

7.2.7 红外传感器

对水蒸气的灵敏度为 1 μg/L 或 1 mm^3/dm^3。

7.2.8 电压记录仪

用于记录电压数据。

7.3 试剂和材料

7.3.1 干燥剂

用于干燥载气。

7.3.2 密封油脂

活塞用的高粘度有机硅油脂或真空油脂，校正系统时用于密封参考膜。

7.3.3 环氧树脂

能快速固化，密封性良好的环氧树脂，用于试样与包装件试验装置的连接紧固。

7.3.4 载气

载气可以为氮气或其他惰性气体。载气应干燥，含量不低于99.5%。

7.3.5 蒸馏水或饱和盐水

校正仪器时，用于产生所需的相对湿度。

7.3.6 参考膜

用于校正仪器。

8 测试条件

应优先从表1选择测试条件，也可根据实际情况调整测试条件。

表1 测试条件

序号	温度/℃	相对湿度/%
1	25±0.5	90±2
2	38±0.5	90±2
3	40±0.5	90±2
4	23±0.5	85±2
5	23±0.5	75±2

9 仪器校正

9.1 用参考膜校正仪器，每年校正3～4次，或根据实际情况安排校正的频次。一般地，采用阻隔性不同的参考膜，在仪器的测量范围内进行多点校正，可以较全面地校正系统。各个实验室可利用自认或互认(经过比对确认为中间值)的参考膜进行校正。

9.2 通干燥载气，测定仪器的零电压 E_0。

9.3 按参考膜标识上的使用温湿度条件，设置透湿室的温度和高湿腔的湿度。

9.4 将参考膜平铺于透湿腔内，并关闭透湿腔。

9.5 通干燥载气，调节载气流量至规定值(参考膜上标识的流量)，并保持流量稳定，流量示值偏差应在5%以内。开始测试，直至电压输出值的变化在5%以内时，试验达到稳定状态，记录此电压输出值为 E_R。

9.6 根据参考膜的测试结果，按仪器的使用说明校正仪器。

10 测试步骤

10.1 将待测试样安装在仪器的包装件试验支架上，用环氧树脂将试样与试验支架连接处密封。待测试样与仪器的连接方式取决于包装件的形状、类型和检测目的。连接时，进气管与出气管的位置应尽量远离，进气管应高于出气管。容器的连接方式见图1和图2，包装袋的连接方式见图3。

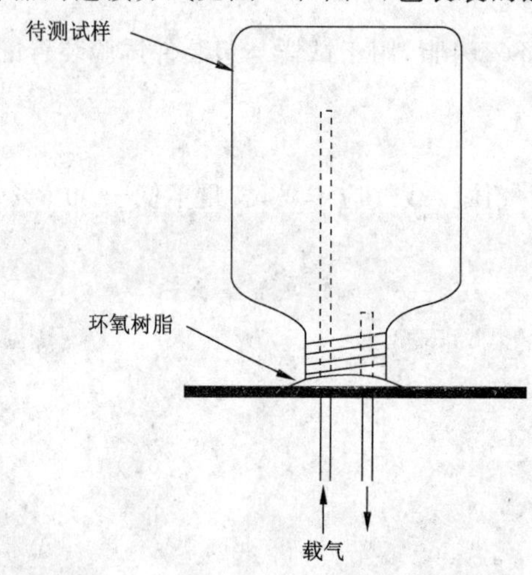

图1 容器连接示意图(不带盖)

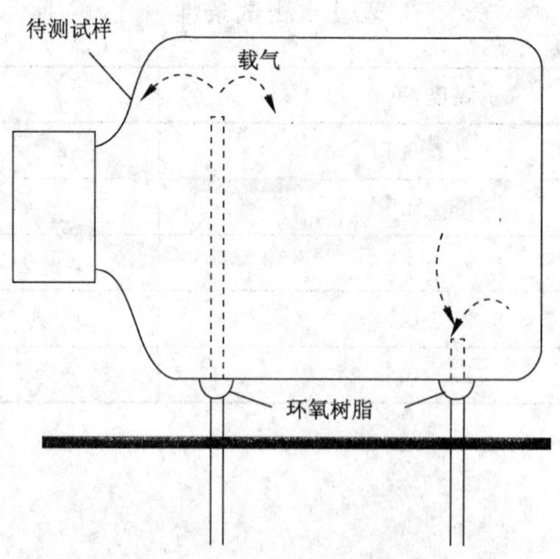

图2 容器连接示意图(带盖)

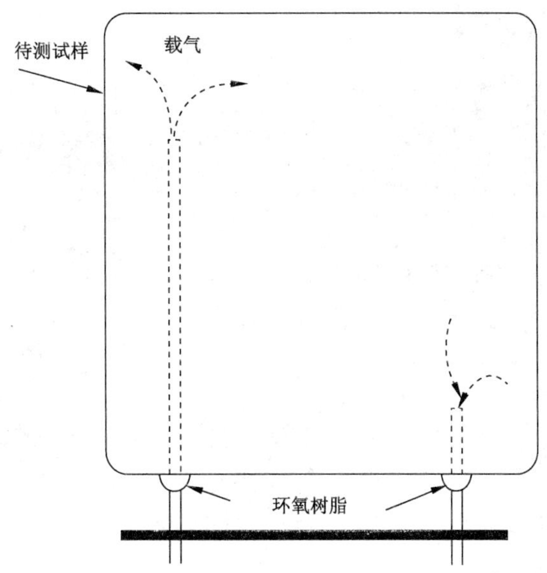

图 3 包装袋连接示意图

10.2 将待测试样安装于已知温湿度的恒温恒湿装置中。

注：也可将试样安装于实验室条件下进行测试，但实验室内温度和湿度的波动会影响试验结果，应在试验报告中予以说明。

10.3 向试样内通干燥的载气，以不小于 40 mL/min 的流量将待测试样品内的空气吹净。吹扫时间根据样品的体积而定，不少于以下规定时间：

体积 $V<100$ mL 时：30 min

$100\ \text{mL} \leqslant V < 200$ mL 时：1 h

$200\ \text{mL} \leqslant V < 500$ mL 时：2 h

$V \geqslant 500$ mL 时：3 h 以上

空气吹扫时间结束后，将流量降低至 5 mL/min～15 mL/min，并维持 30 min。

10.4 吹扫完毕后，调节载气流量到选定值，载气流量应保持稳定，流量示值偏差应在 5%以内。试验所选用的载气流量应与所选参考膜校正时用的流量相同。

10.5 开始测试，直至电压输出值的变化在 5%以内时，试验达到稳定状态，记录此电压输出值为 E_s。

10.6 记录试样内外的温度，精确到 0.5 ℃。

11 结果计算

11.1 按照式(1)计算每个样品的水蒸气透过率：

$$R = C \times \frac{E_s - E_0}{E_R - E_0} \quad \cdots\cdots\cdots\cdots(1)$$

式中：

R ——试样的水蒸气透过率，单位为克每天(g/d)；

C ——仪器的校正参数，单位为克每天(g/d)；

E_s ——试样测试稳态时输出电压，单位为毫伏(mV)；

E_0 ——试验前零电压，单位为毫伏(mV)；

E_R ——参考膜测试稳态时的输出电压，单位为毫伏(mV)。

注：仪器的校正参数 C 与校正时使用的参考膜有关，新型的检测设备可自动计算水蒸气透过率。

11.2 试验结果保留三位有效数字。

12 试验报告

试验报告应包括如下内容：

a) 所用的试验方法；
b) 试验条件，包括温度、湿度、载气流量等；
c) 样品预处理信息；
d) 样品的有关信息；
e) 样品数量；
f) 参考膜的有关信息；
g) 试验结果；
h) 试验人员和试验日期；
i) 其他有必要说明的事项。

ICS 73.040
D 20

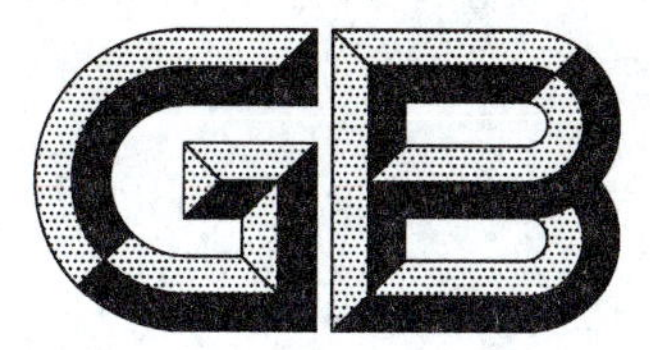

中华人民共和国国家标准

GB/T 31356—2014

商品煤质量评价与控制技术指南

Quality evaluation and control guide for commercial coal

2014-12-31 发布　　　　2015-01-01 实施

中华人民共和国国家质量监督检验检疫总局
中国国家标准化管理委员会　发布

前　言

本标准按照 GB/T 1.1—2009 给出的规则起草。

本标准由中国煤炭工业协会提出。

本标准由全国煤炭标准化技术委员会(SAC/TC 42)归口。

本标准起草单位:煤炭科学技术研究院有限公司煤化工分院、中国煤炭工业协会、北京神华恒运能源科技有限公司、北京华夏力鸿商品检验有限公司、神华销售集团有限公司、中国大唐集团煤业有限责任公司、秦皇岛检验检疫局煤炭检测技术中心、连云港检验检疫局综合技术中心、防城港检验检疫局化矿检验科。

本标准主要起草人:姜英、罗陨飞、朱川、白向飞、姜智敏、刘峰、崔凤海、谷红伟、李向利、张文辉、梁建兵、华夏、史振凡、赵峰、涂华、丁华、刘富、郑厚发、张渤、姜郁、陈永欣、陈岳飞。

引　言

煤炭是我国重要的基础能源和工业原料，也是我国贸易流通领域的大宗商品。为贯彻落实国务院《大气污染防治行动计划》，建立健全商品煤质量评价机制，加强商品煤全过程质量管理，提高终端用煤质量，推进煤炭高效清洁利用，改善环境质量，特制定本标准。

商品煤质量评价与控制技术指南

1 范围

本标准规定了与商品煤有关的术语和定义、质量评价指标、质量控制指标与控制值、试验方法、标识、质量检验与流通要求，以及贸易合同中对质量评价和控制的技术要求。

本标准适用于生产、加工、储运、销售、进口、使用等各环节的商品煤。

本标准不适用于坑口自用煤及低热值煤电厂用煤。

2 规范性引用文件

下列文件对于本文件的应用是必不可少的。凡是注日期的引用文件，仅注日期的版本适用于本文件。凡是不注日期的引用文件，其最新版本(包括所有的修改单)适用于本文件。

GB/T 211 煤中全水分的测定方法

GB/T 212 煤的工业分析方法

GB/T 213 煤的发热量测定方法

GB/T 214 煤中全硫的测定方法

GB/T 216 煤中磷的测定方法

GB/T 219 煤灰熔融性的测定方法

GB/T 220 煤对二氧化碳化学反应性的测定方法

GB 474 煤样的制备方法

GB 475 商品煤样人工采取方法

GB/T 476 煤中碳和氢的测定方法

GB/T 477 煤炭筛分试验方法

GB/T 479 烟煤胶质层指数测定方法

GB/T 1573 煤的热稳定性测定方法

GB/T 1574 煤灰成分分析方法

GB/T 2565 煤的可磨性指数测定方法 哈德格罗夫法

GB/T 3058 煤中砷的测定方法

GB/T 3558 煤中氯的测定方法

GB/T 4633 煤中氟的测定方法

GB/T 5447 烟煤黏结指数测定方法

GB/T 5450 烟煤奥阿膨胀计试验

GB/T 5751 中国煤炭分类

GB/T 6948 煤的镜质体反射率显微镜测定方法

GB/T 8899 煤的显微组分组和矿物测定方法

GB/T 15459 煤的落下强度测定方法

GB/T 16659 煤中汞的测定方法

GB/T 19227 煤中氮的测定方法

GB/T 19494.1 煤炭机械化采样 第1部分:采样方法

GB/T 19494.2　煤炭机械化采样　第2部分：煤样的制备

GB/T 25209　商品煤标识

GB/T 25214　煤中全硫测定　红外光谱法

GB/T 30732　煤的工业分析方法　仪器法

GB/T 30733　煤中碳氢氮的测定　仪器法

DL/T 660　煤灰高温黏度特性试验方法

3　术语和定义

下列术语和定义适用于本文件。

3.1

商品煤　commercial coal

原煤经过加工处理后用于销售的煤炭产品。可分为动力用煤、冶金用煤、化工用原料煤等类别。

3.2

低热值煤电厂　power plant of low calorific value coal

以煤矸石、煤泥、洗中煤等低热值煤为主要燃料发电的电厂。低热值煤电厂入炉燃料收到基低位热值不应高于14.64 MJ/kg。

3.3

动力用煤　steam coal

动力煤

通过煤的燃烧来利用其热值的煤炭产品统称动力用煤。动力用煤按用途可分为发电用煤、工业锅炉及窑炉用煤和其他用于燃烧的煤炭产品等。

3.4

冶金用煤　metallurgical coal

用于冶金的煤炭产品统称冶金用煤。冶金用煤按用途可分为炼焦用精煤、喷吹用精煤、烧结用煤等。

3.5

化工用原料煤　chemical coal

经化学加工转化过程生产能源及化工产品的煤炭产品统称化工用原料煤。包括气化用煤、液化用煤等。

3.6

运距　shipping distance

商品煤从产地或进境口岸起发生运输的距离。

4　质量评价指标

4.1　总则

商品煤质量评价指标指影响商品煤质量及其利用的重要煤质指标。商品煤按其不同类别分别提出质量评价指标。

4.2　动力用煤

动力用煤质量评价基本指标与辅助指标如表1所示。

表 1　动力用煤质量评价指标

商品煤类别	基本指标		辅助指标	
	指标名称	单位	指标名称	单位
动力用煤[a]	煤粉含量[b]($P_{-0.5\ mm}$)	%	煤中碳含量(C_{daf})	%
	全水分(M_t)	%	煤中氢含量(H_{daf})	%
	灰分(A_d)	%	煤中氮含量(N_{daf})	%
	挥发分(V_{daf})	%	煤中钾和钠总量[w(K)+w(Na)]	%
	全硫($S_{t,d}$)	%	煤灰熔融性	℃
	发热量($Q_{net,ar}$)	MJ/kg	哈氏可磨性(HGI)	—
	煤中磷含量(P_d)	%		
	煤中氯含量(Cl_d)	%		
	煤中砷含量(As_d)	μg/g		
	煤中汞含量(Hg_d)	μg/g		
	煤中氟含量(F_d)	μg/g		

[a] 动力用煤的煤类包括褐煤、非炼焦烟煤和无烟煤。

[b] 煤粉含量指商品煤中粒度小于 0.5 mm 的煤粉的质量分数。

4.3　冶金用煤

冶金用煤质量评价基本指标与辅助指标如表 2 所示。

表 2　冶金用煤质量评价指标

商品煤类别	基本指标		辅助指标	
	指标名称	单位	指标名称	单位
冶金用煤	全水分(M_t)	%	煤中碳含量(C_{daf})	%
	灰分(A_d)	%	煤中氢含量(H_{daf})	%
	挥发分(V_{daf})	%	煤中氮含量(N_{daf})	%
	全硫($S_{t,d}$)	%	烟煤胶质层指数(X 和 Y)	mm
	黏结指数($G_{R.I}$)	—	奥亚膨胀度(a 和 b)	%
	煤中磷含量(P_d)	%	发热量($Q_{net,ar}$)	MJ/kg
	煤中氯含量(Cl_d)	%	哈氏可磨性(HGI)	—
	煤中砷含量(As_d)	μg/g	镜质体反射率	%
	煤中汞含量(Hg_d)	μg/g	煤岩显微组分	%
	煤中氟含量(F_d)	μg/g		
	煤中钾和钠总量[w(K)+w(Na)]	%		

4.4　化工用原料煤

化工用原料煤质量评价基本指标与辅助指标如表 3 所示。

表 3 化工用原料煤质量评价指标

商品煤类别	基本指标		辅助指标	
	指标名称	单位	指标名称	单位
化工用原料煤	全水分(M_t)	%	煤中碳含量(C_{daf})	%
	灰分(A_d)	%	煤中氢含量(H_{daf})	%
	挥发分(V_{daf})	%	煤中氮含量(N_{daf})	%
	全硫($S_{t,d}$)	%	煤中钾和钠总量[w(K)+w(Na)]	%
	发热量($Q_{net,ar}$)	MJ/kg	哈氏可磨性(HGI)	—
	煤灰熔融性	℃	落下强度(SS)	%
	煤中磷含量(P_d)	%	热稳定性(TS_{+6})	%
	煤中氯含量(Cl_d)	%	煤灰高温黏度特性	Pa·s
	煤中砷含量(As_d)	μg/g	煤对二氧化碳化学反应性(α)	%
	煤中汞含量(Hg_d)	μg/g	镜质体反射率	%
	煤中氟含量(F_d)	μg/g	煤岩显微组分	%

5 质量控制指标与控制值

5.1 总则

商品煤质量控制指标指商品煤中对环境和人体健康、用煤设备以及煤炭利用效率影响较大的煤质指标，控制值则为商品煤在流通贸易中应达到的基本要求。商品煤按其不同类别分别提出质量控制指标和控制值。

5.2 动力用煤

动力用煤质量控制指标与控制值按表 4 的规定执行。

表 4 动力用煤质量控制指标与控制值

商品煤类别	控制指标	单位	控制值			
			运距≤600 km		运距>600 km	
动力用煤[a]	煤粉含量[b]($P_{-0.5mm}$)	%	≤30.0		≤25.0	
	灰分(A_d)	%	褐煤≤30.00	其他煤≤35.00[c]	褐煤≤20.00[d]	其他煤≤30.00[d]
	全硫($S_{t,d}$)	%	褐煤≤1.50	其他煤≤2.50[e]	褐煤≤1.00	其他煤≤2.00
	煤中磷含量(P_d)	%	≤0.100			
	煤中氯含量(Cl_d)	%	≤0.150			
	煤中砷含量(As_d)	μg/g	≤40			

表 4（续）

商品煤类别	控制指标	单位	控制值	
			运距≤600 km	运距>600 km
动力用煤[a]	煤中汞含量(Hg_d)	μg/g	≤0.600	

[a] 动力用煤的煤类包括褐煤、非炼焦烟煤和无烟煤。

[b] 煤粉含量指商品煤中粒度小于 0.5 mm 的煤粉的质量分数。

[c] 当动力用煤的灰分为 35.00%<A_d≤40.00%时，其发热量($Q_{net,ar}$)应不小于 16.50 MJ/kg。

[d] 当动力用煤的运距超出 600 km 时，要求褐煤发热量($Q_{net,ar}$)≥16.50 MJ/kg，其他煤发热量($Q_{net,ar}$)≥18.00 MJ/kg。

[e] 原产地为广西壮族自治区、重庆市、四川省、贵州省 4 个高硫煤产区的动力用煤，其全硫($S_{t,d}$)应不大于 3.00%。

5.3 冶金用煤

冶金用煤质量控制指标与控制值按表 5 的规定执行。

表 5　冶金用煤质量控制指标与控制值

商品煤类别	控制指标	单位	质量要求
冶金用煤	灰分(A_d)	%	≤12.50[a]
	全硫($S_{t,d}$)	%	≤1.50[b]
	煤中磷含量(P_d)	%	≤0.100
	煤中氯含量(Cl_d)	%	≤0.150
	煤中砷含量(As_d)	μg/g	≤20
	煤中汞含量(Hg_d)	μg/g	≤0.250
	煤中钾和钠总量[c][w(K)+w(Na)]	%	≤0.25

[a] 炼焦用肥煤、焦煤、瘦煤以及用于喷吹的无烟煤，其灰分控制要求为：A_d≤14.00%。肥煤、焦煤、瘦煤及无烟煤的煤类判别按 GB/T 5751 执行。

[b] 炼焦用肥煤、焦煤、瘦煤的干基全硫控制要求为：$S_{t,d}$≤2.50%。

[c] 煤中钾和钠总量的计算方法：

$$w(\mathrm{K})+w(\mathrm{Na})=[0.830\times w(\mathrm{K_2O})+0.742\times w(\mathrm{Na_2O})]\times A_d\div 100$$

式中：

w(K)+w(Na)——煤中钾和钠总量，%；

0.830 ——钾占氧化钾的系数；

$w(K_2O)$ ——煤灰中氧化钾的含量，%；

0.742 ——钠占氧化钠的系数；

$w(Na_2O)$ ——煤灰中氧化钠的含量，%；

A_d ——煤的干燥基灰分，%。

5.4 化工用原料煤

5.4.1 全硫

在满足相关煤炭气化工艺或煤炭直接液化工艺基本要求且具备硫回收设施时，可使用较高硫分的原料煤。

5.4.2 其他指标

其他质量控制指标与控制值参照表 4 执行。

6 试验方法

6.1 煤粉含量

煤粉含量(商品煤中粒度小于 0.5 mm 的煤粉的质量分数)的测定按照 GB/T 477 执行。

6.2 全水分

煤的全水分测定按照 GB/T 211 执行。

6.3 灰分、挥发分

煤的灰分、挥发分的测定按照 GB/T 212 或 GB/T 30732 执行。

6.4 碳、氢含量

煤中碳、氢含量测定按照 GB/T 476 或 GB/T 30733 执行。

6.5 氮含量

煤中氮含量测定按照 GB/T 19227 或 GB/T 30733 执行。

6.6 全硫含量

煤的全硫含量测定按照 GB/T 214 或 GB/T 25214 执行。

6.7 发热量

煤的发热量测定按照 GB/T 213 执行。

6.8 磷含量

煤中磷含量测定可参照 GB/T 216 执行。

6.9 氯含量

煤中氯含量测定可参照 GB/T 3558 执行。

6.10 砷含量

煤中砷含量测定可参照 GB/T 3058 执行。

6.11 汞含量

煤中汞含量测定可参照 GB/T 16659 执行。

6.12 氟含量

煤中氟含量测定可参照 GB/T 4633 执行。

6.13 煤中钾和钠含量

根据煤灰中钾和钠含量折算，煤灰中钾和钠含量的测定按照 GB/T 1574 执行。

6.14 煤灰熔融性

煤灰熔融性测定按照 GB/T 219 执行。

6.15 烟煤胶质层指数

烟煤胶质层指数测定按照 GB/T 479 执行。

6.16 黏结指数

煤的黏结指数的测定按照 GB/T 5447 执行。

6.17 奥亚膨胀度

煤的奥亚膨胀度测定按照 GB/T 5450 执行。

6.18 可磨性指数

煤的可磨性指数(哈德格罗夫法)测定按照 GB/T 2565 执行。

6.19 镜质体反射率

镜质体反射率测定按照 GB/T 6948 执行。

6.20 煤岩显微组分

煤岩显微组分测定按照 GB/T 8899 执行。

6.21 煤对二氧化碳化学反应性

煤对二氧化碳化学反应性的测定方法按照 GB/T 220 执行。

6.22 热稳定性

煤的热稳定性测定按照 GB/T 1573 执行。

6.23 落下强度

煤的落下强度测定按照 GB/T 15459 执行。

6.24 煤灰高温黏度特性

煤灰高温黏度特性测定按照 DL/T 660 执行。

7 标识

7.1 生产、销售和进口的商品煤应按 GB/T 25209 的规定进行标识。

7.2 标识作为商品煤流通的随行文件应包括但不限于如下内容：

——商品煤类别；

——商品煤数量；

——商品煤产地；

——商品煤的标称最大粒度和外观描述；

——商品煤主要煤质指标：应标注第 5 章中规定的控制指标和相应的煤质数据，还可标注第 4 章中规定的评价指标和相应的煤质数据。

8 质量检验与流通要求

8.1 质量检验

8.1.1 商品煤样的采取按 GB 475、GB/T 19494.1 的规定执行。

8.1.2 商品煤样的制备按 GB 474、GB/T 19494.2 的规定执行。

8.1.3 商品煤送检样品应附有商品煤标识或质量证明书。

8.1.4 不同类别商品煤，其质量检验项目不应少于第 5 章中所规定的控制指标。

8.1.5 商品煤质量检验应由具有资质的质量检验机构承担。

8.2 流通要求

符合第 5 章中所规定控制值要求的商品煤可以进行贸易流通。

9 贸易合同中对质量评价和控制的技术要求

9.1 商品煤在贸易流通过程中应加强对煤炭质量的管理与控制，商品煤贸易合同中应明确规定商品煤质量的控制指标和控制值，其中控制指标不应少于第 5 章的要求，控制值不应低于第 5 章的要求。

9.2 商品煤贸易合同中约定的其他商品煤质量评价指标可参照第 4 章。

10 标准的实施

本标准自 2015 年 1 月 1 日起实施，实施过渡期至 2015 年 7 月 1 日。

ICS 83.060
G 40

中华人民共和国国家标准

GB/T 31357—2014

复合橡胶 通用技术规范

Compounded rubber—General technical specification

2014-12-31 发布 2015-07-01 实施

中华人民共和国国家质量监督检验检疫总局
中国国家标准化管理委员会 发布

前　言

本标准按照GB/T 1.1—2009给出的规则起草。

本标准由中国石油和化学工业联合会提出。

本标准由全国橡胶与橡胶制品标准化技术委员会天然橡胶分技术委员会(SAC/TC 35/SC 8)归口。

本标准起草单位：中国热带农业科学院农产品加工研究所、海南省农垦中心测试站、中华人民共和国黄埔出入境检验检疫局、杭州顺豪橡胶工程有限公司、中国石油天然气股份有限公司石油化工研究院、海南天然橡胶产业集团股份有限公司、云南农垦集团有限责任公司、广东省广垦橡胶集团有限公司、中国化工橡胶有限公司。

本标准主要起草人：卢光、邓辉、邹思红、李一民、张庆虎、孙丽君、罗海珍、陈旭国、张荣、王宇翔。

引 言

本标准以贸易为关注焦点，兼顾复合橡胶生产和使用各方的利益，旨在鼓励生产和使用双方根据具体用途定制复合橡胶产品，并为复合橡胶的生产、验收、使用和监管提供依据。

复合橡胶　通用技术规范

1　范围

本标准规定了复合橡胶的术语和定义、命名、要求、检验规则以及包装、标志、贮存和运输。

本标准适用于生橡胶与炭黑、二氧化硅(白炭黑)等配合剂经混合而成的均匀混合物。

2　规范性引用文件

下列文件对于本文件的应用是必不可少的。凡是注日期的引用文件,仅注日期的版本适用于本文件。凡是不注日期的引用文件,其最新版本(包括所有的修改单)适用于本文件。

GB/T 528—2009　硫化橡胶或热塑性橡胶　拉伸应力应变性能的测定

GB/T 531.1　硫化橡胶或热塑性橡胶　压入硬度试验方法　第1部分:邵氏硬度计法(邵尔硬度)

GB/T 533—2008　硫化橡胶或热塑性橡胶　密度的测定

GB/T 1232.1　未硫化橡胶　用圆盘剪切粘度计进行测定　第1部分:门尼粘度的测定

GB/T 4498.1　橡胶　灰分的测定　第1部分:马弗炉法

GB/T 5576　橡胶和胶乳　命名法

GB/T 6038　橡胶试验胶料　配料、混炼和硫化　设备及操作程序

GB/T 7764　橡胶鉴定　红外光谱法

GB/T 9881　橡胶　术语

GB/T 15340—2008　天然、合成生胶取样及其制样方法

GB/T 19188　天然生胶和合成生胶贮存指南

GB/T 24131—2009　生橡胶　挥发分含量的测定

GB/T 24797(所有部分)　橡胶包装用薄膜

GB/T 29613.1　橡胶　裂解气相色谱分析法　第1部分:聚合物(单一及并用)的鉴定

ISO 9924(所有部分)　橡胶和橡胶制品　热重分析法测定硫化胶和未硫化胶的成分(Rubber and rubber products—Determination of the composition of vulcanizates and uncured compounds by thermogravimetry)

3　术语和定义

GB/T 9881、GB/T 5576 界定的以及下列术语和定义适用于本文件。

3.1

复合橡胶　compounded rubber

一种或多种生橡胶与炭黑、二氧化硅(白炭黑)和(或)其他配合剂的均匀混合物。

4　命名

复合橡胶以其中生橡胶的名称或符号加“复合橡胶”后缀命名。其中,生橡胶名称可采用缩略形式,如“天然橡胶”可缩略为“天然胶”。

示例 1：复合橡胶中的生橡胶为天然橡胶时，可命名为："天然橡胶复合橡胶""天然胶复合橡胶"或"NR 复合橡胶"。

示例 2：复合橡胶中的生橡胶为丁苯橡胶时，可命名为："丁苯橡胶复合橡胶""丁苯胶复合橡胶"或"SBR 复合橡胶"。

示例 3：复合橡胶中的生橡胶为天然橡胶和丁苯橡胶时，可命名为："天然橡胶/丁苯橡胶复合橡胶""天然胶/丁苯胶复合橡胶"或"NR/SBR 复合橡胶"。

5 要求

5.1 外观

目视检查，复合橡胶表面或任一处切割截面应色泽均匀，无可见杂质或颗粒。

5.2 胶种及含量

组成复合橡胶的生橡胶种类由供需双方商定，并按 GB/T 7764 或 GB/T 29613.1 进行定性。

按 ISO 9924 测定，复合橡胶中生橡胶含量不应大于 88%（质量分数）。

5.3 理化性能

复合橡胶和复合橡胶硫化胶的理化性能项目在表 1 中列出，其具体指标由供需双方商定，并可根据用途增加适用的性能项目。

表 1 复合橡胶和复合橡胶硫化胶的理化性能

性能项目		试验方法
复合橡胶	密度/(Mg/m^3)	GB/T 533—2008(方法 A)
	门尼黏度/ML(1+4) 100 ℃	GB/T 1232.1
	灰分(质量分数)/%	GB/T 4498.1
	挥发分(质量分数)/%	GB/T 24131—2009(烘箱法 A)
复合橡胶硫化胶	拉伸强度/MPa	GB/T 528—2009 (1 型裁刀)
	拉断伸长率/%	GB/T 528—2009 (1 型裁刀)
	拉断永久变形/%	GB/T 528—2009 (1 型裁刀)
	硬度/邵尔 A	GB/T 531.1
	密度/(Mg/m^3)	GB/T 533—2008(方法 A)

6 检验规则

6.1 组批

每 20 t 为一批，不足 20 t 按一批计。

6.2 抽样和制样

复合橡胶的抽样按 GB/T 15340—2008 的规定进行，复合橡胶硫化胶试样的制备按 GB/T 6038 的规定进行，配方、混炼条件和硫化条件（硫化温度、硫化时间、硫化压力）由供需双方商定。

注：从整批胶包总数随机抽取样本胶包的数量参见 GB/T 15340—2008 中附录 A 的表 A.1。

6.3 出厂检验项目和验收检验项目

本标准第5章所规定的项目均为出厂检验项目或验收检验项目。

6.4 判定

全部检验项目符合规定要求为合格，如检验结果中有一项性能不符合规定，应加倍抽样检验；加倍检验结果仍有不符合项，则该批复合橡胶为不合格。

7 包装、标志、贮存和运输

7.1 包装

7.1.1 复合橡胶胶包内层包装薄膜应符合GB/T 24797的规定；外层使用复合塑料包装袋或用户认可的其他形式包装。每个胶包包装的净含量可为25 kg、33.3 kg或35 kg等。

7.1.2 每一批复合橡胶都应附有产品合格证、质量报告和配料表。

注1：质量报告为产品出厂检验的详细报告。

注2：配料表为复合橡胶所包含的生橡胶及配合剂名称列表。

7.2 标志

复合橡胶外包装应清楚标明以下内容：

a) 生产厂名、厂址和商标，如为国外进口还包括原产国名；
b) 标准编号及年代号；
c) 产品名称；
d) 净含量，kg；
e) 生产日期；
f) 生产批号。

如使用有托板的包装箱，还应在箱外标明以上内容。

7.3 贮存

复合橡胶贮存时应成行成垛整齐摆放，摆放高度不大于10包，每垛之间应保持一定间距，贮存条件应符合GB/T 19188的规定。

7.4 运输

运输时应使用干燥和清洁的车箱或集装箱等装运，盖好篷布，防止日晒或雨淋。

运输时应避免与油类、酸碱、有机溶剂及其他对橡胶有害的物质接触或受其污染。

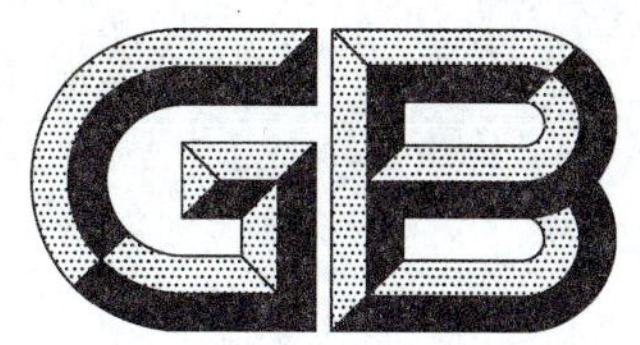

中华人民共和国国家标准

GB 31617—2014

食品安全国家标准
食品营养强化剂 酪蛋白磷酸肽

2014-12-24 发布　　2015-05-24 实施

中华人民共和国
国家卫生和计划生育委员会 发布

食品安全国家标准
食品营养强化剂 酪蛋白磷酸肽

1 范围

本标准适用于以牛乳或酪蛋白制品为原料，用酶解法生产制得的食品营养强化剂酪蛋白磷酸肽。

2 分子结构和相对分子质量

主要有效成分是含有1个～6个磷酸丝氨酸残基的多肽，其相对分子质量为1 000 u～5 000 u。

3 技术要求

3.1 感官要求

应符合表1的规定。

表1 感官要求

项目	要求	检验方法
色泽	白色至淡黄色	取适量样品置于清洁、干燥的白瓷盘中，在自然光线下，观察其色泽和状态
状态	粉末状	

3.2 理化指标

应符合表2的规定。

表2 理化指标

项目		指标	检验方法
酪蛋白磷酸肽含量(以干基计，w)/%		符合声称	附录A中A.3
总氮(以干基计，w)/%	≥	10	GB 5009.5 凯氏定氮法
干燥减量(w)/%	≤	7	GB 5009.3 直接干燥法
灰分(w)/%	≤	20	GB 5009.4
铅(Pb)/(mg/kg)	≤	2	GB 5009.12

3.3 微生物指标

应符合表3的规定。

表 3　微生物指标

项　目	指　标	检验方法
菌落总数/(CFU/g)　　≤	3 000	GB 4789.2
大肠菌群/(MPN/g)　　≤	3.0	GB 4789.3
霉菌和酵母/(CFU/g)　　≤	50	GB 4789.15

附 录 A

检验方法

A.1 一般规定

本标准除另有规定外，所用试剂的纯度应为分析纯或高于分析纯，所用标准滴定溶液、杂质测定用标准溶液、制剂及制品，应按GB/T 601、GB/T 602、GB/T 603的规定制备，试验用水应符合GB/T 6682中三级水的规定。试验中所用溶液在未注明用何种溶剂配制时，均指水溶液。

A.2 鉴别试验

A.2.1 试剂和材料

A.2.1.1 硫酸。

A.2.1.2 硫酸铜($CuSO_4 \cdot 5H_2O$)。

A.2.1.3 硫酸钾(K_2SO_4)。

A.2.1.4 混合试剂：硫酸溶液(质量分数25%)+钼酸铵溶液(25 g/L)+水+维生素C溶液(100 g/L)，1+1+2+1。

A.2.2 分析步骤

将酪蛋白磷酸肽含量的测定所得的干燥沉淀物(A.3.4)转移至凯氏消化管中，加入10 mL硫酸和1 g催化剂(0.1 g硫酸铜和0.9 g硫酸钾)，加热消化完全。取1 mL消化液于试管中，加入1 mL水，沸水浴10 min。取出，冷却至室温，吸取100 μL至另一试管中，加入1.9 mL水，再加入3 mL混合试剂，于45 ℃水浴保温20 min。取出，溶液应显蓝色。

A.3 酪蛋白磷酸肽含量的测定

A.3.1 方法提要

在试样溶液中加入一定浓度的钡离子，钡离子在酪蛋白磷酸肽分子间形成桥连，在适当的温度和pH下，加入一定浓度的乙醇即可使桥连状的酪蛋白磷酸肽分子团沉淀下来，将沉淀干燥并称重，得到产品中酪蛋白磷酸肽的含量。

A.3.2 试剂和材料

A.3.2.1 无水乙醇：用前冷藏至4 ℃。

A.3.2.2 氯化钡溶液：100 g/L。

A.3.2.3 盐酸溶液：取18 mL盐酸慢慢加入100 mL水中。

A.3.2.4 氢氧化钠溶液：80 g/L。

A.3.3 仪器和设备

冷冻离心机。

A.3.4 分析步骤

称取试样 0.5 g～1.5 g，精确至 0.000 2 g，置于一个 50 mL 离心管 A 中，加入 15 mL 水使其完全溶解。用盐酸溶液调节试样溶液的 pH 至 4.6，然后置于冷冻离心机中，在约 4 ℃下 5 000 r/min～7 000 r/min 离心 30 min，取上清液于预先在 105 ℃干燥至恒重的一个 50 mL 离心管 B 中，用氢氧化钠溶液调节此上清液的 pH 值至 6.8，控制溶液总量在 20 mL 以内，加入氯化钡溶液 1.5 mL，再加入无水乙醇至 50 mL，摇匀后于 4 ℃冰箱中放置至少 12 h。然后，从冰箱中取出置于冷冻离心机中，在约 4 ℃下 5 000 r/min～7 000 r/min 离心 30 min，弃去上清液得沉淀物。沉淀物先在 60 ℃～70 ℃干燥箱中烘1 h，再升高温度至 105 ℃烘至恒重。

A.3.5 结果计算

酪蛋白磷酸肽含量的质量分数 w 按式(A.1)计算：

$$w=\frac{m_1-m_2}{m\times(1-w_0)}\times 100\% \qquad \cdots\cdots\cdots\cdots(\text{A.1})$$

式中：

m_1——恒重后离心管 B 和沉淀物的质量，单位为克(g)；

m_2——离心管 B 的质量，单位为克(g)；

m ——试样的质量，单位为克(g)；

w_0——试样的干燥减量，%。

试验结果以平行测定结果的算术平均值为准。在重复性条件下获得的两次独立测定结果的绝对差值不大于算术平均值的 10%。

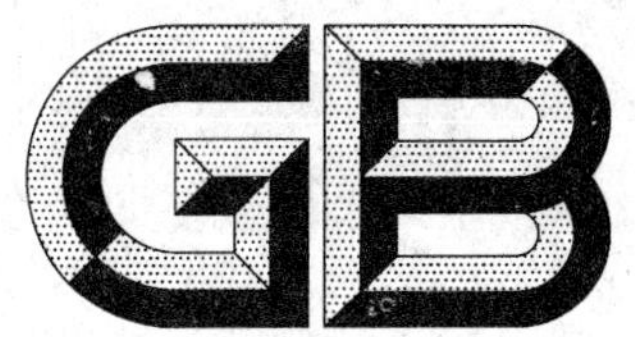

中华人民共和国国家标准

GB 31618—2014

食品安全国家标准
食品营养强化剂 棉子糖

2014-12-24 发布 2015-05-24 实施

中华人民共和国
国家卫生和计划生育委员会 发布

食品安全国家标准
食品营养强化剂 棉子糖

1 范围

本标准适用于以甜菜糖蜜为原料，通过柱层析分离装置提取，再经精制、干燥等工艺制成的食品营养强化剂棉子糖。

2 分子式、结构式和相对分子质量

2.1 分子式

$C_{18}H_{32}O_{16} \cdot 5H_2O$。

2.2 结构式

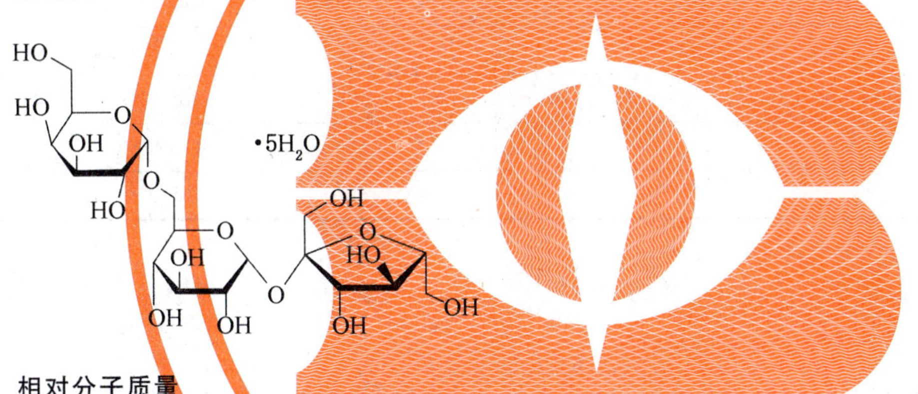

2.3 相对分子质量

594.51(按 2007 年国际相对原子质量)。

3 技术要求

3.1 感官要求

应符合表 1 的规定。

表 1 感官要求

项 目	要 求	检验方法
色泽	白色	取适量试样置于清洁、干燥的白瓷盘内，在自然光线下，观察其色泽和状态，并尝其滋味
状态	粉末	
味道	微甜	

3.2 理化指标

应符合表 2 的规定。

表 2 理化指标

项　　目		指　　标	检验方法
棉子糖含量(以干基计,w)/%	≥	98	附录 A 中 A.2
pH(50 g/L 溶液,20 ℃)		5.0～7.0	GB/T 9724
干燥减量(w)/%	≤	15	GB 5009.3 直接干燥法
总砷(以 As 计)/(mg/kg)	≤	1	GB/T 5009.11
重金属(以 Pb 计)/(mg/kg)	≤	5	GB/T 5009.74

3.3 微生物指标

应符合表 3 的规定。

表 3 微生物指标

项　　目		指　　标	检验方法
菌落总数/(CFU/g)	≤	1 000	GB 4789.2
大肠菌群/(MPN/g)	<	3.0	GB 4789.3
金黄色葡萄球菌/(MPN/g)	<	3.0	GB 4789.10
霉菌/(CFU/g)	≤	50	GB 4789.15
酵母/(CFU/g)	≤	50	GB 4789.15

附 录 A

检验方法

A.1 一般规定

本标准除另有规定外，所用试剂的纯度应在分析纯以上，所用标准滴定溶液、杂质测定用标准溶液、制剂及制品，应按 GB/T 601、GB/T 602、GB/T 603 的规定制备，试验用水应符合 GB/T 6682 的规定。试验中所用溶液在未注明用何种溶剂配制时，均指水溶液。

A.2 棉子糖含量的测定

A.2.1 试剂和材料

A.2.1.1 棉子糖对照品：纯度≥99 %。

A.2.1.2 乙腈：色谱纯。

A.2.2 仪器和设备

A.2.2.1 高效液相色谱仪：配备示差折光检测器，或其他等效的检测器。

A.2.2.2 超声波震荡器。

A.2.3 参考色谱条件

A.2.3.1 色谱柱：胶结合型柱（氨基键合相柱）。

A.2.3.2 流动相：乙腈＋水＝75＋25，该比例根据分离状况适度增减。

A.2.3.3 柱温：40 ℃。

A.2.3.4 流速：0.8 mL/min，该速度根据柱内径和分离状况适度增减。

A.2.3.5 进样量：10 μL。

A.2.4 分析步骤

A.2.4.1 标准溶液的制备

称取约 0.05 g 棉子糖对照品，精确至 0.000 1 g，置于 10 mL 容量瓶中，用水溶解后稀释至刻度，得到棉子糖标准溶液。

A.2.4.2 试样溶液的制备

称取约 0.5 g 试样，精确至 0.000 1 g，置于 50 mL 容量瓶中，用水溶解后稀释至刻度。溶液经超声处理 10 min，用 0.45 μm 滤膜过滤，滤液备用。

A.2.4.3 测定

在 A.2.3 参考色谱条件下，分别对标准溶液和试样溶液进行色谱分析。记录标准溶液和试样溶液色谱图中棉子糖的峰面积值。

A.2.5　结果计算

棉子糖含量(以干基计)的质量分数 w_1 按式(A.1)计算:

$$w_1 = \frac{c_S \times V_1}{m_1 \times (1 - w_0)} \times \frac{A_1}{A_S} \times 100\% \quad \cdots\cdots\cdots\cdots (\text{A.1})$$

式中:

c_S ——标准溶液中棉子糖的浓度,单位为克每毫升(g/mL);

V_1 ——试样溶液的体积,单位为毫升(mL);

m_1 ——试样溶液中试样的质量,单位为克(g);

w_0 ——试样的干燥减量,%;

A_1 ——试样溶液色谱图中棉子糖的峰面积值;

A_S ——标准溶液色谱图中棉子糖的峰面积值。

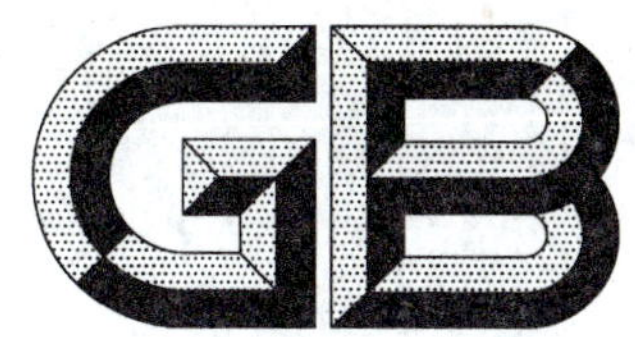

中华人民共和国国家标准

GB 31619—2014

食品安全国家标准
食品添加剂 决明胶

2014-12-24 发布　　2015-05-24 实施

中华人民共和国
国家卫生和计划生育委员会 发布

食品安全国家标准

食品添加剂　决明胶

1　范围

本标准适用于以决明(*Cassia obtusifolia* 或 *Cassia tora*)植物的种子胚乳为原料,经萃取加工而成的食品添加剂决明胶。主要含半乳甘露聚糖,即包含甘露糖线性主链和半乳糖侧链的聚合物。

2　结构式

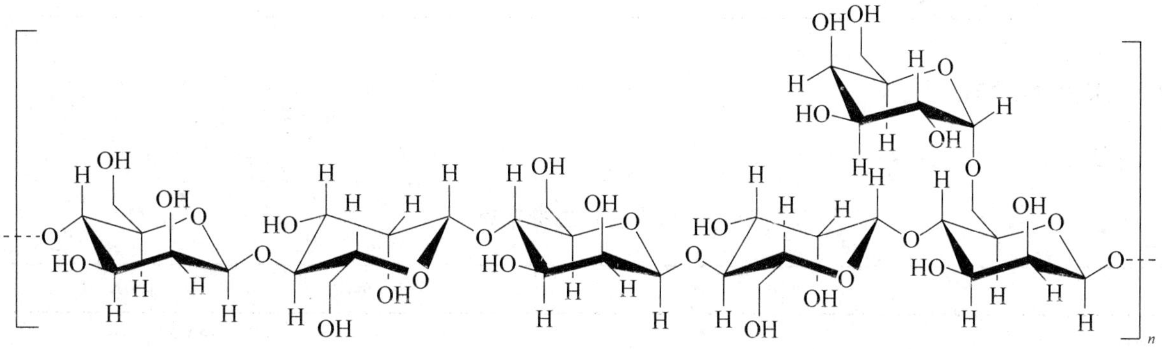

3　技术要求

3.1　感官要求

应符合表1的规定。

表1　感官要求

项　目	要　求	检验方法
色泽	浅黄色至类白色	将适量试样置于白瓷盘内,于自然光线下观察其色泽和状态
状态	粉末	

3.2　理化指标

应符合表2的规定。

表2　理化指标

项　目		指标	检验方法
半乳甘露聚糖(*w*)/%	≥	75	附录A中A.3
干燥减量(*w*)/%	≤	12	GB 5009.3 直接干燥法[a]

表 2（续）

项　　目		指 标	检 验 方 法
灰分（w）/%	≤	1.2	GB 5009.4
酸不溶物（w）/%	≤	2.0	A.4
蛋白质（w）/%	≤	7	GB 5009.5 凯氏定氮法[b]
脂肪（w）/%	≤	1	GB/T 5009.6 索氏抽提法
淀粉试验		通过试验	A.5
蒽醌/（mg/kg）	≤	0.5	A.6
异丙醇（w）/%	≤	1.0	A.7
铅（Pb）/（mg/kg）	≤	1	GB 5009.12

[a] 干燥温度和时间分别为 105 ℃±2 ℃和 5 h。

[b] 氮换算为蛋白质的系数为 6.25。

3.3 微生物指标

应符合表 3 的规定。

表 3 微生物指标

项　　目		指 标	检 验 方 法
菌落总数/（CFU/g）	≤	5 000	GB 4789.2
大肠埃希氏菌/（MPN/g）	<	3.0	GB 4789.38
沙门氏菌		未检出/25 g	GB 4789.4
酵母和霉菌/（CFU/g）	≤	100	GB 4789.15

附 录 A

检验方法

A.1 一般规定

本标准除另有规定外，所用试剂的纯度应在分析纯以上，所用标准滴定溶液、杂质测定用标准溶液、制剂及制品，应按 GB/T 601、GB/T 602、GB/T 603 的规定制备，试验用水应符合 GB/T 6682 的规定。试验中所用溶液在未注明用何种溶剂配制时，均指水溶液。

A.2 鉴别试验

A.2.1 溶解性试验

不溶于乙醇。分散于冷水中，形成胶状溶液。

A.2.2 凝胶试验

A.2.2.1 在试样溶液中加入足量的硼酸钠($Na_2B_4O_7 \cdot 10H_2O$)试液(20 g/L)，使溶液的 pH 超过 9，溶液形成凝胶。

A.2.2.2 称取 1.5 g 试样和 1.5 g 黄原胶，混合均匀。在快速搅拌下，将混合物加入到盛有 300 mL 80 ℃水的 400 mL 烧杯中。搅拌至混合物溶解，继续搅拌 30 min(搅拌时溶液温度保持在 60 ℃以上)。停止搅拌并让混合物在室温下冷却至少 2 h。在温度降至 40 ℃以下后，形成结实、有黏弹性的胶体。而单独的 10 g/L 试样对照液或黄原胶对照液均不形成此凝胶。

A.2.3 pH

10 g/L 试样溶液的 pH 应为 5.5～8.0。

A.3 半乳甘露聚糖的测定

半乳甘露聚糖的质量分数 w_1 按式(A.1)计算：

$$w_1 = 100\% - w_2 - w_3 - w_4 - w_5 - w_6 \quad \cdots\cdots(\text{A.1})$$

式中：

w_2——干燥减量的质量分数，%；

w_3——灰分的质量分数，%；

w_4——酸不溶物的质量分数，%；

w_5——蛋白质的质量分数，%；

w_6——脂肪的质量分数，%。

A.4 酸不溶物的测定

A.4.1 试剂和材料

A.4.1.1 硫酸。

A.4.1.2 助滤剂：硅藻土，经 105 ℃±2 ℃、3 h 干燥处理。

A.4.2 仪器和设备

A.4.2.1 过滤坩埚(经 105 ℃±2 ℃、3 h 干燥处理)。

A.4.2.2 干燥器。

A.4.3 分析步骤

称取 2.0 g 试样，溶于一盛有 150 mL 水和 1.5 mL 硫酸的 250 mL 烧杯中。用表面皿盖上烧杯，在蒸气浴上加热 6 h，加热过程中随时补充蒸发损失掉的水分。加热完成后，称取干燥处理后的助滤剂 500 mg，加入到试样溶液中，用已称重的过滤坩埚进行过滤。用热水洗涤滤渣数次，然后将坩埚连同滤渣在 105 ℃±2 ℃下干燥 3 h，在干燥器内冷却后称重。

A.4.4 结果计算

酸不溶物的质量分数 w_4 按式(A.2)计算：

$$w_4 = \frac{m_1 - m_2 - m_3}{m_4} \times 100\% \qquad \cdots\cdots(A.2)$$

式中：

m_1—— 干燥后坩埚连同滤渣的总质量，单位为克(g)；

m_2—— 助滤剂的质量，单位为克(g)；

m_3—— 坩埚的质量，单位为克(g)；

m_4—— 试样的质量，单位为克(g)。

A.5 淀粉试验

A.5.1 试剂和材料

碘溶液：称取碘 14.0 g，溶于含有碘化钾 36.0 g 的 100 mL 水溶液中，加入 3 滴盐酸，加水稀释至 1 000 mL。

A.5.2 分析步骤

称取试样 1.0 g，分散于 10 mL 水中。加入碘溶液，无蓝色出现，即为通过试验。

A.6 蒽醌的测定

A.6.1 方法提要

用乙腈提取试样中的蒽醌，通过高效液相色谱法进行测定。

注：试样和对照品应避光保存。

A.6.2 试剂和材料

A.6.2.1 蒽醌对照品：大黄素(EMO)(纯度≥90%)、芦荟大黄素(AEM)(纯度≥95%)和大黄素甲醚(PHY)(纯度≥98.0%)，或者 1,8-二羟基-3-甲氧基-6-甲基-蒽醌、大黄酸(RHE)(纯度≥95%)和大黄根酸(CHR)(纯度≥98%)。

A.6.2.2 内标对照品：1,8-二羟基蒽醌(纯度≥96%)。

A.6.2.3 甲醇：色谱纯。

A.6.2.4 乙腈：色谱纯。

A.6.2.5　三氟乙酸。
A.6.2.6　碳酸氢钠溶液：2 g/L。
A.6.2.7　乙腈/碳酸氢钠溶液：乙腈和碳酸氢钠溶液的体积比为 60∶40。
A.6.2.8　缓冲溶液：pH 9.0。

A.6.3　仪器和设备

高效液相色谱仪，配二极管阵列检测器（波长 435 nm）。

A.6.4　参考色谱条件

A.6.4.1　色谱柱：C_{18}色谱柱，250 mm×4.6 mm，粒度 5 μm。或其他等同分离效果的色谱柱和色谱条件。
A.6.4.2　流动相：A+B；A 为 0.1%三氟乙酸溶液，B 为乙腈。
A.6.4.3　运行时间：60 min。
A.6.4.4　梯度：见表 A.1。

表 A.1　流动相的浓度配比

时间/min	流动相 A/%	流动相 B/%
0	86	14
10	86	14
15	80	20
25	80	20
55	20	80
60	0	100

A.6.4.5　流速：1 mL/min。
A.6.4.6　进样量：50 μL。

A.6.5　分析步骤

A.6.5.1　标准贮备溶液（100 mg/L）的制备

称取 3 种蒽醌对照品和内标对照品各 1 mg±0.01 mg，分别用约 5 mL 甲醇将对照品分别转移至 10 mL 的容量瓶中，超声处理 15 min 后，加甲醇稀释至刻度。

此 4 份标准贮备溶液在 4 ℃下贮存于棕色瓶中（此条件下溶液可稳定 2 周）。

A.6.5.2　混合标准溶液（10 mg/L）的制备

3 份蒽醌标准贮备溶液各吸取 1 mL，置于一个 10 mL 的容量瓶中，加甲醇稀释至刻度。

A.6.5.3　标准工作溶液的制备

取 5 个 10 mL 的容量瓶，分别加入 5 mL、2 mL、1 mL、0.5 mL 和 0 mL 混合标准溶液，再分别加入 1 mL 内标标准贮备溶液，混合后，分别加甲醇稀释至刻度。

A.6.5.4　试样溶液的制备

称取约 0.4 g 试样，精确至 0.01 g，置于一个 50 mL 圆底烧瓶中。加入 20 mL 三氟乙酸，在 70 ℃下加热回流 4 h。将试样冷却至室温,并用旋转蒸发器蒸发至干。加入 3 mL 乙腈/碳酸氢钠溶液,超声处理 30 min。将溶液转移至一个离心管中,在 5 000 r/min 下离心 30 min。用事先经 pH 9.0 的缓冲溶液中和过的萃取柱(Merck,NT1 或其他等效柱)过滤上清液。吸取 900 μL 过滤后的试样溶液,置于一个 2.5 mL 的小瓶中,加入 100 μL 内标标准贮备溶液,充分混匀。

A.6.5.5 标准曲线的绘制

在 A.6.4 参考色谱条件下,分别对各个标准工作溶液和内标标准贮备溶液进行色谱分析,记录色谱图中各蒽醌及内标的峰面积。以各蒽醌与内标的峰面积比值对各个标准工作溶液浓度(mg/L)作标准曲线。

A.6.5.6 测定

在 A.6.4 参考色谱条件下,分别对试样溶液和内标标准贮备溶液进行色谱分析,记录色谱图中各蒽醌及内标的峰面积。计算各蒽醌与内标的峰面积比值,根据标准曲线,得到各蒽醌的浓度。

A.6.6 结果计算

各蒽醌的含量 w_7 以毫克每千克(mg/kg)计,按式(A.3)计算:

$$w_7 = \frac{c \times 3 \times 1\,000}{1\,000 \times 0.9 \times m_5} \qquad \text{(A.3)}$$

式中:

c ——根据标准曲线得到的试样溶液中各蒽醌的浓度,单位为毫克每升(mg/L);

3 ——试样溶液的体积,单位为毫升(mL);

1 000——质量换算系数;

1 000——体积换算系数;

0.9 ——取样体积,单位为毫升(mL);

m_5 ——试样的质量,单位为克(g)。

由式(A.3)计算得到的各蒽醌的含量之和即为试样中蒽醌的含量。

A.7 异丙醇的测定

A.7.1 试剂和材料

A.7.1.1 异丙醇:色谱纯。

A.7.1.2 叔丁醇:色谱纯。

A.7.2 仪器和设备

气相色谱仪,配有火焰离子化检测器。

A.7.3 参考色谱条件

A.7.3.1 色谱柱:填料为 0.150 mm~0.180 mm(80 目~100 目)硅烷化的乙基乙烯苯与二乙烯苯共聚物或其他等同物质,1.8 m×3.2 mm(内径)。或其他等同分离效果的色谱柱和色谱条件。

A.7.3.2 载气:氦气或氮气。

A.7.3.3 流速:80 mL/min。

A.7.3.4 进样口温度:200 ℃。

A.7.3.5 柱温:165 ℃。

A.7.3.6 检测器温度:200 ℃。

A.7.3.7 进样量:5 μL。

A.7.4 分析步骤

A.7.4.1 异丙醇标准溶液的制备

称取 100 mg 异丙醇,置于一个装有约 90 mL 水的 100 mL 容量瓶中,加水稀释至 100 mL,混匀。

A.7.4.2 叔丁醇标准溶液的制备

称取 100 mg 叔丁醇,置于一个装有约 90 mL 水的 100 mL 容量瓶中,加水稀释至 100 mL,混匀。

A.7.4.3 混合标准溶液的制备

吸取异丙醇和叔丁醇标准溶液各 4 mL,置于一个 100 mL 容量瓶中,加水稀释至 100 mL,混匀。该溶液含异丙醇和叔丁醇各 40 μg/mL。

A.7.4.4 试样溶液的制备

在一个盛有 200 mL 水的 1 000 mL 圆底蒸馏烧瓶中,加入 1 mL 合适的消泡剂,使其分散。加入准确称量的约 5 g 试样(精确至 0.001 g),振荡 1 h。将此烧瓶与分馏柱相连,调节温度,使泡沫不进入柱子,接馏出液约 95 mL。在馏出液中加入 4 mL 叔丁醇标准溶液,加水补充至 100 mL,即得试样溶液。

A.7.4.5 测定

在 A.7.3 参考色谱条件下,分别对混合标准溶液和试样溶液进行色谱分析。记录各色谱图中异丙醇和叔丁醇的峰面积值。

A.7.5 结果计算

A.7.5.1 响应因子的计算

响应因子 f 按式(A.4)计算:

$$f=\frac{A_{IPA}}{A_{TBA}} \qquad \text{(A.4)}$$

式中:

A_{IPA}——混合标准溶液色谱图中异丙醇的峰面积值;

A_{TBA}——混合标准溶液色谱图中叔丁醇的峰面积值。

A.7.5.2 异丙醇含量的计算

异丙醇含量 w_8 以毫克每千克(mg/kg)计,按式(A.5)计算:

$$w_8=\frac{S_{IPA}\times 4\ 000}{f\times S_{TBA}\times m_6} \qquad \text{(A.5)}$$

式中:

S_{IPA} ——试样溶液色谱图中异丙醇的峰面积值;

4 000——换算系数;

f ——响应因子;

S_{TBA} ——试样溶液色谱图中叔丁醇的峰面积值;

m_6 ——试样的质量,单位为克(g)。

中华人民共和国国家标准

GB 31620—2014

食品安全国家标准
食品添加剂 β-阿朴-8′-胡萝卜素醛

2014-12-01 发布　　　　2015-05-01 实施

中华人民共和国
国家卫生和计划生育委员会　发布

食品安全国家标准

食品添加剂 β-阿朴-8′-胡萝卜素醛

1 范围

本标准适用于由类胡萝卜素生产中常用的合成中间体，经过维蒂希聚合反应制备而成的食品添加剂 β-阿朴-8′-胡萝卜素醛。包含少量的其他类胡萝卜素。

2 分子式、结构式和相对分子质量

2.1 分子式

$C_{30}H_{40}O$。

2.2 结构式

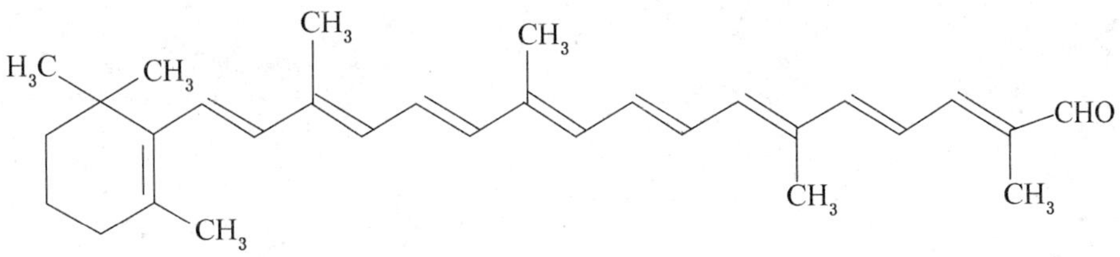

H_3C CH_3 CH_3 CH_3 CHO CH_3 CH_3 CH_3

2.3 相对分子质量

416.65(按 2007 年国际相对原子质量)。

3 技术要求

3.1 感官要求

应符合表 1 的规定。

表 1 感官要求

项 目	要 求	检验方法
色泽	深紫色带有金属光泽	取适量试样置于清洁、干燥的白瓷盘中，在自然光线下，观察其色泽和状态
状态	结晶或结晶性粉末	

3.2 理化指标

应符合表 2 的规定。

表 2 理化指标

项　　目		指　标	检验方法
含量(w)/%	≥	96	附录 A 中 A.3
其他着色物质(w)/%	≤	3	A.4
灼烧残渣(w)/%	≤	0.1	A.5
铅(Pb)/(mg/kg)	≤	2	GB 5009.12
注：商品化的β-阿朴-8′-胡萝卜素醛产品应以符合本标准的β-阿朴-8′-胡萝卜素醛为原料，可添加抗氧化剂、乳化剂等辅料，将其配制成悬浮于食用油中的悬浮液或水溶型的粉末。			

附 录 A

检 验 方 法

A.1 一般规定

本标准除另有规定外，所用试剂的纯度应在分析纯以上，所用标准滴定溶液、杂质测定用标准溶液、制剂及制品，应按 GB/T 601、GB/T 602、GB/T 603 的规定制备，试验用水应符合 GB/T 6682 的规定。试验中所用溶液在未注明用何种溶剂配制时，均指水溶液。

A.2 鉴别试验

A.2.1 溶解性试验

不溶于水，微溶于乙醇，略溶于植物油，可溶于三氯甲烷。

A.2.2 类胡萝卜素试验

A.2.2.1 试剂和材料

A.2.2.1.1 丙酮。

A.2.2.1.2 亚硝酸钠溶液：50 g/L。

A.2.2.1.3 硫酸溶液：0.5 mol/L。

A.2.2.2 分析步骤

配制试样的丙酮溶液。连续向试样液中滴加亚硝酸钠溶液和硫酸溶液，试样液颜色逐渐消失。

A.2.3 分光光度法试验

测定试样溶液（A.3.3.1）在 461 nm 和 488 nm 处的吸收值，A_{488}/A_{461} 的比值应在 0.80～0.84 之间。

A.3 含量的测定

A.3.1 试剂和材料

A.3.1.1 三氯甲烷。

A.3.1.2 环己烷。

A.3.2 仪器和设备

分光光度计。

A.3.3 分析步骤

A.3.3.1 试样溶液的制备

称取试样 0.08 g±0.01 g，置于 100 mL 容量瓶中，加三氯甲烷 20 mL 溶解试样，用环己烷稀释至刻度，摇匀。取此试样液 5.0 mL 于另一个 100 mL 容量瓶中，用环己烷稀释至刻度，摇匀。取此稀释溶液 5.0 mL 于第三个 100 mL 容量瓶中，用环己烷稀释至刻度，摇匀，得到试样溶液。

A.3.3.2 测定

将试样溶液置于 1 cm 比色皿中，以环己烷做空白对照，用分光光度计在波长 461 nm 处测定吸光度。

注：上述操作过程应尽快完成，尽可能地避免暴露在空气中，应保证所有操作均避免阳光直射。

A.3.4 结果计算

β-阿朴-8′-胡萝卜素醛($C_{30}H_{40}O$)含量的质量分数 w_1 按式(A.1)计算：

$$w_1 = \frac{A_1 \times 40\,000}{m_1 \times 100} \times \frac{1}{2\,640} \times 100\% \qquad \text{(A.1)}$$

式中：

A_1 ——试样溶液的吸光度；

40 000——稀释倍数；

m_1 ——试样的质量，单位为克(g)；

100 ——换算系数；

2 640 ——β-阿朴-8′-胡萝卜素醛在环己烷中的吸收系数。

A.4 其他着色物质的测定

A.4.1 试剂和材料

A.4.1.1 三氯甲烷。

A.4.1.2 氢氧化钾甲醇溶液：30 g/L。

A.4.1.3 展开剂：正己烷＋三氯甲烷＋乙酸乙酯＝70＋20＋10。

A.4.1.4 薄层色谱板：硅胶，厚度 0.25 mm。

A.4.2 仪器和设备

分光光度计。

A.4.3 分析步骤

A.4.3.1 薄层色谱板的预处理

将薄层板浸于氢氧化钾甲醇溶液中使之完全湿润，然后取出薄层板，在空气中干燥 5 min，置于 110℃±2 ℃干燥箱中活化 1 h，置于装有氯化钙的干燥器中冷却并保存待用。

A.4.3.2 试样溶液的制备

称取约 0.08 g 试样，精确至 0.001 g，溶于 100 mL 三氯甲烷中。取 400 μL 该溶液均匀地点样于离薄层板底边 2 cm 的基线上。点样后，立刻在预先用展开剂饱和的层析缸中展开，适当避光，直到展开剂前沿线移动至距离基线 10 cm 处。取出薄层板，在室温下挥发大部分溶剂，标记主色谱带和其他类胡萝卜素相应的色谱带。移取包含主色谱带的硅胶吸收剂，转入一支 100 mL 具塞离心管中，加入 40.0 mL 三氯甲烷(溶液 1)。移取包含其他类胡萝卜素的相应色谱带的硅胶吸收剂，转入另一支 50 mL 具塞离心管中，加入 20.0 mL 三氯甲烷(溶液 2)。机械振摇离心管 10 min 后，再离心 5 min。取 10.0 mL

溶液 1用三氯甲烷稀释至 50.0 mL(溶液 3)。

A.4.3.3 测定

分别将溶液 2 和溶液 3 置于 1 cm 比色皿中,以三氯甲烷做空白对照,用合适的分光光度计在最大吸收波长处(474 nm)测定吸光度。

A.4.4 结果计算

其他着色物质(β-阿朴-8′-胡萝卜素醛除外的其他类胡萝卜素)的质量分数 w_2 按式(A.2)计算:

$$w_2 = \frac{A_2 \times 10}{A_3} \times 100\% \qquad \text{(A.2)}$$

式中:

A_2——溶液 2 的吸光度;

10 ——溶液浓度比;

A_3——溶液 3 的吸光度。

A.5 灼烧残渣的测定

A.5.1 试剂和材料

硫酸。

A.5.2 分析步骤

称取约 2 g 试样,精确至 0.000 2 g,置于已在 800 ℃±25 ℃灼烧至恒重的坩埚中,用小火缓缓加热至试样完全炭化,放冷后,加约 1.0 mL 硫酸使其湿润,低温加热至硫酸蒸汽除尽后,移入高温炉中,在 800 ℃±25 ℃灼烧至恒重。

A.5.3 结果计算

灼烧残渣的质量分数 w_3 按式(A.3)计算:

$$w_3 = \frac{m_1 - m_2}{m} \times 100\% \qquad \text{(A.3)}$$

式中:

m_1——残渣和空坩埚的质量,单位为克(g);

m_2——空坩埚的质量,单位为克(g);

m ——试样的质量,单位为克(g)。

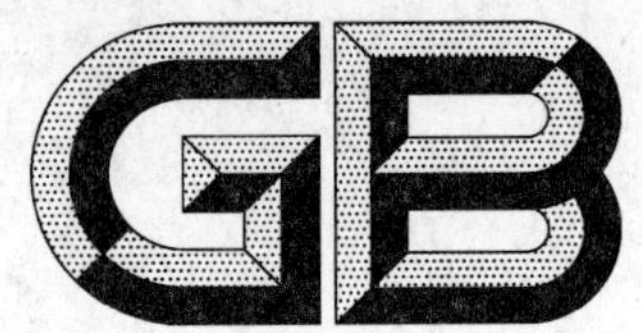

中华人民共和国国家标准

GB 31621—2014

食品安全国家标准
食品经营过程卫生规范

2014-12-24 发布　　　　2015-05-24 实施

中华人民共和国
国家卫生和计划生育委员会　发布

食品安全国家标准
食品经营过程卫生规范

1 范围

本标准规定了食品采购、运输、验收、贮存、分装与包装、销售等经营过程中的食品安全要求。

本标准适用于各种类型的食品经营活动。

本标准不适用于网络食品交易、餐饮服务、现制现售的食品经营活动。

2 采购

2.1 采购食品应依据国家相关规定查验供货者的许可证和食品合格证明文件，并建立合格供应商档案。

2.2 实行统一配送经营方式的食品经营企业，可以由企业总部统一查验供货者的许可证和食品合格证明文件，进行食品进货查验记录。

2.3 采购散装食品所使用的容器和包装材料应符合国家相关法律法规及标准的要求。

3 运输

3.1 运输食品应使用专用运输工具，并具备防雨、防尘设施。

3.2 根据食品安全相关要求，运输工具应具备相应的冷藏、冷冻设施或预防机械性损伤的保护性设施等，并保持正常运行。

3.3 运输工具和装卸食品的容器、工具和设备应保持清洁和定期消毒。

3.4 食品运输工具不得运输有毒有害物质，防止食品污染。

3.5 运输过程操作应轻拿轻放，避免食品受到机械性损伤。

3.6 食品在运输过程中应符合保证食品安全所需的温度等特殊要求。

3.7 应严格控制冷藏、冷冻食品装卸货时间，装卸货期间食品温度升高幅度不超过 3 ℃。

3.8 同一运输工具运输不同食品时，应做好分装、分离或分隔，防止交叉污染。

3.9 散装食品应采用符合国家相关法律法规及标准的食品容器或包装材料进行密封包装后运输，防止运输过程中受到污染。

4 验收

4.1 应依据国家相关法律法规及标准，对食品进行符合性验证和感官抽查，对有温度控制要求的食品应进行运输温度测定。

4.2 应查验食品合格证明文件，并留存相关证明。食品相关文件应属实且与食品有直接对应关系。具有特殊验收要求的食品，需按照相关规定执行。

4.3 应如实记录食品的名称、规格、数量、生产日期、保质期、进货日期以及供货者的名称、地址及联系方式等信息。记录、票据等文件应真实，保存期限不得少于食品保质期满后6个月；没有明确保质期的，保存期限不得少于两年。

4.4 食品验收合格后方可入库。不符合验收标准的食品不得接收，应单独存放，做好标记并尽快处理。

5 贮存

5.1 贮存场所应保持完好、环境整洁，与有毒、有害污染源有效分隔。

5.2 贮存场所地面应做到硬化，平坦防滑并易于清洁、消毒，并有适当的措施防止积水。

5.3 应有良好的通风、排气装置，保持空气清新无异味，避免日光直接照射。

5.4 对温度、湿度有特殊要求的食品，应确保贮存设备、设施满足相应的食品安全要求，冷藏库或冷冻库外部具备便于监测和控制的设备仪器，并定期校准、维护，确保准确有效。

5.5 贮存的物品应与墙壁、地面保持适当距离，防止虫害藏匿并利于空气流通。

5.6 生食与熟食等容易交叉污染的食品应采取适当的分隔措施，固定存放位置并明确标识。

5.7 贮存散装食品时，应在贮存位置标明食品的名称、生产日期、保质期、生产者名称及联系方式等内容。

5.8 应遵循先进先出的原则，定期检查库存食品，及时处理变质或超过保质期的食品。

5.9 贮存设备、工具、容器等应保持卫生清洁，并采取有效措施（如纱帘、纱网、防鼠板、防蝇灯、风幕等）防止鼠类昆虫等侵入，若发现有鼠类昆虫等痕迹时，应追查来源，消除隐患。

5.10 采用物理、化学或生物制剂进行虫害消杀处理时，不应影响食品安全，不应污染食品接触表面、设备、工具、容器及包装材料；不慎污染时，应及时彻底清洁，消除污染。

5.11 清洁剂、消毒剂、杀虫剂等物质应分别包装，明确标识，并与食品及包装材料分隔放置。

5.12 应记录食品进库、出库时间和贮存温度及其变化。

6 销售

6.1 应具有与经营食品品种、规模相适应的销售场所。销售场所应布局合理，食品经营区域与非食品经营区域分开设置，生食区域与熟食区域分开，待加工食品区域与直接入口食品区域分开，经营水产品的区域应与其他食品经营区域分开，防止交叉污染。

6.2 应具有与经营食品品种、规模相适应的销售设施和设备。与食品表面接触的设备、工具和容器，应使用安全、无毒、无异味、防吸收、耐腐蚀且可承受反复清洗和消毒的材料制作，易于清洁和保养。

6.3 销售场所的建筑设施、温度湿度控制、虫害控制的要求应参照5.1～5.5、5.9、5.10的相关规定。

6.4 销售有温度控制要求的食品，应配备相应的冷藏、冷冻设备，并保持正常运转。

6.5 应配备设计合理、防止渗漏、易于清洁的废弃物存放专用设施，必要时应在适当地点设置废弃物临时存放设施，废弃物存放设施和容器应标识清晰并及时处理。

6.6 如需在裸露食品的正上方安装照明设施，应使用安全型照明设施或采取防护措施。

6.7 肉、蛋、奶、速冻食品等容易腐败变质的食品应建立相应的温度控制等食品安全控制措施并确保落实执行。

6.8 销售散装食品，应在散装食品的容器、外包装上标明食品的名称、成分或者配料表、生产日期、保质期、生产经营者名称及联系方式等内容，确保消费者能够得到明确和易于理解的信息。散装食品标注的生产日期应与生产者在出厂时标注的生产日期一致。

6.9 在经营过程中包装或分装的食品，不得更改原有的生产日期和延长保质期。包装或分装食品的包装材料和容器应无毒、无害、无异味，应符合国家相关法律法规及标准的要求。

6.10　从事食品批发业务的经营企业销售食品，应如实记录批发食品的名称、规格、数量、生产日期或者生产批号、保质期、销售日期以及购货者名称、地址、联系方式等内容，并保存相关票据。记录和凭证保存期限不得少于食品保质期满后6个月；没有明确保质期的，保存期限不得少于两年。

7　产品追溯和召回

7.1　当发现经营的食品不符合食品安全标准时，应立即停止经营，并有效、准确地通知相关生产经营者和消费者，并记录停止经营和通知情况。
7.2　应配合相关食品生产经营者和食品安全主管部门进行相关追溯和召回工作，避免或减轻危害。
7.3　针对所发现的问题，食品经营者应查找各环节记录、分析问题原因并及时改进。

8　卫生管理

8.1　食品经营企业应根据食品的特点以及经营过程的卫生要求，建立对保证食品安全具有显著意义的关键控制环节的监控制度，确保有效实施并定期检查，发现问题及时纠正。
8.2　食品经营企业应制定针对经营环境、食品经营人员、设备及设施等的卫生监控制度，确立内部监控的范围、对象和频率。记录并存档监控结果，定期对执行情况和效果进行检查，发现问题及时纠正。
8.3　食品经营人员应符合国家相关规定对人员健康的要求，进入经营场所应保持个人卫生和衣帽整洁，防止污染食品。
8.4　使用卫生间、接触可能污染食品的物品后，再次从事接触食品、食品工具、容器、食品设备、包装材料等与食品经营相关的活动前，应洗手消毒。
8.5　在食品经营过程中，不应饮食、吸烟、随地吐痰、乱扔废弃物等。
8.6　接触直接入口或不需清洗即可加工的散装食品时应戴口罩、手套和帽子，头发不应外露。

9　培训

9.1　食品经营企业应建立相关岗位的培训制度，对从业人员进行相应的食品安全知识培训。
9.2　食品经营企业应通过培训促进各岗位从业人员遵守国家相关法律法规及标准，增强执行各项食品安全管理制度的意识和责任，提高相应的知识水平。
9.3　食品经营企业应根据不同岗位的实际需求，制定和实施食品安全年度培训计划并进行考核，做好培训记录。当食品安全相关的法规及标准更新时，应及时开展培训。
9.4　应定期审核和修订培训计划，评估培训效果，并进行常规检查，以确保培训计划的有效实施。

10　管理制度和人员

10.1　食品经营企业应配备食品安全专业技术人员、管理人员，并建立保障食品安全的管理制度。
10.2　食品安全管理制度应与经营规模、设备设施水平和食品的种类特性相适应，应根据经营实际和实施经验不断完善食品安全管理制度。
10.3　各岗位人员应熟悉食品安全的基本原则和操作规范，并有明确职责和权限报告经营过程中出现的食品安全问题。
10.4　管理人员应具有必备的知识、技能和经验，能够判断潜在的危险，采取适当的预防和纠正措施，确保有效管理。

11 记录和文件管理

11.1 应对食品经营过程中采购、验收、贮存、销售等环节详细记录。记录内容应完整、真实、清晰、易于识别和检索，确保所有环节都可进行有效追溯。

11.2 应如实记录发生召回的食品名称、批次、规格、数量、发生召回的原因及后续整改方案等内容。

11.3 应对文件进行有效管理，确保各相关场所使用的文件均为有效版本。

11.4 鼓励采用先进技术手段(如电子计算机信息系统)，进行记录和文件管理。

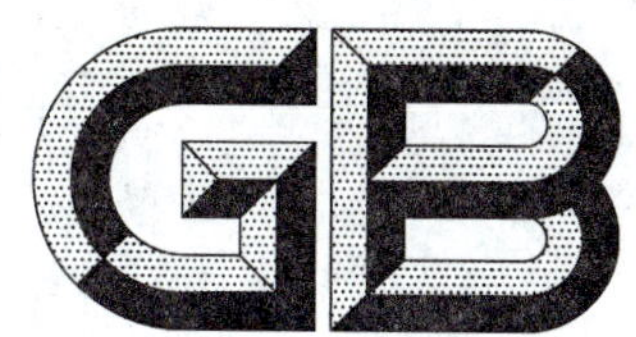

中华人民共和国国家标准

GB 31622—2014

食品安全国家标准
食品添加剂　杨梅红

2015-01-28 发布　　　　2015-07-28 实施

中华人民共和国
国家卫生和计划生育委员会　发布

食品安全国家标准
食品添加剂　杨梅红

1　范围

本标准适用于以杨梅(*Mynica rubra* Sied.*et* Zucc)的成熟果实为原料，经乙醇溶液浸提、食品工业用吸附树脂纯化，再经浓缩、干燥制得的食品添加剂杨梅红。

2　分子式、结构式和相对分子质量

2.1　分子式

矢车菊素-3-O-葡萄糖苷：$C_{21}H_{21}O_{11}$

2.2　结构式

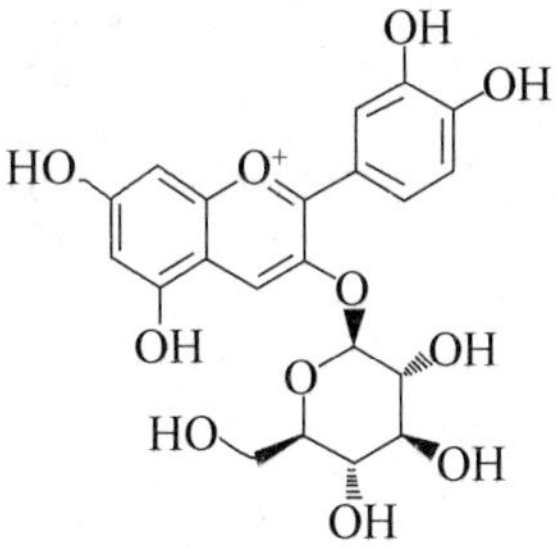

OH
OH
HO
O+
O
OH
O
OH
HO
OH
OH

2.3　相对分子质量

矢车菊素-3-葡萄糖苷：449.38(按 2007 年国际相对原子质量)

3　技术要求

3.1　感官要求

应符合表 1 的规定。

表 1　感官要求

项　目	要　求	检验方法
色泽	紫红色至红黑色	取适量试样置于清洁、干燥的白瓷盘中，在自然光线下，观察其色泽和状态
状态	粉末	

3.2　理化指标

应符合表 2 的规定。

表 2 理化指标

项 目		指 标	检验方法
色价 $E^{1\%}_{1\,cm}$(525±5) nm	≥	40	附录 A 中 A.4
pH(10 g/L 溶液)		3.0～4.5	GB/T 9724
矢车菊素-3-O-葡萄糖苷含量(w)/%	≥	5	A.4
干燥减量(w)/%	≤	18	GB 5009.3 中直接干燥法[a]
灼烧残渣(w)/%	≤	6	GB 5009.4
总砷(以 As 计)/(mg/kg)	≤	2	GB 5009.11
铅(Pb)/(mg/kg)	≤	3	GB 5009.12

[a] 干燥温度和时间分别为 105 ℃±2 ℃和 4 h。

附 录 A

检验方法

A.1 一般规定

本标准除另有规定外，所用试剂均为分析纯，所用标准滴定溶液、杂质测定用标准溶液、制剂及制品，应按 GB/T 601、GB/T 602、GB/T 603 的规定制备，试验用水应符合 GB/T 6682 的规定。试验中所用溶液在未注明用何种溶剂配制时，均指水溶液。

A.2 鉴别试验

A.2.1 最大吸收峰

取试样 0.1 g，用乙醇-盐酸溶液（A.3.1.2）溶解并稀释至 100 mL，此试样液在 525 nm±5 nm 范围内有最大吸收峰。

A.2.2 颜色反应

取试样 0.1 g，溶于 50 mL 水中，溶液呈红色～紫红色，在溶液中加入氢氧化钠溶液（4.3 g 氢氧化钠溶于 100 mL 水中），溶液颜色转为蓝色或深绿色。

A.3 色价的测定

A.3.1 试剂和材料

A.3.1.1 乙醇。

A.3.1.2 乙醇-盐酸溶液：取 4 mL 盐酸溶液（1+4），置于 1 000 mL 容量瓶中，用 40%乙醇溶液稀释定容至刻度，摇匀。

A.3.2 仪器和设备

分光光度计。

A.3.3 分析步骤

称取试样 0.1 g，精确至 0.000 1 g，用乙醇-盐酸溶液溶解并定容至 100 mL，摇匀，然后吸取 10 mL，转移至 100 mL 容量瓶中，加乙醇-盐酸溶液定容至刻度，摇匀。取此试样液置于 1 cm 比色皿中，以乙醇-盐酸溶液做空白对照，用分光光度计在 525 nm±5 nm 的最大吸收波长处测定吸光度（吸光度应控制在 0.2～0.8 之间，否则应调整试样液浓度，再重新测定吸光度）。

A.3.4 结果计算

色价以被测试样液浓度为 1%、用 1 cm 比色皿、在 525 nm±5 nm 的最大吸收波长处测得的吸光度 $E^{1\%}_{1\,\mathrm{cm}}(525\pm5)\ \mathrm{nm}$ 计，按式（A.1）计算：

$$E^{1\%}_{1\,\mathrm{cm}}(525\pm5)\ \mathrm{nm}=\frac{A}{c}\times\frac{1}{100} \qquad \text{(A.1)}$$

式中：

A ——实测试样液的吸光度；

c ——被测试样液的浓度，单位为克每毫升(g/mL)；

100——浓度换算系数。

试验结果以平行测定结果的算术平均值为准。在重复性条件下获得的两次独立测定结果的绝对差值不大于算术平均值的10%。

A.4 矢车菊素-3-O-葡萄糖苷含量的测定

A.4.1 试剂和材料

A.4.1.1 乙腈：色谱纯。

A.4.1.2 盐酸。

A.4.1.3 甲酸。

A.4.1.4 矢车菊素-3-O-葡萄糖苷对照品：纯度≥98%。

A.4.1.5 甲醇溶液：50%。色谱纯甲醇和水等体积比混合均匀。

A.4.1.6 盐酸溶液：1+499。

A.4.2 仪器和设备

高效液相色谱仪，配紫外检测器。

A.4.3 参考色谱条件

A.4.3.1 色谱柱：耐酸型 C_{18} 色谱柱，4.6 mm(内径)×250 mm(长)，粒度 5 μm。或其他等效色谱柱。

A.4.3.2 流动相：乙腈+甲酸+水=(15+1+100)。

A.4.3.3 柱温：25 ℃。

A.4.3.4 流速：1.0 mL/min。

A.4.3.5 进样量：20 μL。

A.4.3.6 检测波长：515 nm。

A.4.4 分析步骤

A.4.4.1 对照溶液的制备

称取适量矢车菊素-3-O-葡萄糖苷对照品，精确至0.000 1 g，用甲醇溶液溶解后配制成浓度约为0.06 mg/mL的矢车菊素-3-O-葡萄糖苷对照溶液，冷冻保存。测定前，此对照溶液用盐酸溶液稀释3倍后，备用。

A.4.4.2 试样溶液的制备

称取试样0.1 g，精确至0.000 1 g，置于具塞锥形瓶中，加入甲醇溶液100 mL，超声处理10 min，用微孔滤膜(0.45 μm)滤过，冷冻保存。测定前，此试样溶液用盐酸溶液稀释3倍后，备用。

A.4.4.3 系统适用性试验

在A.4.3参考色谱条件下，多次进样，对对照溶液进行色谱分析，分离度 R 应大于1.5，理论塔板数按矢车菊素-3-O-葡萄糖苷计算应不低于2 000。

A.4.4.4 测定

在A.4.3参考色谱条件下,分别对对照溶液和试样溶液进行色谱分析。记录试样溶液色谱图与对照溶液色谱图中矢车菊素-3-O-葡萄糖苷峰面积值。

A.4.5 结果计算

矢车菊素-3-O-葡萄糖苷的质量分数 w 按式(A.2)计算:

$$w=\frac{A_1\times c\times 3\times 100}{A_2\times m}\times 100\% \qquad \text{(A.2)}$$

式中:

A_1 ——试样溶液色谱图中矢车菊素-3-O-葡萄糖苷的峰面积值;

c ——对照溶液的浓度,单位为毫克每毫升(mg/mL);

3 ——稀释倍数;

100 ——溶液体积,单位为毫升(mL);

A_2 ——对照溶液色谱图中矢车菊素-3-O-葡萄糖苷的峰面积值;

m ——试样的质量,单位为毫克(mg)。

试验结果以平行测定结果的算术平均值为准。在重复性条件下获得的两次独立测定结果的绝对差值不大于算术平均值的5%。

中华人民共和国国家标准

GB 31623—2014

食品安全国家标准

食品添加剂　硬脂酸钾

2014-12-01 发布　　　　2015-05-01 实施

中　华　人　民　共　和　国
国家卫生和计划生育委员会　发布

食品安全国家标准
食品添加剂 硬脂酸钾

1 范围

本标准适用于以硬脂酸和氢氧化钾为原料，经加工制得的食品添加剂硬脂酸钾。

2 技术要求

2.1 感官要求

应符合表1的规定。

表1 感官要求

项 目	要 求	检验方法
色泽	白色至淡黄色	取适量试样置于清洁、干燥的白瓷盘内，在自然光线下观察其色泽和状态
状态	粉末、颗粒、片型等固体	

2.2 理化指标

应符合表2的规定。

表2 理化指标

项 目		指 标	检验方法
硬脂酸钾含量(w)/%	≥	95	附录A中A.3
游离脂肪酸(w)/%	≤	3	A.4
不皂化物(w)/%	≤	2	GB/T 5535.1 乙醚提取法
铅(Pb)/(mg/kg)	≤	2	GB 5009.12

附　录　A

检 验 方 法

A.1　一般规定

本标准除另有规定外，所用试剂的纯度应在分析纯以上，所用标准滴定溶液、杂质测定用标准溶液、制剂及制品，应按 GB/T 601、GB/T 602、GB/T 603 的规定制备，试验用水应符合 GB/T 6682 中三级水的规定。试验中所用溶液在未注明用何种溶剂配制时，均指水溶液。

A.2　鉴别试验

A.2.1　溶解性试验

试样可溶于水和乙醇。

A.2.2　钾离子的鉴别

取 1 g 试样，加入由 25 mL 水和 5 mL 盐酸组成的混合溶液，加热。脂肪酸被释放，浮在液面上，可溶于正己烷。冷却后，将液相层倒入烧瓶中，蒸发至干。将残渣溶于水中。取铂丝，用盐酸溶液湿润后，蘸取试样，在无色火焰中燃烧，火焰即显紫色；但有少量的钠盐混存时，应隔蓝色玻璃透视才能辨认。

A.3　硬脂酸钾含量的测定

A.3.1　分析步骤

A.3.1.1　硬脂酸甲酯的制备

试样预先在 105 ℃±2 ℃下干燥至恒重。精确称取干燥后的试样约 350 mg，按 GB/T 17376 规定的方法进行甲酯化，得到硬脂酸甲酯。

A.3.1.2　气相色谱分析

按 GB/T 17377 规定的方法对硬脂酸甲酯(A.3.1.1)进行气相色谱分析，计算得到硬脂酸钾的质量分数。

A.4　游离脂肪酸的测定

A.4.1　试剂和溶液

A.4.1.1　氢氧化钠标准滴定溶液：$c(\mathrm{NaOH})=0.1$ mol/L。

A.4.1.2　95%乙醇：以酚酞做指示液，用氢氧化钠溶液中和至淡粉色。

A.4.1.3　酚酞指示液：10 g/L。

A.4.2　分析步骤

称取 7 g～28 g 试样，精确至 0.001 g，置于锥形瓶中，加入 95%乙醇 50 mL，加热使其溶解。加入几滴酚酞指示液，立即用氢氧化钠标准滴定溶液滴定至呈淡粉色，维持 30 s 不褪色为终点。

A.4.3 结果计算

游离脂肪酸的质量分数 w_1 按式(A.1)计算：

$$w_1 = \frac{V \times c \times 32.2}{m} \times 100\% \quad \cdots\cdots\cdots\cdots (A.1)$$

式中：

V ——所用氢氧化钠标准滴定溶液的体积，单位为毫升(mL)；

c ——所用氢氧化钠标准滴定溶液的实际浓度，单位为摩尔每升(mol/L)；

32.2 ——换算因子；

m ——试样的质量，单位为克(g)。

中华人民共和国国家标准

GB 31624—2014

食品安全国家标准
食品添加剂　天然胡萝卜素

2015-01-28 发布　　　　2015-07-28 实施

中华人民共和国
国家卫生和计划生育委员会　发布

食品安全国家标准
食品添加剂　天然胡萝卜素

1　范围

本标准适用于以胡萝卜(*Daucus carota*)、棕榈果油(*Elaeis guinensis*)、甘薯(*Ipomoea batatas*)或其他可食用植物为原料,经溶剂萃取、精制而成的食品添加剂天然胡萝卜素。主要着色物质为β-胡萝卜素和α-胡萝卜素,β-胡萝卜素占大多数。

2　主成分的分子式、结构式和相对分子质量

2.1　分子式

$C_{40}H_{56}$(β-胡萝卜素)

2.2　结构式

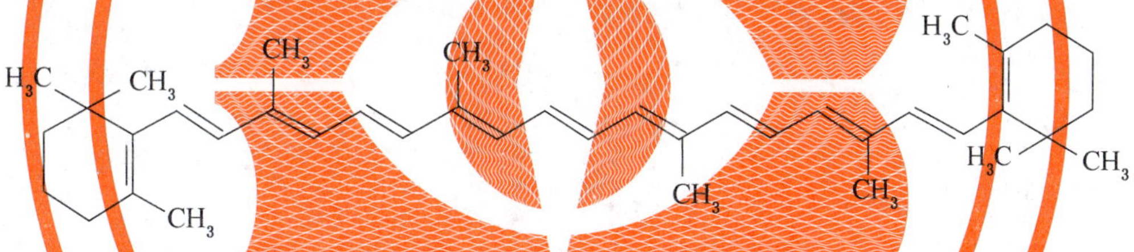

2.3　相对分子质量

536.88(β-胡萝卜素,按2007年国际相对原子质量)

3　技术要求

3.1　感官要求

应符合表1的规定。

表1　感官要求

项　目	要　求	检验方法
色泽	红棕色至棕色或橙色至暗橙色	将适量试样均匀置于白瓷盘内,于自然光线下观察其色泽和状态
状态	固体或液体	

3.2　理化指标

应符合表2的规定。

表 2 理化指标

项　目		指　标	检验方法
胡萝卜素含量(以β-胡萝卜素计,w)/%		符合声称	附录 A 中 A.4
残留溶剂(丙酮、正己烷、甲醇、乙醇和异丙醇)/(mg/kg)	≤	50(单独或混合)	A.4
铅(Pb)/(mg/kg)	≤	5	GB 5009.12
注：商品化的天然胡萝卜素产品应以符合本标准的天然胡萝卜素为原料，可添加抗氧化剂、乳化剂等辅料，将其配制成悬浮于食用油中的悬浮液或水溶型的粉末。			

附 录 A

检 验 方 法

A.1 一般规定

本标准除另有规定外，所用试剂均为分析纯，所用标准滴定溶液、杂质测定用标准溶液、制剂及制品，应按 GB/T 601、GB/T 602、GB/T 603 的规定制备，试验用水应符合 GB/T 6682 中三级水的规定。试验中所用溶液在未注明用何种溶剂配制时，均指水溶液。

A.2 鉴别试验

A.2.1 溶解性试验

不溶于水。

A.2.2 分光光度法试验

用分光光度计测定，试样的环己烷溶液（5 mg/L）在 440 nm～457 nm 和 470 nm～486 nm 处有最大吸收值。

A.2.3 颜色反应

将试样的甲苯溶液（约含 β-胡萝卜素 400 μg/mL）点于滤纸上，用 200 g/L 的三氯化锑甲苯溶液进行喷雾，2 min～3 min 后，斑点变蓝。

A.3 胡萝卜素含量的测定

A.3.1 试剂和材料

A.3.1.1 三氯甲烷。

A.3.1.2 环己烷。

A.3.2 仪器和设备

分光光度计。

A.3.3 分析步骤

A.3.3.1 试样溶液的制备

称取试样 0.08 g±0.01 g，置于一个 100 mL 容量瓶中，加三氯甲烷 20 mL 溶解试样，用环己烷稀释至刻度，摇匀。取此试样液 5.0 mL 于另一个 100 mL 容量瓶中，用环己烷稀释至刻度，摇匀。取此稀释溶液 5.0 mL 于第三个 100 mL 容量瓶中，用环己烷稀释至刻度，摇匀，得到最终的试样溶液。

A.3.3.2 测定

将试样溶液置于 1 cm 比色皿中，以环己烷做空白对照，用分光光度计在最大吸收波长处（440 nm～

457 nm)测定吸光度。吸光度应控制在0.2～0.8之间，否则应通过调整称样量来调整试样液浓度，再重新测定吸光度。

注：上述操作过程应尽快完成，尽可能地避免暴露在空气中，应保证所有操作均避免阳光直射。

A.3.4 结果计算

胡萝卜素含量(以β-胡萝卜素计)的质量分数 w_1 按式(A.1)计算：

$$w_1=\frac{A\times 40\ 000}{m_1\times 100}\times\frac{1}{2\ 500}\times 100\% \qquad \text{(A.1)}$$

式中：

A ——稀释后试样溶液的吸光度；

40 000——稀释倍数；

m_1 ——试样的质量，单位为克(g)；

100 ——换算系数；

2 500 ——β-胡萝卜素在环己烷中的吸收系数。

试验结果以平行测定结果的算术平均值为准。

A.4 残留溶剂(丙酮、正己烷、甲醇、乙醇和异丙醇)的测定

A.4.1 试剂和材料

A.4.1.1 待测组分对照品：丙酮、正己烷、甲醇、乙醇和异丙醇。

A.4.1.2 空白样：几乎不含溶剂的试样。

A.4.1.3 3-甲基-2-戊酮。

A.4.1.4 甲醇。

A.4.1.5 水：GB/T 6682—2008 规定的一级水。

A.4.2 仪器和设备

气相色谱仪，带氢火焰离子检测器(FID)和顶空进样器。

A.4.3 参考色谱条件

A.4.3.1 色谱柱：熔融石英，长0.8 m，内径0.53 mm，涂层为100%二甲基聚硅氧烷，涂层厚度为1 μm。配套：熔融石英，长30 m，内径0.53 mm，涂层为10%二甲基聚硅氧烷，涂层厚度为5 μm。或其他等同分离效果的色谱柱和色谱条件。

A.4.3.2 载气：氦气。

A.4.3.3 流速：208 kPa，5 mL/min。

A.4.3.4 柱温：35 ℃保持5 min，以5 ℃/min升温至90 ℃，保持6 min。

A.4.3.5 进样口温度：140 ℃。

A.4.3.6 检测器温度：300 ℃。

A.4.4 顶空采样器参考条件

A.4.4.1 试样加热温度：60 ℃。

A.4.4.2 试样加热时间：10 min。

A.4.4.3 注射器温度：70 ℃。

A.4.4.4 传质温度：80 ℃。

A.4.4.5 试样气体进样:分流模式,1.0 mL。

A.4.5 分析步骤

A.4.5.1 内标溶液的制备

移取 50.0 mL 甲醇到一个 50 mL 进样瓶中,封盖,称重进样瓶,精确至 0.000 1 g。移取 15 μL 内标物 3-甲基-2-戊酮,通过隔片将其注入进样瓶中,混匀,再称重进样瓶,精确至 0.000 1 g。

A.4.5.2 空白溶液的制备

称取 0.20 g 空白样,置于进样瓶中。加入 5.0 mL 甲醇和 1.0 mL 内标溶液。在 60 ℃下加热 10 min,用力振摇 10 s,混匀。

A.4.5.3 试样溶液的制备

称取 0.20 g 试样,置于进样瓶中。加入 5.0 mL 甲醇和 1.0 mL 内标溶液。在 60 ℃下加热 10 min,用力振摇 10 s,混匀。

A.4.5.4 校准溶液的制备

溶液 A:移取 50.0 mL 甲醇到一个 50 mL 进样瓶中,封盖,称重进样瓶,精确至 0.000 1 g。移取 50 μL 待测组分对照品,通过隔片将其注入进样瓶中,混匀,再称重进样瓶,精确至 0.000 1 g。

称取 0.20 g 空白样,置于进样瓶中。加入 4.9 mL 甲醇和 1.0 mL 内标溶液。通过隔片注入 0.1 mL 溶液 A。混合均匀后,在 60 ℃下加热 10 min,用力振摇 10 s。

A.4.6 测定

在 A.4.3 和 A.4.4 参考操作条件下,分别对试样溶液、空白溶液和校准溶液进行色谱分析。

A.4.7 结果计算

A.4.7.1 校准因子 f_i

校准因子 f_i 按式(A.2)计算:

$$f_i = \frac{m_i}{m_0 \times (A_f - A_g) \times 10} \quad \cdots\cdots(A.2)$$

式中:

m_i ——溶液 A 中待测组分对照品的质量,单位为毫克(mg);

m_0 ——内标溶液中内标物的质量,单位为毫克(mg);

A_f ——校准溶液色谱图中待测组分峰面积与内标物峰面积的比值;

A_g ——空白溶液色谱图中待测组分峰面积与内标物峰面积的比值;

10 ——浓度换算系数。

A.4.7.2 待测组分

待测组分(丙酮、正己烷、甲醇、乙醇和异丙醇)的含量 w_i 以毫克每千克(mg/kg)计,按式(A.3)计算:

$$m_i = \frac{A_i \times m_0 \times f_i \times 1\,000}{50 \times m_2} \quad \cdots\cdots(A.3)$$

式中：

A_i ——试样溶液色谱图中待测组分峰面积与内标物峰面积的比值；

m_0 ——内标溶液中内标物的质量，单位为毫克(mg)；

f_i ——校准因子；

1 000——质量换算系数；

50 ——体积换算系数；

m_2 ——试样的质量，单位为克(g)。

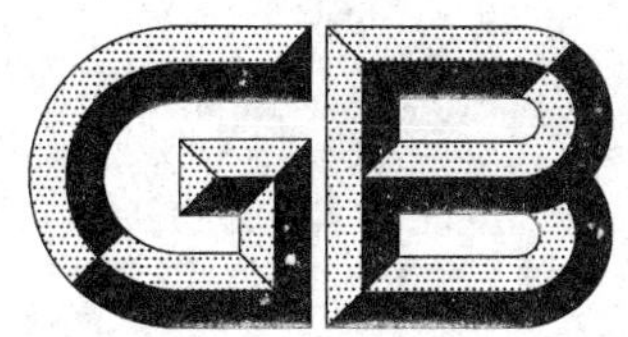

中华人民共和国国家标准

GB 31625—2014

食品安全国家标准

食品添加剂　二氢茉莉酮酸甲酯

2015-01-28 发布　　2015-07-28 实施

中华人民共和国
国家卫生和计划生育委员会　发布

食品安全国家标准
食品添加剂　二氢茉莉酮酸甲酯

1　范围

本标准适用于由正戊醛、环戊酮和丙二酸二甲酯为原料，或者由环戊酮与正戊醛为原料制得的食品添加剂二氢茉莉酮酸甲酯。

2　化学名称、分子式、结构式和相对分子质量

2.1　化学名称

(2-戊基-3-氧代-1-环戊基)-乙酸甲酯

2.2　分子式

$C_{13}H_{22}O_3$

2.3　结构式

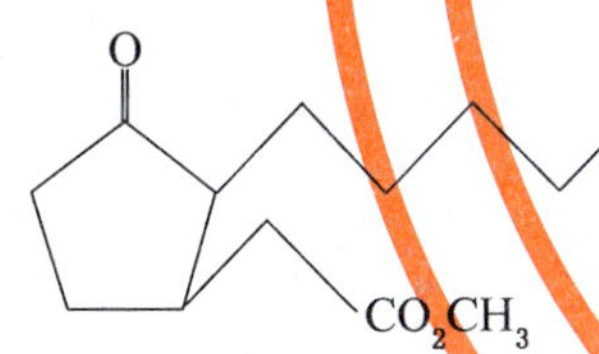

2.4　相对分子质量

226.32（按 2007 年国际相对原子质量）

3　技术要求

3.1　感官要求

应符合表 1 的规定。

表 1　感官要求

项　目	要　求	检验方法
色泽	无色至浅黄色	将试样置于比色管内，用目测法观察
状态	油状液体	
香气	花香，茉莉样香气	GB/T 14454.2

3.2 理化指标

应符合表 2 的规定。

表 2 理化指标

项 目			指 标	检验方法
二氢茉莉酮酸甲酯含量(*w*)/%	反式	≥	85	附录 A、附录 B
	顺式	≥	9～11	
酸值(以 KOH 计)/(mg/g)		≤	2.0	GB/T 14455.5
折光指数(20 ℃)			1.454～1.464	GB/T 14454.4
相对密度(20 ℃/20 ℃)			0.997～1.008	GB/T 11540

附 录 A

二氢茉莉酮酸甲酯含量的测定

A.1 仪器和设备

A.1.1 色谱仪:按 GB/T 11538—2006 中第 5 章的规定。

A.1.2 柱:毛细管柱。

A.1.3 检测器:氢火焰离子化检测器。

A.2 测定方法

面积归一化法:按 GB/T 11538—2006 中 10.4 测定含量。

A.3 重复性及结果表示

按 GB/T 11538—2006 中 11.4 规定进行,应符合要求。

食品添加剂二氢茉莉酮酸甲酯典型气相色谱图(面积归一化法)见附录 B。

附 录 B

食品添加剂二氢茉莉酮酸甲酯典型气相色谱图
（面积归一化法）

B.1 食品添加剂二氢茉莉酮酸甲酯典型气相色谱图

食品添加剂二氢茉莉酮酸甲酯典型气相色谱图见图 B.1。

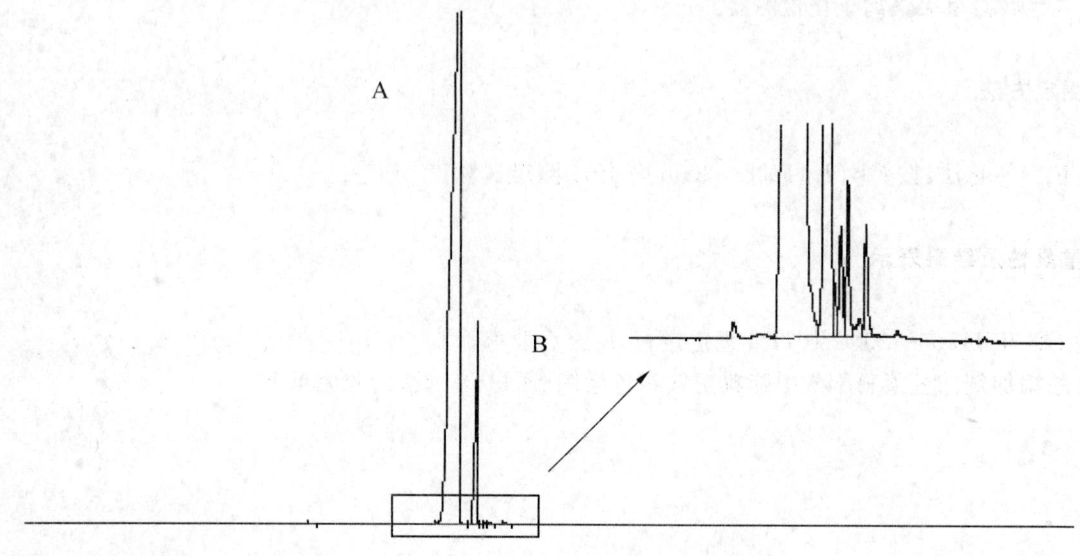

说明：

A ——反式二氢茉莉酮酸甲酯。

B ——顺式二氢茉莉酮酸甲酯。

图 B.1 食品添加剂二氢茉莉酮酸甲酯典型气相色谱图

B.2 操作条件

B.2.1 柱：毛细管柱，30 m×0.32 mm。或其他等效色谱柱。

B.2.2 固定相：5%苯基甲基聚硅氧烷。

B.2.3 膜厚：0.25 μm。

B.2.4 色谱炉温度：程序升温，从 100 ℃～220 ℃，速率 5 ℃/min，最后在 220 ℃保持 6 min。

B.2.5 进样口温度：250 ℃。

B.2.6 检测器温度：280 ℃。

B.2.7 检测器：氢火焰离子化检测器。

B.2.8 载气：纯度 99.99%以上的氮气。

B.2.9 载气流速：1.0 mL/min。

B.2.10 进样量：0.2 μL。

B.2.11 分流比：1∶80。

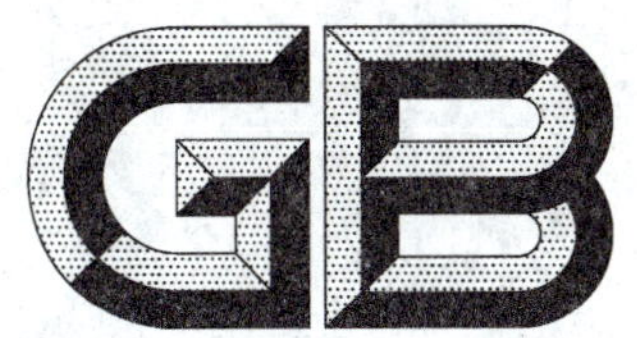

中华人民共和国国家标准

GB 31626—2014

食品安全国家标准

食品添加剂　水杨酸苄酯(柳酸苄酯)

2014-12-24 发布　　　　2015-05-24 实施

中华人民共和国
国家卫生和计划生育委员会　发布

食品安全国家标准
食品添加剂　水杨酸苄酯(柳酸苄酯)

1　范围

本标准适用于由水杨酸钠和氯化苄为原料制得,或者由水杨酸与苯甲醇酯化而得的食品添加剂水杨酸苄酯(柳酸苄酯)。

2　化学名称、分子式、结构式和相对分子质量

2.1　化学名称

2-羟基苯甲酸苄酯。

2.2　分子式

$C_{14}H_{12}O_3$

2.3　结构式

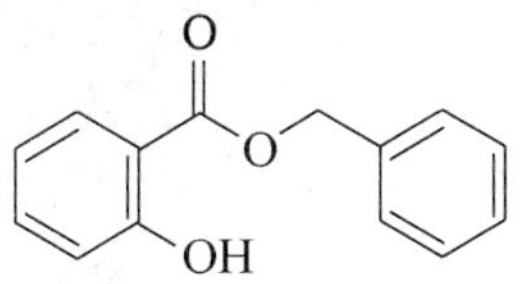

2.4　相对分子质量

228.25(按 2007 年国际相对原子质量)。

3　技术要求

3.1　感官要求

应符合表 1 的规定。

表 1　感官要求

项　目	要　求	检验方法
色泽	无色	将试样置于比色管内,用目测法观察
状态	油状液体	
香气	微弱甜香	GB/T 14454.2

3.2　理化指标

应符合表 2 的规定。

表 2 理化指标

项 目		指 标	检验方法
水杨酸苄酯(柳酸苄酯)含量(*w*)/%	≥	98	附录 A
酸值(以 KOH 计)/(mg/g)	≤	1.0	GB/T 14455.5
折光指数(25 ℃)		1.573～1.584	GB/T 14454.4
相对密度(25 ℃/25 ℃)		1.173～1.183	GB/T 11540

附 录 A

水杨酸苄酯(柳酸苄酯)含量的测定

A.1 仪器和设备

A.1.1 色谱仪:按 GB/T 11538—2006 中第 5 章的规定。

A.1.2 柱:毛细管柱。

A.1.3 检测器:氢火焰离子化检测器。

A.2 测定方法

面积归一化法:按 GB/T 11538—2006 中 10.4 测定含量。

A.3 重复性及结果表示

按 GB/T 11538—2006 中 11.4 规定进行,应符合要求。

食品添加剂水杨酸苄酯典型气相色谱图(面积归一化法)见附录 B。

附　录　B

食品添加剂水杨酸苄酯(柳酸苄酯)典型气相色谱图
(面积归一化法)

B.1　食品添加剂水杨酸苄酯(柳酸苄酯)典型气相色谱图

食品添加剂水杨酸苄酯(柳酸苄酯)典型气相色谱图见图 B.1。

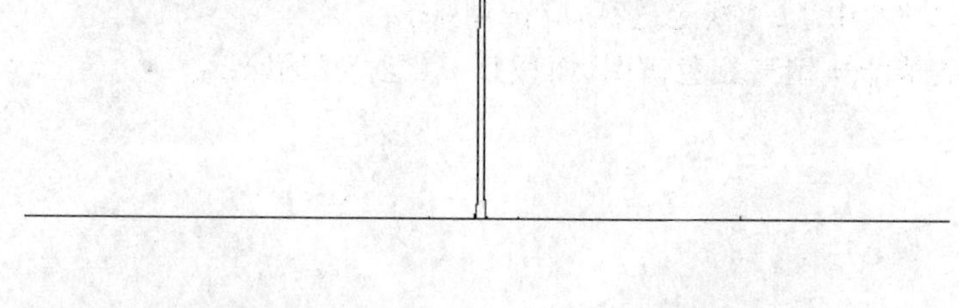

图 B.1　食品添加剂水杨酸苄酯(柳酸苄酯)典型气相色谱图

B.2　操作条件

B.2.1　柱:毛细管柱,30 m×0.25 mm。或其他等效色谱柱。

B.2.2　固定相:5%苯基甲基聚硅氧烷。

B.2.3　膜厚:0.25 μm。

B.2.4　色谱炉温度:200 ℃恒温。

B.2.5　进样口温度:250 ℃。

B.2.6　检测器温度:280 ℃。

B.2.7　检测器:氢火焰离子化检测器。

B.2.8　载气:纯度 99.99%以上的氮气。

B.2.9　载气流速:1.0 mL/min。

B.2.10　进样量:0.2 μL。

B.2.11　分流比:1∶100。

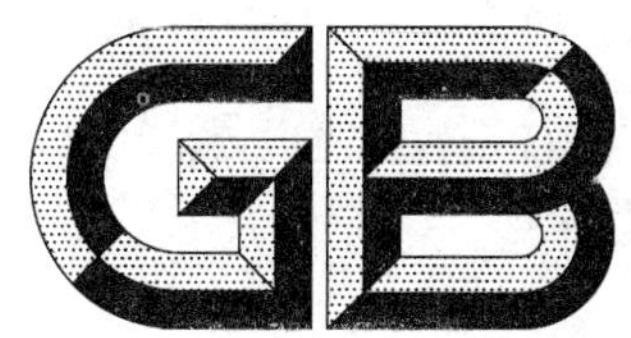

中华人民共和国国家标准

GB 31627—2014

食品安全国家标准
食品添加剂　香芹酚

2014-12-24 发布　　　　2015-05-24 实施

中华人民共和国
国家卫生和计划生育委员会　发布

食品安全国家标准
食品添加剂 香芹酚

1 范围

本标准适用于由香芹酮、柠檬烯或对异丙基甲苯为原料合成得到的食品添加剂香芹酚。

2 化学名称、分子式、结构式和相对分子质量

2.1 化学名称

2-甲基-5-异丙基苯酚。

2.2 分子式

$C_{10}H_{14}O$

2.3 结构式

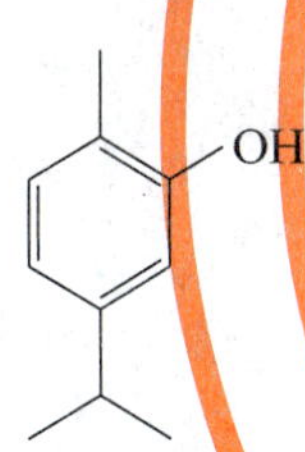

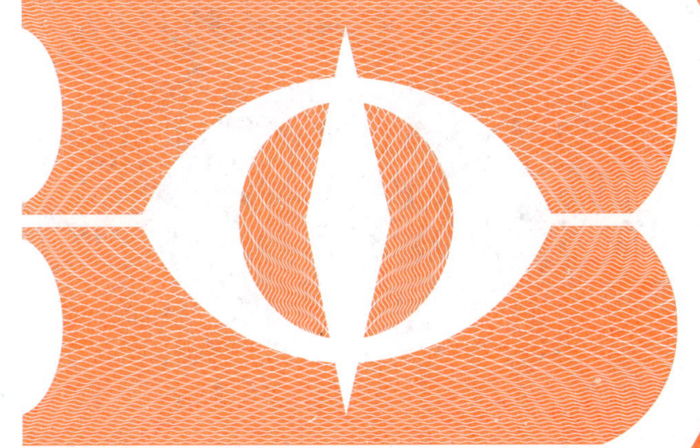

2.4 相对分子质量

150.22(按 2007 年国际相对原子质量)。

3 技术要求

3.1 感官要求

应符合表 1 的规定。

表 1 感官要求

项 目	要 求	检验方法
色泽	无色至浅黄色	将试样置于比色管内,用目测法观察
状态	液体	
香气	百里香似的辛香和草香香气	GB/T 14454.2

3.2 理化指标

应符合表 2 的规定。

表 2 理化指标

项 目		指 标	检验方法
香芹酚含量(*w*)/%	≥	98	附录 A
折光指数(20 ℃)		1.521～1.528	GB/T 14454.4
相对密度(25 ℃/25 ℃)		0.974～0.979	GB/T 11540

附 录 A

香芹酚含量的测定

A.1 仪器和设备

A.1.1 色谱仪：按 GB/T 11538—2006 中第 5 章的规定。

A.1.2 柱：毛细管柱。

A.1.3 检测器：氢火焰离子化检测器。

A.2 测定方法

面积归一化法：按 GB/T 11538—2006 中 10.4 测定含量。

A.3 重复性及结果表示

按 GB/T 11538—2006 中 11.4 规定进行，应符合要求。

食品添加剂香芹酚典型气相色谱图(面积归一化法)见附录 B。

附 录 B

食品添加剂香芹酚典型气相色谱图
（面积归一化法）

B.1 食品添加剂香芹酚典型气相色谱图

食品添加剂香芹酚典型气相色谱图见图 B.1。

图 B.1 食品添加剂香芹酚典型气相色谱图

B.2 操作条件

B.2.1 柱：毛细管柱，60 m×0.25 mm。或其他等效色谱柱。
B.2.2 固定相：键合/交联聚乙二醇。
B.2.3 膜厚：0.25 μm。
B.2.4 色谱炉温度：200 ℃。
B.2.5 进样口温度：250 ℃。
B.2.6 检测器温度：280 ℃。
B.2.7 检测器：氢火焰离子化检测器。
B.2.8 载气：纯度 99.99%以上的氮气。
B.2.9 载气流速：1.0 mL/min。
B.2.10 进样量：0.2 μL。
B.2.11 分流比：1∶100。

中华人民共和国国家标准

GB 31628—2014

食品安全国家标准
食品添加剂 高岭土

2014-12-24 发布　　2015-05-24 实施

中华人民共和国
国家卫生和计划生育委员会　发布

食品安全国家标准
食品添加剂 高岭土

1 范围

本标准适用于以高岭土矿为原料，经破碎、水洗、干燥后制得的食品添加剂高岭土。

2 技术要求

2.1 感官要求

应符合表1的规定。

表1 感官要求

项 目	要 求	检验方法
色泽	白色到黄白色或灰色	取适量试样置于50 mL烧杯中，在自然光下观察色泽和状态
状态	粉末	

2.2 理化指标

应符合表2的规定。

表2 理化指标

项 目		指 标	检验方法
碳酸盐		通过试验	附录A中A.4
铁		通过试验	A.5
硫化物		通过试验	A.6
酸溶物(w)/%	≤	2.0	A.7
灼烧减量(w)/%	≤	15.0	A.8
无机砷(As)/(mg/kg)	≤	3	A.9
铅(Pb)/(mg/kg)	≤	10	A.10

附 录 A

检验方法

A.1 警示

本标准的检验方法中使用的部分试剂具有毒性或腐蚀性,操作时应采取适当的安全和防护措施。

A.2 一般规定

本标准所用试剂和水在没有注明其他要求时,均指分析纯试剂和 GB/T 6682 中规定的三级水。试验中所用杂质测定用标准溶液、制剂及制品,在没有注明其他要求时,均按 GB/T 603 规定制备。所用溶液在未注明用何种溶剂配制时,均指水溶液。

A.3 鉴别试验

A.3.1 试剂和材料

A.3.1.1 硫酸。

A.3.1.2 氨水溶液:2+3。

A.3.2 鉴别方法

称取 1.0 g 试样置于蒸发皿中,加入 10 mL 水,缓慢加入 5 mL 硫酸,混匀。置于电炉上蒸至近干,继续加热至冒三氧化硫的白色浓烟,取下。冷却后小心加入 20 mL 水,煮沸几分钟后用定性滤纸过滤。灰色的二氧化硅残留在漏斗中,在滤液中加入氨水溶液,应有凝胶状的白色氢氧化铝沉淀生成,此沉淀不溶于过量的氨水溶液。

A.4 碳酸盐的测定

A.4.1 试剂和材料

硫酸。

A.4.2 分析步骤

称取 1.0 g 试样,置于 50 mL 烧杯中。加入 10 mL 水,混匀。边冷却边缓慢加入 5 mL 硫酸。在加酸过程中,没有气泡产生,即为通过试验。

A.5 铁的测定

A.5.1 试剂和材料

水杨酸钠。

A.5.2 分析步骤

称取 2.0 g 试样，置于研钵内，加入 10 mL 水研磨均匀，加入 0.5 g 水杨酸钠，颜色不深于浅红色时，即为通过试验。

A.6 硫化物的测定

A.6.1 试剂和材料

A.6.1.1 盐酸溶液：1+3。

A.6.1.2 乙酸铅溶液：95 g/L。将 9.5 g 乙酸铅[$Pb(CH_3COO)_2 \cdot 3H_2O$]溶解于新煮过的水中，稀释至 100 mL。

A.6.2 分析步骤

称取 1.0 g 试样，置于 250 mL 锥形瓶中，加入 25 mL 水，15 mL 盐酸溶液，立即用乙酸铅溶液润湿的滤纸盖在瓶口，加热至沸，并煮沸几分钟。滤纸无褐色产生，即为通过试验。

A.7 酸溶物的测定

A.7.1 试剂和材料

盐酸溶液：1+3。

A.7.2 仪器和设备

电热恒温干燥箱：温度能控制为 105 ℃±2 ℃。

A.7.3 分析步骤

称取约 1 g 试样，精确至 0.000 2 g。置于烧杯中，加入 20 mL 盐酸溶液，搅拌，放置 15 min 后过滤并洗涤。滤液收集于 50 mL 容量瓶中，用水稀释至刻度，摇匀。移取 25 mL 滤液于预先于 105 ℃±2 ℃干燥至质量恒定的蒸发皿中，蒸发至干，将蒸发皿置于 105 ℃±2 ℃的电热恒温干燥箱中干燥至质量恒定。

A.7.4 结果计算

酸溶物的质量分数 w_1 按式(A.1)计算：

$$w_1 = \frac{m_1 \times 50}{m \times 25} \times 100\% \qquad \cdots\cdots\cdots\cdots (A.1)$$

式中：

m_1——干燥后残余物的质量，单位为克(g)；

50 ——容量瓶的容积，单位为毫升(mL)；

m ——试样质量，单位为克(g)；

25 ——移取试验溶液的体积，单位为毫升(mL)。

试验结果以平行测定结果的算术平均值为准。在重复性条件下获得的两次独立测定结果的绝对差值不大于 0.2%。

A.8 灼烧减量的测定

A.8.1 仪器和设备

高温炉:温度能控制为 575 ℃±25 ℃。

A.8.2 分析步骤

称取约 2 g 试样,精确至 0.000 2 g。置于预先于 575 ℃±25 ℃灼烧至质量恒定的瓷坩埚中,于 575 ℃±25 ℃的高温炉中灼烧至质量恒定。

A.8.3 结果计算

灼烧减量的质量分数 w_2 按式(A.2)计算:

$$w_2=\frac{m-m_1}{m}\times 100\% \qquad \cdots\cdots(A.2)$$

式中:

m ——试样质量,单位为克(g);

m_1——灼烧后残余物的质量,单位为克(g)。

试验结果以平行测定结果的算术平均值为准。在重复性条件下获得的两次独立测定结果的绝对差值不大于 0.3%。

A.9 无机砷(As)的测定

称取约 10 g 试样,精确至 0.01 g。置于 250 mL 烧瓶中,加入 50 mL 盐酸溶液(1+23)。接上回流冷凝器,于蒸汽浴中加热 30 min,冷却。将上清液过滤至 100 mL 容量瓶中,在烧瓶中保留尽可能多的不溶物,用 30 mL 热水分三次洗涤残渣和烧瓶,每次滤液收集至容量瓶中,最后用 15 mL 热水洗涤滤纸。将滤液冷却至室温,用水稀释至刻度,摇匀。此溶液为试验溶液 A,用于无机砷(As)和铅(Pb)的测定。

移取一定量试验溶液 A,按 GB/T 5009.76 或 GB/T 5009.11 规定的方法进行测定。

A.10 铅(Pb)的测定

移取一定量的试验溶液 A(A.9),按 GB 5009.12 规定的方法进行测定。

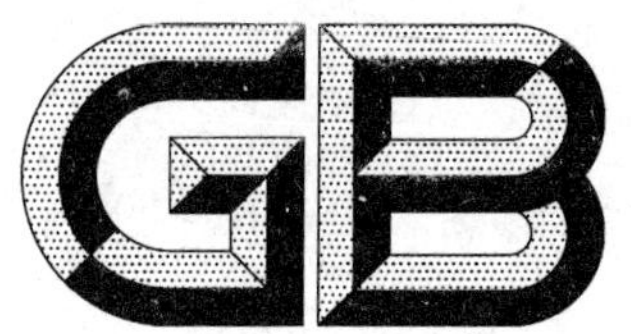

中华人民共和国国家标准

GB 31629—2014

食品安全国家标准
食品添加剂 聚丙烯酰胺

2014-12-24 发布　　2015-05-24 实施

中华人民共和国
国家卫生和计划生育委员会 发布

食品安全国家标准
食品添加剂 聚丙烯酰胺

1 范围

本标准适用于以丙烯酰胺为主要原料生产的食品添加剂聚丙烯酰胺。

2 技术要求

2.1 感官要求

应符合表1的规定。

表1 感官要求

项 目	要 求	检验方法
色泽	白色或微黄色	取适量试样置于50 mL烧杯中,在自然光下观察色泽和状态
状态	颗粒或粉末	

2.2 理化指标

应符合表2的规定。

表2 理化指标

项 目		指 标	检验方法
固含量(w)/%	≥	90.0	附录A中A.4
丙烯酰胺单体(以干基计,w)/%	≤	0.025	A.5
铅(Pb)/(mg/kg)	≤	3	GB 5009.12
总砷(以As计)/(mg/kg)	≤	3	GB/T 5009.11 或 GB/T 5009.76
溶解时间/min	≤	90	A.6
不溶物(w)/%	≤	0.3	A.7

附 录 A

检验方法

A.1 警示

本标准的检验方法中使用的部分试剂具有毒性或腐蚀性，操作时应采取适当的安全和防护措施。

A.2 一般规定

本标准所用试剂和水，在没有注明其他要求时，均指分析纯试剂和 GB/T 6682 中规定的三级水。试验中所用杂质测定用标准溶液、制剂及制品，在没有注明其他要求时，均按 GB/T 602 和GB/T 603的规定制备。所用溶液在未注明用何种溶剂配制时，均指水溶液。

A.3 鉴别试验

用红外吸收光谱法，将试样谱图与标准谱图（见图 B.1）比较，两者应基本一致，且在波数 3 380 cm^{-1}、1 660 cm^{-1}（酰胺）、1 610 cm^{-1}、1 460 cm^{-1}和 1 130 cm^{-1}附近有特征吸收峰。

A.4 固含量的测定

A.4.1 方法提要

在一定温度下，将试样置于电热干燥箱内烘干至质量恒定。

A.4.2 仪器和设备

A.4.2.1 电热干燥箱：温度能控制为 120 ℃±2 ℃。

A.4.2.2 称量瓶（ϕ 40 mm×30 mm）或铝盘。

A.4.3 分析步骤

用预先于 120 ℃±2 ℃下干燥至质量恒定的称量瓶称取约 1 g 试样，精确至 0.000 2 g，置于电热干燥箱中，在 120 ℃±2 ℃下干燥至质量恒定。

A.4.4 结果计算

固含量以质量分数 w_1 计，按式（A.1）计算：

$$w_1 = \frac{m_1 - m_0}{m} \times 100\% \qquad \cdots\cdots\cdots\cdots (A.1)$$

式中：

m_1——干燥后试样与称量瓶质量的数值，单位为克（g）；

m_0——称量瓶质量的数值，单位为克（g）；

m ——试样的质量的数值，单位为克（g）。

试验结果以平行测定结果的算术平均值为准。在重复性条件下获得的两次独立测定结果的绝对差

值不大于 0.3%。

A.5 丙烯酰胺单体含量(以干基计)的测定

A.5.1 方法提要

试样中丙烯酰胺经溶剂提取净化后,用高效液相色谱仪(紫外检测器)检测,外标法定量。

A.5.2 试剂和材料

A.5.2.1 水:符合 GB/T 6682 规定的一级水。

A.5.2.2 丙烯酰胺标准样品:纯度≥99.5%。

A.5.2.3 乙醇:色谱纯。

A.5.2.4 甲醇:色谱纯。

A.5.2.5 磷酸二氢钾溶液:20 mmoL/L。称取 2.72 g 磷酸二氢钾,溶于水,当完全溶解后,用磷酸调节 pH 到 3.8。全部转移至 1 000 mL 容量瓶中,稀释至刻度,摇匀。

A.5.2.6 游离单体萃取液:量取 540 mL 异丙醇、450 mL 水和 10 mL 乙醇混合,置于 1 000 mL 试剂瓶中保存。此溶液为溶液 A。量取 740 mL 异丙醇、250 mL 水和 10 mL 乙醇混合,置于 1 000 mL 试剂瓶中保存。此溶液为溶液 B。

A.5.2.7 微孔滤膜:0.45 μm。

A.5.3 仪器和设备

A.5.3.1 高效液相色谱仪:配备紫外检测器。

A.5.3.2 机械振荡器。

A.5.4 参考色谱条件

A.5.4.1 流动相:磷酸二氢钾溶液+甲醇=85+15(体积比)。

A.5.4.2 色谱柱:反相 C_{18} 柱,150 mm×4.6 mm,填充颗粒直径 3 μm。

A.5.4.3 流速:1.0 mL/min。

A.5.4.4 柱温:20 ℃。

A.5.4.5 进样量:10 μL。

A.5.4.6 波长:205 nm。

A.5.5 分析步骤

A.5.5.1 标准溶液的制备

称取 1 g 丙烯酰胺标准样品,精确至 0.000 2 g,置于 10 mL 烧杯中,加入水使其完全溶解,定量转移至 100 mL 容量瓶中,再用水稀释至刻度,摇匀。该溶液为 10 mg/mL 丙烯酰胺溶液。

用移液管移取 10 mg/mL 的丙烯酰胺溶液 0.1 mL、0.2 mL、0.4 mL、0.5 mL、1.0 mL,分别置于 100 mL容量瓶中用水稀释至刻度,该溶液分别为 0.01 mg/mL、0.02 mg/mL、0.04 mg/mL、0.05 mg/mL、0.1 mg/mL 的丙烯酰胺标准样品溶液。色谱分析前用微孔滤膜过滤。

A.5.5.2 试样溶液的制备

称取约 2 g 试样,精确至 0.000 2 g,置于已干燥的 50 mL 磨口锥形瓶中。用移液管移取 10 mL 的溶液 A 浸泡试样,振荡 40 min,然后加入 10 mL 的溶液 B,继续振荡 40 min。色谱分析前用微孔滤膜过滤。

A.5.5.3 测定

在规定色谱条件下，取标准溶液和试样溶液各 10 μL 分别注入液相色谱仪，以丙烯酰胺保留时间定性，外标法峰面积定量。标准液相色谱图见图 B.2。

A.5.5.4 结果计算

丙烯酰胺含量以质量分数 w_2，按式(A.2)计算：

$$w_2 = \frac{c \times V}{m \times w_1 \times 1\,000} \times 100\% \qquad \text{(A.2)}$$

式中：

c ——外标法得出的试液中丙烯酰胺实际浓度，单位为毫克每毫升(mg/mL)；

V ——试样定容体积，单位为毫升(mL)；

m ——试样质量，单位为克(g)；

w_1 ——固含量的质量分数，%；

1 000——换算因子。

试验结果以平行测定结果的算术平均值为准。在重复性条件下获得的两次独立测定结果的绝对差值不大于 5%。

A.6 溶解时间的测定

A.6.1 方法提要

随着试样的不断溶解，溶液的电导值不断增大。全部溶解后，电导值恒定。一定量的试样在一定量水中溶解时，电导值达到恒定所需时间，为试样的溶解时间。

A.6.2 仪器和设备

A.6.2.1 电导仪：测量范围 0.01 μS/cm～10^6 μS/cm。

A.6.2.2 恒温槽：温度能控制为 30 ℃±1 ℃。

A.6.2.3 电磁搅拌器：具有加热和控温装置，配有长度为 3cm 的搅拌子。

A.6.3 分析步骤

将盛有 100 mL 水和搅拌子的 200 mL 烧杯放入电磁搅拌器上的恒温槽中。将电导仪的电极插入烧杯，与烧杯壁距离 5 mm～10 mm，与搅拌子距离约 5 mm。开动电磁搅拌，调节液面漩涡深度约 20 mm。打开加热装置，使恒温槽温度升至 30 ℃±1 ℃，恒温 10 min～15 min。

称取 0.040 g±0.002 g 试样，由漩涡上部加入至烧杯中。当溶液电导值 3 min 内无变化时，停止试验。

A.6.4 结果计算

从加入试样至电导值开始恒定的时间为溶解时间。

试验结果以平行测定结果的算术平均值为准。在重复性条件下获得的两次独立测定结果的绝对差值不大于 5 min。

A.7 不溶物含量的测定

A.7.1 仪器和设备

A.7.1.1 试验筛：ϕ200×50—0.125/0.09 GB/T 6003.1—2012。

A.7.1.2 电磁搅拌器。

A.7.2 分析步骤

称取约 1.0 g 试样，精确至 0.01 g，将其缓缓加入盛有 200 mL 水并已开动搅拌的 200 mL 烧杯中。保持旋涡深度约 4 cm，常温下溶解 2 h。用事先经丙酮洗涤两次并干燥恒量的不锈钢网过滤该溶液，过滤后，将不锈钢网连同不溶物在 120 ℃±2 ℃下干燥至恒量。

A.7.3 结果计算

不溶物含量以质量分数 w_3 计，按式(A.3)计算：

$$w_3 = \frac{m_2 - m_1}{m_0} \times 100\% \qquad \cdots\cdots(A.3)$$

式中：

m_2——不锈钢网加不溶物总质量的数值，单位为克(g)；

m_1——不锈钢网质量的数值，单位为克(g)；

m_0——试样的质量的数值，单位为克(g)。

试验结果以平行测定结果的算术平均值为准。在重复性条件下获得的两次独立测定结果的绝对差值不大于 0.02%。

附 录 B

聚丙烯酰胺标准红外光谱图和丙烯酰胺标准液相色谱图

聚丙烯酰胺标准红外光谱图见图 B.1。

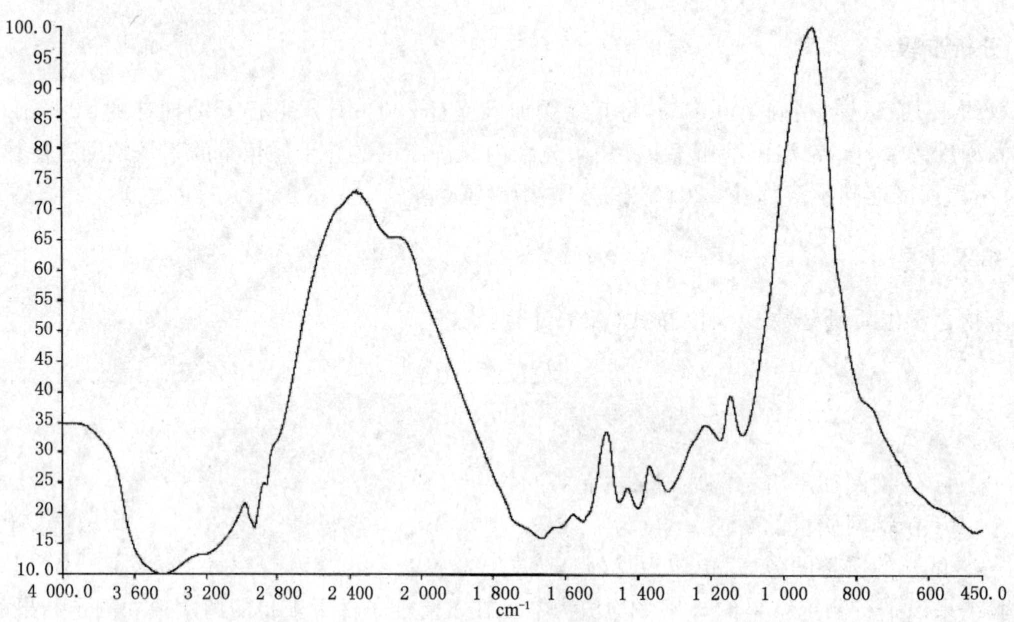

图 B.1 聚丙烯酰胺标准红外光谱图

丙烯酰胺标准液相色谱图见图 B.2。

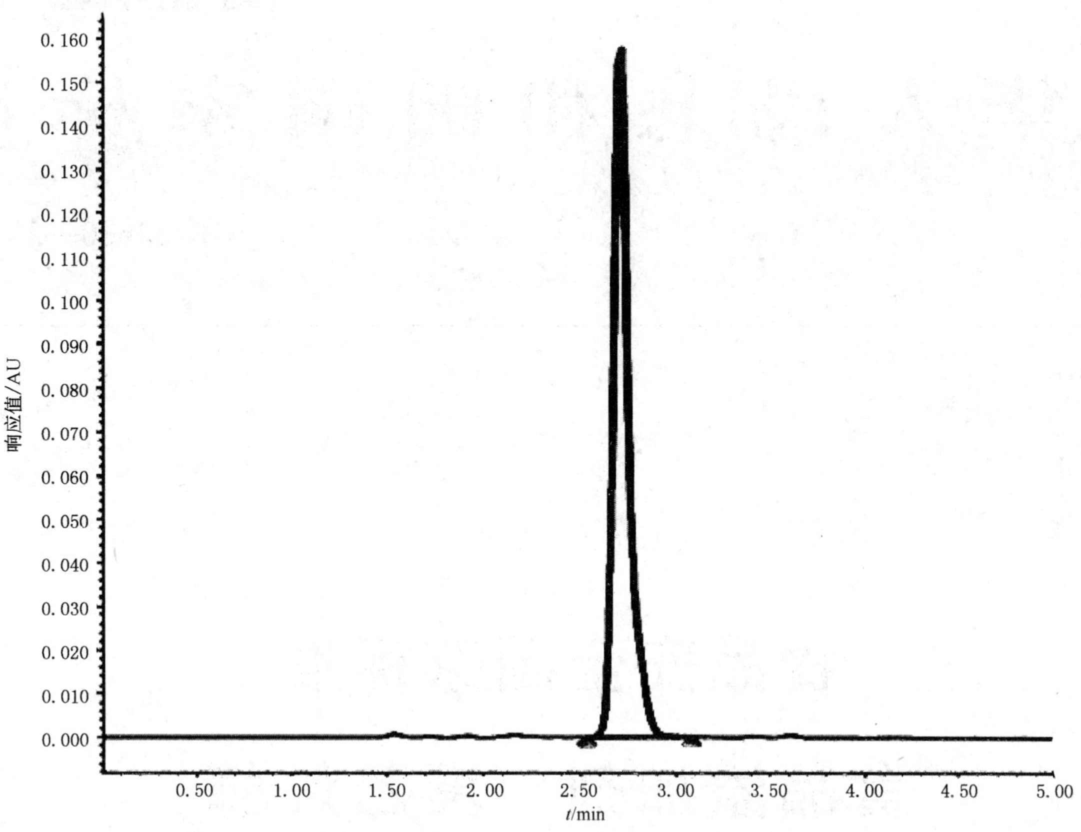

图 B.2　丙烯酰胺标准液相色谱图

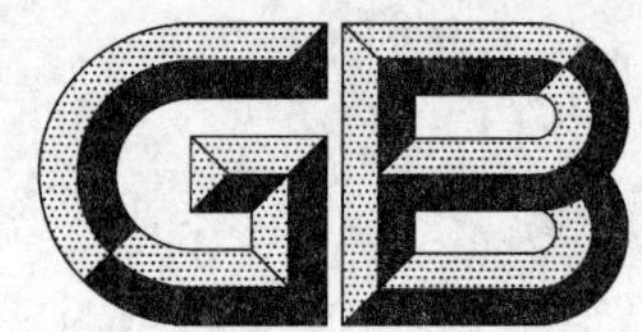

中华人民共和国国家标准

GB 31630—2014

食品安全国家标准
食品添加剂　聚乙烯醇

2014-12-24 发布　　2015-05-24 实施

中华人民共和国
国家卫生和计划生育委员会　发布

食品安全国家标准
食品添加剂 聚乙烯醇

1 范围

本标准适用于乙烯法和乙炔法制得的食品添加剂聚乙烯醇。

2 分子式

$$\left[CH_2 - \underset{\displaystyle OR}{\underset{|}{CH}} \right]_n$$

3 技术要求

3.1 感官要求：应符合表1的规定。

表1 感官要求

项 目	要 求	检验方法
色泽	透明、白色或淡黄色	取适量试样置于 50 mL 烧杯中，在自然光下观察色泽和状态
状态	粒状粉末	

3.2 理化指标：应符合表2的规定。

表2 理化指标

项 目		指 标	检验方法
干燥减量(w)/%	≤	5.0	附录 A 中 A.4
灼烧残渣(w)/%	≤	1.0	A.5
水不溶物(w)/%	≤	0.1	A.6
粒度(通过 0.150 mm 试验筛,w)/%	≥	99.0	A.7
甲醇和乙酸甲酯(w)/%	≤	1.0	A.8
酸值(以 KOH 计)/(mg/g)	≤	3.0	A.9
酯化值(以 KOH 计)/(mg/g)		125～153	A.10
水解度(w)/%		86.5～89.0	A.10
黏度(4%溶液,20 ℃)/(mPa·s)		4.8～5.8	A.11
铅(Pb)/(mg/kg)	≤	2	GB 5009.12

附 录 A

检验方法

A.1 警示

本标准的检验方法中使用的部分试剂具有毒性或腐蚀性，操作时应采取适当的安全和防护措施。

A.2 一般规定

本标准所用试剂和水，在没有注明其他要求时，均指分析纯试剂和 GB/T 6682 中规定的三级水。试验中所用标准滴定溶液、杂质标准溶液、制剂及制品，在没有注明其他要求时，均按GB/T 601、GB/T 602、GB/T 603 规定制备。所用溶液在未注明用何种溶剂配制时，均指水溶液。

A.3 鉴别试验

A.3.1 pH

称取 1 g 试样，按照 GB/T 12010.4—2010 中规定测定 pH，应为 5.0～6.5。

A.3.2 红外光谱

以溴化钾作为分散剂的试样的红外光谱图应与图 B.1 一致。

A.3.3 显色反应 A

A.3.3.1 试剂和材料

A.3.3.1.1 碘溶液：在 100 mL 水中溶解 14 g 碘和 36 g 碘化钾，加 3 滴盐酸，用水稀释至 1 000 mL，摇匀。

A.3.3.1.2 硼酸溶液：在 25 mL 水中溶解 1 g 硼酸，摇匀。

A.3.3.2 鉴别方法

称取约 0.01 g 试样，置于盛有 100 mL 水的烧杯中，适当加热使试样溶解，冷却至室温，取 5 mL 试样溶液，滴加 1 滴碘溶液，滴加数滴硼酸溶液。试样溶液应呈现蓝色。

A.3.4 显色反应 B

称取约 0.5 g 试样，置于盛有 10 mL 水的烧杯中，适当加热使试样溶解，冷却至室温，取 5 mL 试样溶液，滴加 1 滴碘溶液，放置。试样溶液应呈深红色至蓝色。

A.3.5 沉淀反应

取 5 mL 显色反应 B 中制备的试样溶液，加入 10 mL 乙醇，应产生浑浊或絮状沉淀。

A.4 干燥减量的测定

A.4.1 仪器和设备

A.4.1.1 称量瓶：ϕ60 mm×30 mm。

A.4.1.2 电热恒温干燥箱：105 ℃±2 ℃。

A.4.2 分析步骤

使用已于105 ℃±2 ℃下干燥至质量恒定的称量瓶称取约 5 g 试样，精确至 0.000 2 g，于105 ℃±2 ℃下干燥 3 h。在干燥器中放置至室温后称量。

A.4.3 结果计算

干燥减量的质量分数 w_1 按式(A.1)计算：

$$w_1=\frac{m_1-m_2}{m}\times 100\% \qquad \cdots\cdots(A.1)$$

式中：

m_1——干燥前试样和称量瓶质量，单位为克(g)；

m_2——干燥后试样和称量瓶质量，单位为克(g)；

m ——试样的质量，单位为克(g)。

试验结果以平行测定结果的算术平均值为准。在重复性条件下获得的两次独立测定结果的绝对差值与算术平均值之比不大于 2%。

A.5 灼烧残渣的测定

A.5.1 仪器和设备

A.5.1.1 瓷坩埚：100 mL。

A.5.1.2 高温炉：800 ℃±25 ℃。

A.5.2 分析步骤

称取约 2 g 试样，精确至 0.000 2 g，置于已在 800 ℃±25 ℃下质量恒定的瓷坩埚中，置于电热板上缓慢加热，直到样品干燥并完全炭化，再移入 800 ℃±25 ℃的高温炉中灼烧至质量恒定。

A.5.3 结果计算

灼烧残渣的质量分数 w_2 按式(A.2)计算：

$$w_2=\frac{m_1-m_2}{m}\times 100\% \qquad \cdots\cdots(A.2)$$

式中：

m_1——残渣和瓷坩埚的质量，单位为克(g)；

m_2——瓷坩埚的质量，单位为克(g)；

m ——试样的质量，单位为克(g)。

试验结果以平行测定结果的算术平均值为准。在重复性条件下获得的两次独立测定结果的绝对差值不大于 0.2%。

A.6 水不溶物的测定

A.6.1 仪器和设备

A.6.1.1 玻璃砂坩埚:滤板孔径约为 100 μm～160 μm。

A.6.1.2 电热恒温干燥箱:105 ℃±2 ℃。

A.6.2 分析步骤

称取约 10 g 试样,精确至 0.01 g,置于 500 mL 烧杯中,加入 100 mL 刚加热至沸的水,使之溶解。搅拌并冷却 1 h。用已于 105 ℃±2 ℃下干燥至质量恒定的玻璃砂坩埚过滤,用热水洗涤 3 次～5 次。将玻璃砂坩埚移入电热恒温干燥箱中,在 105 ℃±2 ℃下干燥至质量恒定。

A.6.3 结果计算

水不溶物含量的质量分数 w_3 按式(A.3)计算:

$$w_3 = \frac{m_1 - m_2}{m} \times 100\% \qquad \cdots\cdots\cdots\cdots(\text{A.3})$$

式中:

m_1——玻璃砂坩埚和水不溶物的质量,单位为克(g);

m_2——玻璃砂坩埚的质量,单位为克(g);

m ——试样质量,单位为克(g)。

试验结果以平行测定结果的算术平均值为准。在重复性条件下获得的两次独立测定结果的绝对差值不大于 0.05%。

A.7 粒度(通过 0.150 mm 试验筛)的测定

A.7.1 仪器和设备

A.7.1.1 试验筛:ϕ200 mm×50 mm—0.150/0.1 GB/T 6003.1—2012,带有筛盖和筛底。

A.7.1.2 电动振筛机:振动频率为 100 次/min～300 次/min,振幅 1 mm～6 mm。

A.7.2 分析步骤

将清洁、干燥的 0.150 mm 试验筛置于试验筛底盘上,一起装在电动振荡机上。称取约 100 g 试样,精确至 0.1 g,置于筛上,加筛盖。开动电动振荡器,振幅为 2 mm,频率为 150 次/min,振动 30 min±10 s,停止振荡后取下筛子和底盘,称取试验筛下的试样质量。也可以采用手动法进行测定。

A.7.3 结果计算

粒度(通过 0.150 mm 试验筛)的质量分数 w_4 按式(A.4)计算:

$$w_4 = \frac{m_1}{m} \times 100\% \qquad \cdots\cdots\cdots\cdots(\text{A.4})$$

式中:

m_1——筛下物的质量,单位为克(g);

m ——试样的质量,单位为克(g)。

试验结果以平行测定结果的算术平均值为准。在重复性条件下获得的两次独立测定结果的绝对差

值不大于 0.05%。

A.8 甲醇和乙酸甲酯的测定

A.8.1 试剂和材料

A.8.1.1 丙酮。

A.8.1.2 甲醇溶液：1.2%(体积分数)。

A.8.1.3 乙酸甲酯溶液：1.2%(体积分数)。

A.8.2 仪器和设备

A.8.2.1 具塞瓶：100 mL。

A.8.2.2 水浴。

A.8.2.3 气相色谱仪。

A.8.3 参考色谱条件

A.8.3.1 色谱检测器：氢火焰离子化检测器。

A.8.3.2 色谱柱：RSD<3%。

A.8.3.3 色谱柱温度：160 ℃。

A.8.3.4 进样口温度：160 ℃。

A.8.3.5 检测温度：160 ℃。

A.8.3.6 载气：高纯氮。

A.8.3.7 流速：30 mL/min。

A.8.3.8 进样量：0.4 μL。

A.8.4 分析步骤

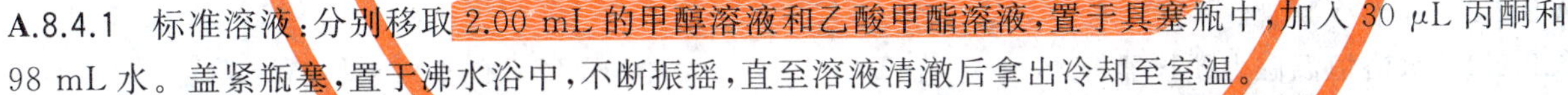

A.8.4.1 标准溶液：分别移取 2.00 mL 的甲醇溶液和乙酸甲酯溶液，置于具塞瓶中，加入 30 μL 丙酮和 98 mL 水。盖紧瓶塞，置于沸水浴中，不断振摇，直至溶液清澈后拿出冷却至室温。

A.8.4.2 试样溶液：称取 2.0 g 试样，精确至 0.000 2 g，置于具塞瓶中，加入 30 μL 丙酮和 98 mL 水。盖紧瓶塞，置于沸水浴中，不断振摇，直至溶液清澈后取出冷却至室温。

A.8.4.3 测定：按照进样量分别将标准溶液和试样溶液进样，记录峰面积。

A.8.5 结果计算

甲醇或乙酸甲酯含量的质量分数 w_5 按式(A.5)计算：

$$w_5 = \frac{A}{A_a} \times \frac{A_0}{A_{a0}} \times \frac{0.024}{m} \times 100\% \quad \cdots\cdots\cdots\cdots (A.5)$$

式中：

A ——试样溶液测试中甲醇或乙酸甲酯的响应峰的峰面积；

A_0 ——标准溶液测试中甲醇或乙酸甲酯的响应峰的峰面积；

0.024 ——标准滴定溶液中丙酮的质量，单位为克(g)；

A_a ——试样溶液测试中丙酮的响应峰的峰面积；

A_{a0} ——标准溶液测试中丙酮的响应峰的峰面积；

m —— 试样的质量，单位为克(g)。

试验结果以平行测定结果的算术平均值为准。在重复性条件下获得的两次独立测定结果的绝对差

值不大于 0.05 %。

A.9 酸值(以 KOH 计)的测定

A.9.1 试剂和材料

A.9.1.1 无二氧化碳的水。

A.9.1.2 酚酞指示液(10 g/L):使用期为 2 周。

A.9.1.3 氢氧化钾标准滴定溶液:c(KOH) =0.05 mol/L。

A.9.1.3.1 配制:称取 120 g 氢氧化钾,溶于 100 mL 无二氧化碳的水中,摇匀,注入聚乙烯容器中,密闭放置至溶液清亮,用塑料管量 2.7 mL 上层清液,用无二氧化碳的水稀释至 1 000 mL。

A.9.1.3.2 标定:称取 0.36 g 于 105 ℃~110 ℃干燥至质量恒定的工作基准试剂邻苯二甲酸氢钾,精确至 0.000 2 g,加 50 mL 无二氧化碳的水溶解,加 2 滴酚酞指示液(10 g/L),用配制好的氢氧化钾溶液滴定至溶液呈粉红色,并保持 30 s,同时做空白试验。

A.9.1.3.3 计算:氢氧化钾标准滴定溶液的浓度[c(KOH)]以摩尔每升(mol/L)计,按式(A.6)计算:

$$c(\mathrm{KOH})=\frac{m\times 1\,000}{M\times (V_1-V_2)} \qquad \cdots\cdots(\mathrm{A.6})$$

式中:

m ——称取的基准邻苯二甲酸氢钾质量,单位为克(g);

1 000 ——换算因子;

M ——邻苯二甲酸氢钾的摩尔质量,单位为克每摩尔(g/mol)[$M(\mathrm{KHC_8H_4O_4})=204.2$];

V_1 ——滴定所消耗的氢氧化钾标准滴定溶液的体积,单位为毫升(mL);

V_2 ——空白试验所消耗的氢氧化钾标准滴定溶液的体积,单位为毫升(mL)。

A.9.2 仪器和设备

A.9.2.1 圆底烧瓶:500 mL。

A.9.2.2 球形冷凝管。

A.9.2.3 水浴恒温磁力搅拌器。

A.9.3 分析步骤

于圆底烧瓶中加入 200 mL 无二氧化碳的水和电磁搅拌子,安装上球形冷凝管后置于沸水浴中加热。

称取 10.0 g 试样,精确至 0.001 g,置入烧瓶中,持续于沸水浴中加热并搅拌 30 min。将圆底烧瓶及冷凝管一起取出后持续搅拌冷却至室温,将溶液移入 250 mL 容量瓶中,用无二氧化碳的水稀释至刻度并摇匀,移取 50 mL 该溶液置于 250 mL 锥形瓶中,滴加 2 滴酚酞指示液(10 g/L),用氢氧化钾标准滴定溶液滴至粉色并保持 15 s 不褪色。

A.9.4 结果计算

酸值[以氢氧化钾(KOH)计]的质量分数 w_6 以毫克每克(mg/g)计,按式 (A.7)计算:

$$w_6=\frac{V\times c\times M\times 250}{m\times 50} \qquad \cdots\cdots(\mathrm{A.7})$$

式中:

V ——滴定试样溶液消耗的氢氧化钾标准滴定溶液的体积,单位为毫升(mL);

c ——氢氧化钾标准滴定溶液准确浓度,单位为摩尔每升(mol/L);

M ——氢氧化钾的摩尔质量，单位为克每摩尔(g/mol)[$M(KOH)=56.10$]；
250——容量瓶容积，单位为毫升(mL)；
m ——试样的质量，单位为克(g)；
50 ——移取试样溶液的体积，单位为毫升(mL)。

试验结果以平行测定结果的算术平均值为准。在重复性条件下获得的两次独立测定结果的绝对差值不大于 0.3 %。

A.10 酯化值(以 KOH 计)和水解度(以 KOH 计)的测定

A.10.1 试剂和材料

A.10.1.1 氢氧化钾乙醇溶液：称取 35 g 氢氧化钾，溶于 20 mL 无二氧化碳的水中。用无醛的乙醇稀释至 1 000 mL。放置 24 h 取上层清液使用。
A.10.1.2 盐酸标准滴定溶液：$c(HCl)=0.5$ mol/L。
A.10.1.3 酚酞指示液(10 g/L)：使用期为 2 周。

A.10.2 仪器和设备

A.10.2.1 圆底烧瓶：250 mL。
A.10.2.2 球形冷凝管。
A.10.2.3 沸水浴。
A.10.2.4 玻璃珠。

A.10.3 分析步骤

精确称取 1.00 g±0.01 g 试样，置于圆底烧瓶中，移取 25 mL 氢氧化钾乙醇溶液和 25 mL 水，5 粒～7 粒玻璃珠，将圆底烧瓶连接上球形冷凝器后于沸水浴中加热、回流 30 min，冷却后，取下球形冷凝管后加入 2 滴酚酞指示液(10 g/L)，立即用盐酸标准滴定溶液滴定至粉红色褪去即为终点。

同时进行空白试验。空白试验除不加试样外，其他操作及加入试剂的种类和量(标准滴定溶液除外)与测定试验相同。

A.10.4 结果计算

皂化值[以氢氧化钾(KOH)计]的质量分数 w_7 以毫克每克(mg/g)计，按式(A.8)计算：

$$w_7=\frac{(V_0-V)c\times M}{m} \qquad \cdots\cdots(A.8)$$

式中：
V_0——滴定空白溶液消耗的盐酸标准滴定溶液的体积，单位为毫升(mL)；
V ——滴定试样溶液消耗的盐酸标准滴定溶液的体积，单位为毫升(mL)；
c ——盐酸标准滴定溶液准确浓度，单位为摩尔每升(mol/L)；
M——氢氧化钾的摩尔质量，单位为克每摩尔(g/mol)[$M(KOH)=56.10$]；
m——试样的质量，单位为克(g)。

试验结果以平行测定结果的算术平均值为准。在重复性条件下获得的两次独立测定结果的绝对差值不大于 0.3 %。

酯化值[以氢氧化钾(KOH)计]的质量分数 w_8 以毫克每克(mg/g)计，按式 (A.9)计算：

$$w_8=w_7-w_6 \qquad \cdots\cdots(A.9)$$

式中：

w_7——按照式(A.8)计算所得皂化值，单位为毫克每克(mg/g)；

w_6——按照式(A.7)计算所得酸值，单位为毫克每克(mg/g)。

水解度的质量分数 w_9 按式(A.10)计算：

$$w_9 = 100\% - \left(7.84 \times \frac{w_{db}}{100\% - 0.075 \times w_{db}}\right) \quad \cdots\cdots\cdots\cdots (A.10)$$

式中：

7.84 ——换算因子；

w_{db} ——按照式(A.11)计算所得皂化值(以干基计)，单位为毫克每克(mg/g)；

0.075——换算因子。

皂化值(以干基计)[以氢氧化钾(KOH)计]的质量分数 w_{db} 以毫克每克(mg/g)计，按式(A.11)计算：

$$w_{db} = \frac{w_7}{100\% - w_1} \quad \cdots\cdots\cdots\cdots (A.11)$$

式中：

w_7——按照式(A.8)计算所得皂化值，单位为毫克每克(mg/g)；

w_1——按照式(A.1)计算所得干燥减量，%。

A.11 黏度(4%溶液，20 ℃)的测定

A.11.1 试剂和材料

标准黏度液：选用运动黏度为 5 mm^2/s。

A.11.2 仪器和设备

A.11.2.1 烧瓶：圆底，250 mL。

A.11.2.2 玻璃砂坩埚：滤板孔径约为 100 μm～160 μm。

A.11.2.3 搅拌器。

A.11.2.4 恒温水浴：温度波动范围小于 0.5 ℃。

A.11.2.5 温度计：分度值 0.1 ℃。

A.11.2.6 黏度计：奥氏毛细管黏度计，见图 A.1。

单位为毫米

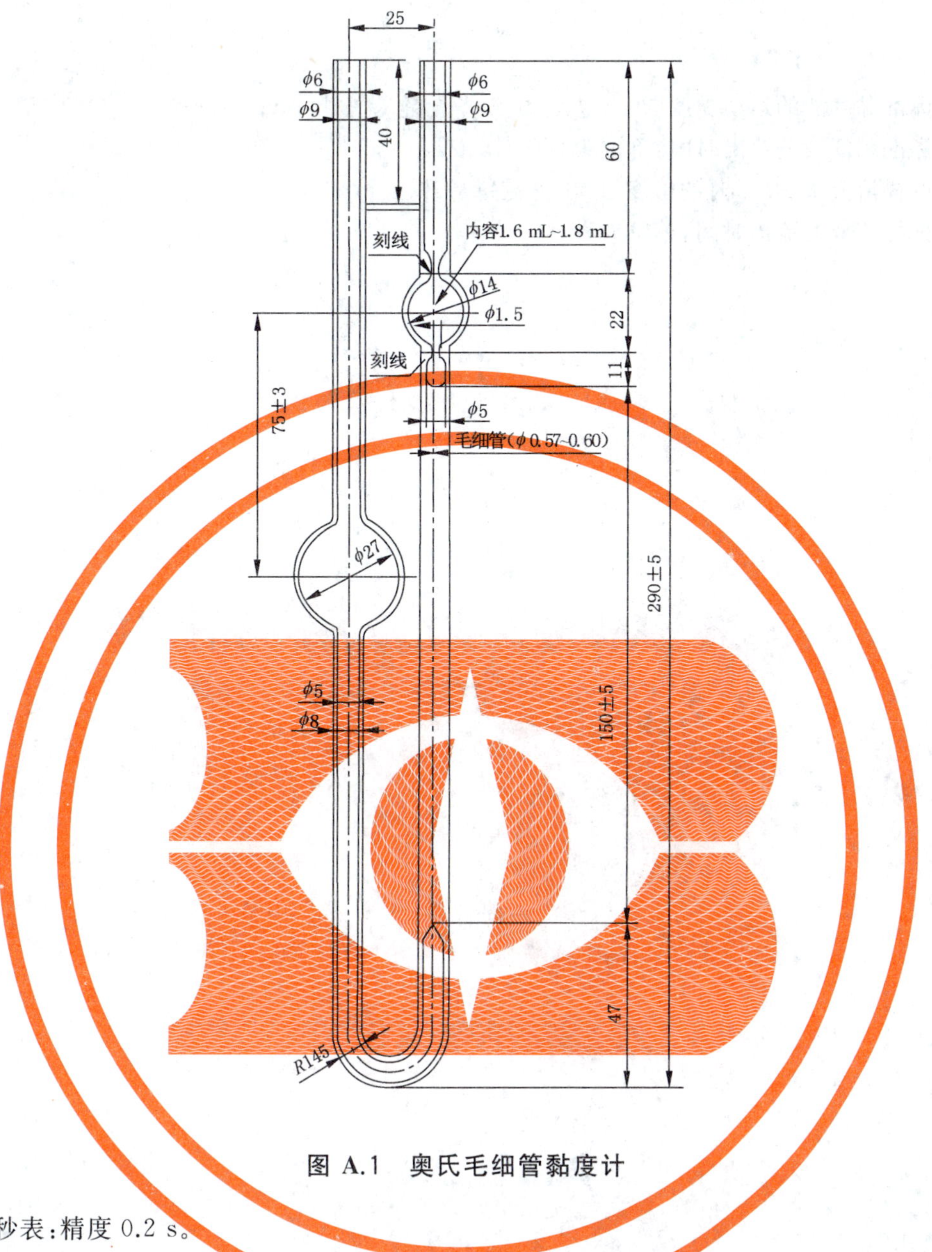

图 A.1 奥氏毛细管黏度计

A.11.2.7 秒表:精度 0.2 s。

A.11.3 分析步骤

称取折算为以干基计的 6.00 g 未经干燥过的试样,精确至 0.001 g。在烧瓶中加入约 140 mL 水,并开启搅拌器缓慢搅拌。将称取的试样迅速倒入烧瓶中,待试样完全溶解后,加速搅拌,但不应使溶液中产生气泡。将烧瓶移入恒温水浴中加热溶液至 90 ℃并保持 5 min,停止加热,继续搅拌 1 h。补充一定体积的水,使溶液质量约为 150 g,继续搅拌使溶液均匀。用玻璃砂坩埚抽滤溶液至锥形瓶中,冷却。于 20 ℃±0.5 ℃下用奥氏毛细管黏度计分别测定试样溶液和标准黏度液的流出时间(标准黏度液的流出时间可根据毛细黏度计状态不定期进行测定)。

A.11.4 结果计算

试样溶液的黏度(20 ℃)η 以毫帕秒(mPa·s)计,按式 (A.12)计算:

$$\eta = \frac{\nu_0}{t_0} \times dt \qquad \text{(A.12)}$$

式中：

ν_0——标准黏度液的运动黏度(20 ℃)，单位为平方毫米每秒(mm^2/s)；

t_0——标准黏度液的流出时间，单位为秒(s)；

d ——试样溶液于 20 ℃时的密度，单位为克每毫升(g/mL)；

t ——试样溶液的流出时间，单位为秒(s)。

附 录 B

聚乙烯醇标准红外光谱图

聚乙烯醇标准红外光谱图见图 B.1。

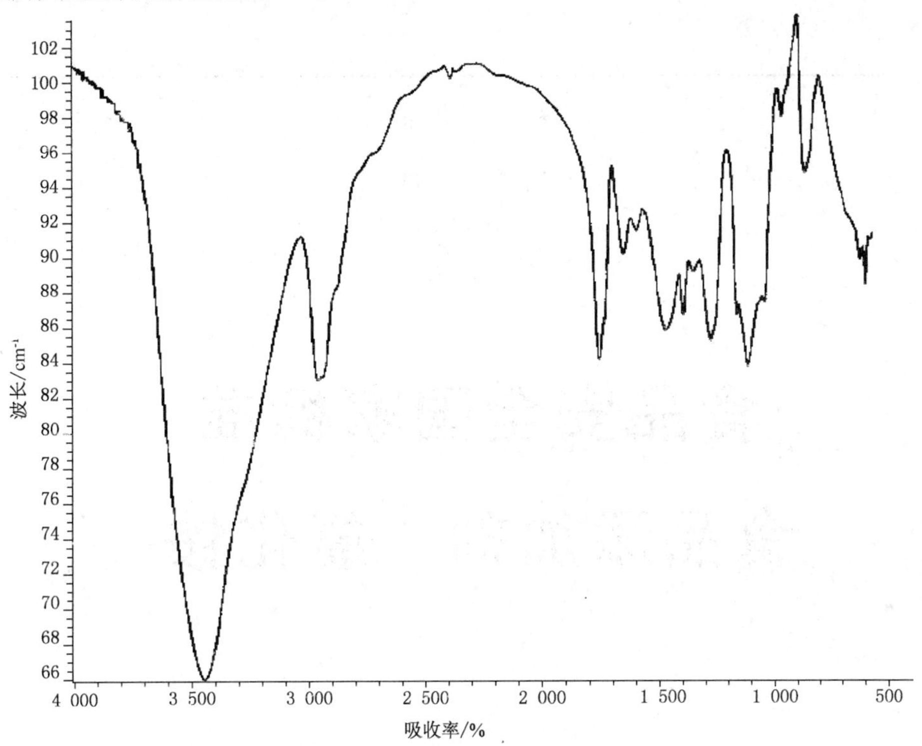

图 B.1 聚乙烯醇标准红外光谱图

中华人民共和国国家标准

GB 31631—2014

食品安全国家标准
食品添加剂　氯化铵

2015-01-28 发布　　　　2015-07-28 实施

中华人民共和国
国家卫生和计划生育委员会　发布

食品安全国家标准
食品添加剂 氯化铵

1 范围

本标准适用于联合制碱法、直接中和法、复分解法或离子交换法生产的食品添加剂氯化铵。

2 分子式和相对分子质量

2.1 分子式

NH_4Cl

2.2 相对分子质量

53.49(按 2011 年国际相对原子质量)

3 技术要求

3.1 感官要求

应符合表 1 的规定。

表 1 感官要求

项 目	要 求	检验方法
色泽	白色	取适量试样置于 50 mL 烧杯中,在自然光下观察色泽和状态
状态	结晶或结晶状粉末	

3.2 理化指标

应符合表 2 的规定。

表 2 理化指标

项 目		指 标	检验方法
氯化铵(NH_4Cl)含量(以干基计,w)/%	≥	99.5	附录 A 中 A.4
干燥减量(w)/%	≤	0.5	A.5
灼烧残渣(w)/%	≤	0.4	A.6
铅(Pb)/(mg/kg)	≤	2	GB 5009.12
无机砷(以 As 计)/(mg/kg)	≤	2	GB 5009.11 或 GB 5009.76
澄清度		通过试验	A.7

附 录 A

检验方法

A.1 警示

本检验方法中使用的部分试剂具有腐蚀性，操作者应小心谨慎！如溅到皮肤上应立即用水冲洗，严重者应立即治疗。

A.2 一般规定

本标准所用试剂和水，在没有注明其他要求时，均指分析纯试剂和 GB/T 6682 中规定的三级水。试验中所用标准滴定溶液、杂质测定用标准溶液、制剂及制品，在没有注明其他要求时，均按GB/T 601、GB/T 602、GB/T 603 规定制备。所用溶液在未注明用何种溶剂配制时，均指水溶液。

A.3 鉴别试验

A.3.1 试剂和材料

A.3.1.1 硝酸。

A.3.1.2 氨水溶液：2＋3。

A.3.1.3 硝酸银溶液：42 g/L。

A.3.1.4 氢氧化钠溶液：40 g/L。

A.3.1.5 红色石蕊试纸。

A.3.2 鉴别方法

A.3.2.1 氯离子的鉴别

取约 0.2 g 试样，加 20 mL 水溶解，加硝酸银溶液即产生白色沉淀，此沉淀不溶于硝酸，溶于过量的氨水溶液中。

A.3.2.2 铵的鉴别

取约 0.2 g 试样，加 20 mL 水溶解，加入氢氧化钠溶液，释放出有刺激味的气体，该气体可使湿润的红色石蕊试纸变蓝。

A.4 氯化铵(NH_4Cl)含量(以干基计)的测定

A.4.1 试剂和材料

A.4.1.1 氢氧化钠溶液：400 g/L。

A.4.1.2 硫酸溶液：$c(\frac{1}{2}H_2SO_4)=0.5$ mol/L。

A.4.1.3 氢氧化钠标准滴定溶液：$c(NaOH)=0.5$ mol/L。

A.4.1.4 甲基红-亚甲基蓝混合指示液。

A.4.1.5 广泛 pH 试纸。

A.4.1.6 无氨的水。

A.4.2 仪器和设备

A.4.2.1 蒸馏装置:按图 A.1 装备蒸馏装置,或使用其他具有相同蒸馏能力的定氮蒸馏仪,仪器的磨口连接处应涂硅脂密封。

单位为毫米

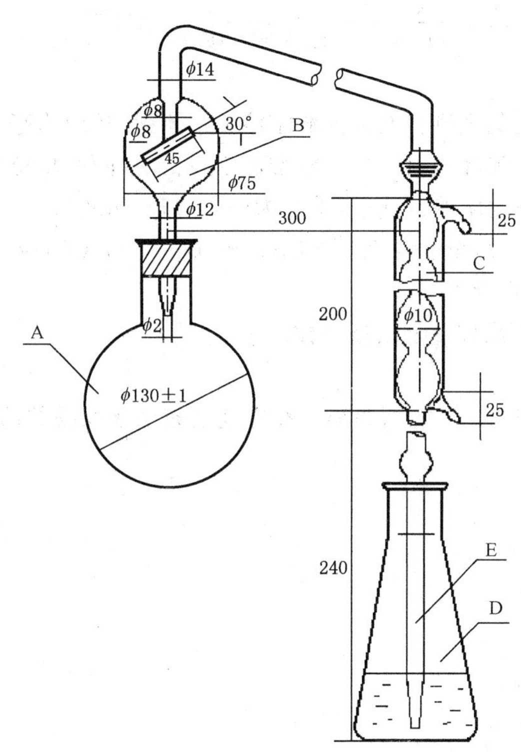

说明:

A——蒸馏瓶;

B——防溅球瓶;

C——冷凝管(7 球);

D——吸收瓶;

E——导流管。

图 A.1 蒸馏装置图

A.4.2.2 蒸馏加热装置:1 000 W～1 500 W 电炉,置于升降台架上,可自由调节高度。也可使用调温电炉或能够调节供热强度的其他形式热源。

A.4.2.3 防爆沸颗粒:沸石或毛细玻璃管。

A.4.3 分析步骤

称取约 0.9 g 试样,精确至 0.000 2 g,置于蒸馏瓶中。加 300 mL 无氨的水,摇动使试料溶解。加入几粒防爆沸颗粒,将蒸馏瓶连接于蒸馏装置上。在吸收瓶中用移液管移入 50.0 mL 硫酸溶液,加 4 滴～5 滴甲基红-亚甲基蓝混合指示液,加适量水,将导流管出口位于吸收液液面下约 1.5 cm。

从蒸馏瓶口加入 20 mL 氢氧化钠溶液,马上塞上防溅球管。开通冷却水,开启蒸馏加热装置,沸腾时根据泡沫产生程度调节供热强度，避免泡沫溢出或液滴带出。蒸馏出至少 150 mL 馏出液后，用广泛 pH 试纸检查流出的液滴，如不呈碱性则结束蒸馏。用少量水冲洗导流管的下端，取下吸收瓶。

用氢氧化钠标准滴定溶液滴定吸收瓶中的吸收液，至溶液呈灰绿色为终点。

同时进行空白试验。空白试验除不加试样外其他操作及加入试剂的种类和量(标准滴定溶液除外)与测定试验相同。

A.4.4 结果计算

氯化铵(NH_4Cl)含量(以干基计)的质量分数 w_1 按式(A.1)计算：

$$w_1 = \frac{(V_0 - V_1) \times c \times M}{m \times (1 - w_2) \times 1\,000} \times 100\% \qquad \cdots\cdots (A.1)$$

式中：

V_0 ——空白试验所消耗的氢氧化钠标准滴定溶液的体积，单位为毫升(mL)；

V_1 ——滴定试验溶液所消耗的氢氧化钠标准滴定溶液的体积，单位为毫升(mL)；

c ——氢氧化钠标准滴定溶液的浓度，单位为摩尔每升(mol/L)；

M ——氯化铵的摩尔质量，单位为克每摩尔(g/mol)[$M(NH_4Cl)=53.49$]；

m ——试样的质量，单位为克(g)；

w_2 ——按 A.5 测定的干燥减量的质量分数；

1 000 ——换算因子。

试验结果以平行测定结果的算术平均值为准。在重复性条件下获得的两次独立测定结果的绝对差值不大于 0.3%。

A.5 干燥减量的测定

A.5.1 仪器和设备

A.5.1.1 电热恒温干燥箱：100 ℃～105 ℃。

A.5.1.2 称量瓶：ϕ50 mm×30 mm。

A.5.2 分析步骤

称取约 5 g 试样，精确至 0.000 2 g，置于预先于 100 ℃～105 ℃的电热恒温干燥箱中干燥至质量恒定的称量瓶中，于 100 ℃～105 ℃下干燥至质量恒定。

A.5.3 结果计算

干燥减量的质量分数 w_2 按式(A.2)计算：

$$w_2 = \frac{m_1 - m_2}{m} \times 100\% \qquad \cdots\cdots (A.2)$$

式中：

m_1——称量瓶和试样干燥前的质量，单位为克(g)；

m_2——称量瓶和试样干燥后的质量，单位为克(g)；

m ——试样的质量，单位为克(g)。

试验结果以平行测定结果的算术平均值为准。在重复性条件下获得的两次独立测定结果的绝对差值不大于 0.05%。

A.6 灼烧残渣的测定

A.6.1 仪器和设备

A.6.1.1 瓷蒸发皿：容积为 50 mL。

A.6.1.2 高温炉：能控制温度为 500 ℃～600 ℃。

A.6.2 分析步骤

称取约 10 g 试样，精确至 0.01 g，置于预先于 500 ℃～600 ℃的高温炉中灼烧至质量恒定的瓷蒸发皿中，置于电炉上加热升华，直至无白烟冒出为止，置于 500 ℃～600 ℃的高温炉中灼烧至质量恒定。

A.6.3 结果计算

灼烧残渣的质量分数 w_3 按式(A.3)计算：

$$w_3=\frac{m_1-m_2}{m}\times 100\% \qquad \text{(A.3)}$$

式中：

m_1——灼烧后瓷蒸发皿和残渣的质量，单位为克(g)；

m_2——瓷蒸发皿的质量，单位为克(g)；

m ——试样的质量，单位为克(g)。

试验结果以平行测定结果的算术平均值为准。在重复性条件下获得的两次独立测定结果的绝对差值不大于 0.1%。

A.7 澄清度试验

A.7.1 试剂和材料

A.7.1.1 浊度标准贮备液

称取 1.00 g 已于 105 ℃干燥至质量恒定的硫酸肼，加适量水溶解，必要时可在 40 ℃的水浴中温热溶解，转移至 100 mL 容量瓶中，用水稀释至刻度，摇匀，放置 4 h～6 h。取此溶液与等体积的六亚甲基四胺溶液(100 g/L)混合，摇匀，于 25 ℃±1 ℃下避光静置 24 h，制得浊度标准储备液。该溶液放置于阴凉、避光处保存，使用期为 2 个月，使用前摇匀。

A.7.1.2 浊度标准原液

用移液管移取 15.0 mL 浊度标准贮备液，置 1 000 mL 容量瓶中，用水稀释至刻度，摇匀。取适量溶液置于 1 cm 比色皿中，使用可见分光光度计，以水调零，于 550 nm 波长处测定溶液的吸光度，其吸光度应在 0.12～0.15 之间。该溶液应在 48 h 内使用，使用前摇匀。

A.7.1.3 水

本试验所用的水均为新煮沸并放冷的 GB/T 6682 规定的三级水。

A.7.2 仪器和设备

比色管：容积 100 mL，内径 15 mm～16 mm，平底，无色，一套比色管的玻璃颜色和刻线高度应相同。

A.7.3 分析步骤

A.7.3.1 浊度标准溶液的制备

用移液管移取 5.0 mL 浊度标准原液，置于 100 mL 比色管中，用水稀释至刻度，摇匀，放置 5 min。该溶液现用现配，使用前充分摇匀。

A.7.3.2 测定

称取 10.00 g±0.01 g 试样，置于比色管中，加适量水溶解，用水稀释至刻度，摇匀。在黑色背景上，于漫射光下，从水平方向观察比较，试样溶液所产生的浊度小于浊度标准溶液产生的浊度即为通过试验。

注：测定应在试样溶液配制后的 5 min 内完成。

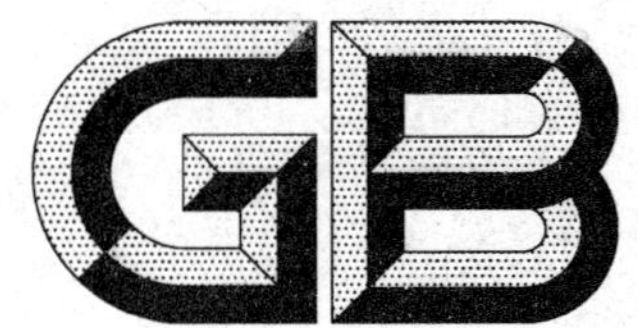

中华人民共和国国家标准

GB 31632—2014

食品安全国家标准
食品添加剂　镍

2015-01-28 发布　　　　2015-07-28 实施

中　华　人　民　共　和　国
国家卫生和计划生育委员会　发布

食品安全国家标准
食品添加剂　镍

1　范围

本标准适用于食品添加剂镍。食品添加剂镍分为海绵镍和负载型镍,海绵镍是以镍、铝合金粉为主要原料,经混合、研磨、活化、洗涤制得;负载型镍是以二氧化硅等为载体,以镍盐为活性中心,经洗涤、干燥、活化、成型制得。

2　化学名称、分子式和相对分子质量

2.1　化学名称

镍

2.2　分子式

Ni

2.3　相对分子质量

58.69(按 2011 年国际相对原子质量)

3　分类

食品添加剂镍根据用途的不同分为两类:海绵镍,多用于胺和多元醇的催化加氢;负载型镍,多用于食用油的催化加氢。

4　技术要求

4.1　感官要求

应符合表 1 的规定。

表 1　感官要求

项　目	要　求	
	海绵镍	负载型镍
色泽	灰黑色、黑色	黑色
状态	颗粒状	颗粒状
检验方法	取适量试样置于已有 25 mL 水的 50 mL 烧杯中,在自然光下观察色泽和状态	取适量试样置于 50 mL 烧杯中,在自然光下观察色泽和状态

4.2 理化指标

应符合表 2 的规定。

表 2 理化指标

项 目	指 标		检验方法
	海绵镍	负载型镍	
镍(Ni)含量(以干基计,w)/% ≥	83.0	—	附录 A 中 A.4.1
镍(Ni)含量(w)/%	—	10.0～30.0	A.4.2

附 录 A

检验方法

A.1 警示

本标准的检验方法中使用的部分试剂具有毒性或腐蚀性，操作时应采取适当的安全和防护措施。

A.2 一般规定

本标准所用试剂和水，在没有注明其他要求时，均指分析纯试剂和 GB/T 6682 规定的三级水。试验中所用制剂及制品，在没有注明其他要求时均按 GB/T 603 规定制备。所用溶液在未注明用何种溶剂配制时，均指水溶液。

A.3 鉴别试验

A.3.1 试剂和材料

A.3.1.1 盐酸。

A.3.1.2 溴水。

A.3.1.3 氨水。

A.3.1.4 丁二酮肟乙醇溶液：10 g/L，称取 1 g 丁二酮肟，溶解于 100 mL 的 95%乙醇中。

A.3.2 鉴别方法

A.3.2.1 海绵镍

称取约 0.1 g 试样溶于约 2 mL 盐酸中，用水稀释至 20 mL。取 5 mL 试液于比色管中，加几滴溴水，用氨水调至微碱性，加入 2 mL～3 mL 的丁二酮肟乙醇溶液，产生强烈的红色，并有沉淀产生。

A.3.2.2 负载型镍

取 5 mL 试样溶液(A.4.2.4.1)置于试管中，加几滴溴水，用氨水调至微碱性，加入 2 mL～3 mL 的丁二酮肟乙醇溶液，产生强烈的红色，并有沉淀产生。

A.4 镍(Ni)含量的测定

A.4.1 方法一——适用于海绵镍

A.4.1.1 方法提要

试样加酸溶解，在氨性介质中，镍与丁二酮肟乙醇溶液生成红色丁二酮肟镍的沉淀，然后洗净沉淀烘干称重。

A.4.1.2 试剂和材料

A.4.1.2.1 无水乙醇。

A.4.1.2.2 酒石酸。

A.4.1.2.3 氨水。

A.4.1.2.4 氮气。

A.4.1.2.5 盐酸溶液:1+1。

A.4.1.2.6 丁二酮肟乙醇溶液:10 g/L,称取 1 g 丁二酮肟,溶解于 100 mL 的 95%乙醇中。

A.4.1.2.7 硝酸银溶液:17 g/L。

A.4.1.3 仪器和设备

A.4.1.3.1 电热恒温水浴。

A.4.1.3.2 玻璃砂坩埚:滤板孔径 5 μm~15 μm。

A.4.1.3.3 电热恒温干燥箱:120 ℃±2 ℃。

A.4.1.4 分析步骤

A.4.1.4.1 干燥试样的制备

称取约 5 g 湿试样,置于 20 mL 烧杯中,加 10 mL 无水乙醇,摇动烧杯,静置,待乙醇澄清后倾去,重复以上步骤 5 次。将试样转移至预先于 100 ℃~105 ℃的电热恒温干燥箱中干燥至质量恒定的 30 mL的圆底烧瓶中,在约 60 ℃电热恒温水浴上真空加热干燥 5 h,用氮气将烧瓶恢复到常压并冷却至室温,称量烧瓶和干燥试样的质量。

警示:海绵镍干燥时易自燃,处理时应小心谨慎。

A.4.1.4.2 试样溶液的制备

在 200 mL 烧杯中加入 30 mL 水,加入上述干燥试样,用 50 mL 的盐酸溶液冲洗烧瓶,洗液并入烧杯,缓慢加热烧杯使试样溶解,然后冷却至室温,用中速滤纸过滤溶液至 250 mL 容量瓶中,用水稀释至刻度,得到试样溶液。

A.4.1.4.3 测定

移取 5 mL 试样溶液置 200 mL 烧杯中,加 2 g 酒石酸和 100 mL 水,加热到约 80 ℃,加 30 mL 的丁二酮肟乙醇溶液,加氨水至溶液呈微碱性,将此混合物置于蒸汽浴上加热 20 min,用预先于 120 ℃±2 ℃的电热恒温干燥箱中干燥至质量恒定的玻璃砂坩埚过滤,用热水洗涤至滤液中不含氯离子(用硝酸银溶液检验),将玻璃砂坩埚置于 120 ℃±2 ℃电热恒温干燥箱中干燥至质量恒定。

A.4.1.5 结果计算

海绵镍(Ni)含量的质量分数 w_1 按式(A.1)计算:

$$w_1=\frac{(m_3-m_2)\times 250\times 0.203\ 2}{(m_1-m_0)\times 5}\times 100\% \qquad \cdots\cdots(\text{A.1})$$

式中:

m_3 ——玻璃砂坩埚和沉淀物质量,单位为克(g);

m_2 ——玻璃砂坩埚的质量,单位为克(g);

250 ——试样溶液的总体积,单位为毫升(mL);

0.203 2——丁二酮肟镍换算成镍的系数;

m_1 ——烧瓶和干燥试样的质量,单位为克(g);

m_0 ——烧瓶的质量,单位为克(g);

5　　——分取试样溶液的体积,单位为毫升(mL)。

试验结果以平行测定结果的算术平均值为准,在重复性条件下获得的两次独立测定结果的绝对差值不大于0.3%。

A.4.2 方法二——适用于负载型镍

A.4.2.1 方法提要

试样经灰化后加酸溶解,在氨性介质中,镍与丁二酮肟乙醇溶液生成红色丁二酮肟镍的沉淀,然后洗净沉淀烘干称重。

A.4.2.2 试剂和材料

A.4.2.2.1 酒石酸。

A.4.2.2.2 氨水。

A.4.2.2.3 盐酸。

A.4.2.2.4 丁二酮肟乙醇溶液:10 g/L,称取1 g丁二酮肟,溶解于100 mL的95%乙醇中。

A.4.2.2.5 硝酸银溶液:17 g/L。

A.4.2.3 仪器和设备

A.4.2.3.1 电热恒温水浴。

A.4.2.3.2 玻璃砂坩埚:滤板孔径5 μm~15 μm。

A.4.2.3.3 高温炉:650 ℃±20 ℃。

A.4.2.3.4 电热恒温干燥箱:120 ℃±2 ℃。

A.4.2.4 分析步骤

A.4.2.4.1 试样溶液的制备

在100 mL瓷坩埚中放入一半无灰滤纸的纸浆。称取约2 g试样,精确至0.000 2 g,放于纸浆上部。置于电炉上缓慢升温,使硬脂酸酯缓慢地融入纸浆,使有机物质缓慢燃烧、炭化,再将瓷坩埚放入高温炉中,在650 ℃±20 ℃下继续加热2 h,至碳化完全,冷却,加20 mL盐酸,全部移入200 mL烧杯中,在蒸汽浴上小心蒸发至干,冷却,加20 mL盐酸,温热助溶(试样中含有硅不能完全溶解),移入500 mL容量瓶中,用水稀释至刻度摇匀。

A.4.2.4.2 测定

用中速滤纸干过滤,移取50 mL滤液置于500 mL烧杯中,用水稀释至250 mL,按照上述海绵镍的分析步骤A.4.1.4.3从"加2 g酒石酸和100 mL水……"开始进行操作。

A.4.2.5 结果计算

负载型镍(Ni)含量的质量分数w_2按式(A.2)计算:

$$w_2=\frac{(m_1-m_0)\times 500\times 0.203\ 2}{m\times 50}\times 100\% \quad \cdots\cdots(A.2)$$

式中:

m_1 ——玻璃砂坩埚和沉淀物的质量,单位为克(g);

m_0 ——玻璃砂坩埚的质量,单位为克(g);

500 ——试样溶液的总体积,单位为毫升(mL);

0.203 2——丁二酮肟镍换算成镍的系数；

m ——试样的质量，单位为克(g)；

50 ——分取试样溶液的体积，单位为毫升(mL)。

试验结果以平行测定结果的算术平均值为准，在重复性条件下获得的两次独立测定结果的绝对差值不大于0.3%。

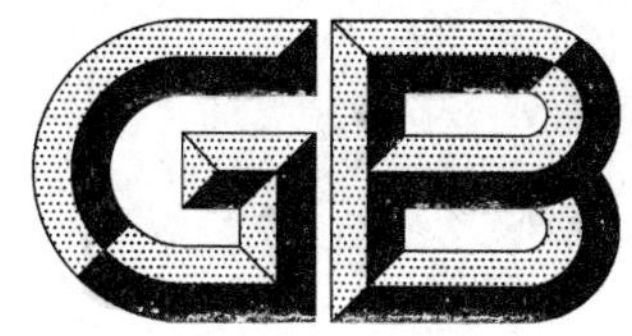

中华人民共和国国家标准

GB 31633—2014

食品安全国家标准
食品添加剂　氢气

2014-12-24 发布　　2015-05-24 实施

中　华　人　民　共　和　国
国家卫生和计划生育委员会　发布

食品安全国家标准
食品添加剂 氢气

1 范围

本标准适用于裂解、电解后经提纯生产的食品添加剂氢气。

2 分子式和相对分子质量

2.1 分子式

H_2

2.2 相对分子质量

2.02(按2011年国际相对原子质量)。

3 技术要求

3.1 感官要求

应符合表1的规定。

表1 感官要求

项 目	要 求	检验方法
色泽	无色	使用透明无色软管连接气瓶减压出口,短时间启闭一下阀门,在自然光下观察管路中的色泽和状态
状态	气体	

3.2 理化指标

应符合表2的规定。

表2 理化指标

项 目		指 标	检验方法
氢(H_2,φ)/%	≥	99.9	附录A中A.3
氧(O_2,φ)/%	≤	0.001	GB/T 3634.1
氮(N_2,φ)/%	≤	0.07	GB/T 3634.1
水分(H_2O,φ)/%	≤	0.005	GB/T 5832.2

附录A

检验方法

A.1 警示

本标准的检验方法中使用到高压气瓶，操作应采取适当的安全和防护措施。

A.2 鉴别试验

收集一试管试验气体，将试管连接一个玻璃导管，点燃导管口试验气体，火焰为淡蓝色，用干燥的烧杯罩在火焰上方有液珠出现。再迅速倒转烧杯，加入少量澄清石灰水，澄清石灰水不变浑浊。

A.3 氢(H_2)含量的测定

氢(H_2)含量的体积分数 φ，按式(A.1)计算：

$$\varphi = 100\% - (\varphi_1 + \varphi_2 + \varphi_3) \quad \cdots\cdots(A.1)$$

式中：

φ_1——按 GB/T 3634.1 测定的氧的体积分数，%；

φ_2——按 GB/T 3634.1 测定的氮的体积分数，%；

φ_3——按 GB/T 5832.2 测定的水分的体积分数，%。

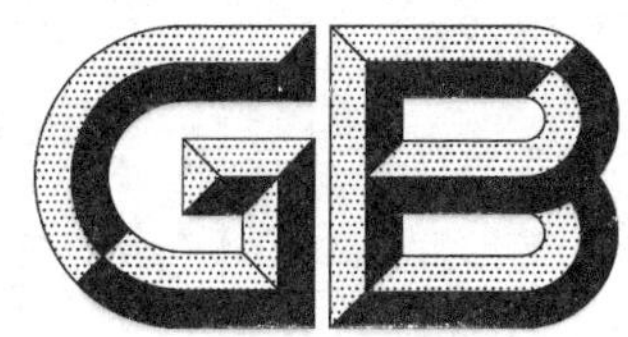

中华人民共和国国家标准

GB 31634—2014

食品安全国家标准
食品添加剂　珍珠岩

2015-01-28 发布　　　　2015-07-28 实施

中华人民共和国
国家卫生和计划生育委员会　发布

食品安全国家标准
食品添加剂　珍珠岩

1　范围

本标准适用于经加热膨胀后，研磨、破碎分级制得的食品添加剂珍珠岩。

2　技术要求

2.1　感官要求

应符合表1的规定。

表1　感官要求

项　目	要　求	检验方法
色泽	白色	取适量试样置于50 mL烧杯中，在自然光下观察色泽和状态
状态	粉末	

2.2　理化指标

应符合表2的规定。

表2　理化指标

项　目		指　标	检验方法
水可溶物(w)/%	≤	0.20	附录A中A.4
pH		5～11	A.5
干燥减量(w)/%	≤	3.0	A.6
灼烧减量(w)/%	≤	7.0	A.7
无机砷(以As计)/(mg/kg)	≤	3.0	A.8
铅(Pb)/(mg/kg)	≤	4	A.9

附 录 A

检验方法

A.1 警示

本标准的检验方法中使用的部分试剂具有毒性或腐蚀性,操作时应采取适当的安全和防护措施。

A.2 一般规定

本标准所用试剂和水,在没有注明其他要求时,均指分析纯试剂和GB/T 6682中规定的三级水。本标准试验中所需杂质测定用标准溶液、制剂和制品,在没有注明其他要求时均按GB/T 602、GB/T 603规定制备。所用溶液在未注明用何种溶剂配制时,均指水溶液。

A.3 鉴别试验

A.3.1 试剂和材料

A.3.1.1 盐酸溶液:1+3。

A.3.1.2 氨水溶液:2+3。

A.3.1.3 氢氧化钠溶液:40 g/L。

A.3.1.4 酒石酸氢钠溶液:100 g/L。现用现配。

A.3.1.5 甲基红指示液。

A.3.1.6 石蕊试纸。

A.3.2 鉴别方法

A.3.2.1 试样溶液A的制备

称取1.0 g试样,精确至0.01 g,置于100 mL烧杯中,加入25 mL的盐酸溶液混合,盖上表面皿置于水浴中加热15 min,冷却至室温并过滤。用氨水溶液调节滤液pH=4.5,并用石蕊试纸检测。滤液为试样溶液A用于铝、钾、钠的鉴别。

A.3.2.2 铝的鉴别

取5 mL试样溶液A(A.3.2.1),滴加氨水溶液,生成白色胶状沉淀,加入过量的氨水溶液,沉淀不溶解。滴加氢氧化钠溶液生成白色胶状沉淀,加入过量时沉淀溶解。

A.3.2.3 钾的鉴别

取5 mL试样溶液A(A.3.2.1),滴加酒石酸氢钠溶液,会缓慢出现白色结晶沉淀。该溶液可溶于氨水和氢氧化钠溶液中。用玻璃棒搅拌或加入少量的乙酸或乙醇可以加速沉淀的生成。

A.3.2.4 钠的鉴别

用盐酸润湿铂丝,在火焰上燃烧至无色,再蘸取少许试样溶液在火焰上燃烧,火焰即呈深黄色。

A.3.2.5 硅的鉴别

用铂丝环蘸取少量硫酸铵钠晶体，在火焰中使晶体熔融，形成熔融珠体。让熔融珠体接触样品，硅浮现在熔融珠体表面，形成一种不透明的网状的结构。

A.4 水可溶物的测定

A.4.1 仪器和设备

A.4.1.1 蒸发皿：100 mL。
A.4.1.2 滤膜过滤器：与过滤膜配套。
A.4.1.3 过滤膜：材质为聚四氟乙烯或其他材质的过滤膜，孔径为 0.45 μm。
A.4.1.4 真空泵与过滤设备。
A.4.1.5 电热恒温干燥箱：105 ℃±2 ℃。

A.4.2 试样溶液 B 的制备

称取 10.0 g 试样，精确至 0.01 g。置于 250 mL 烧杯中，加入 100 mL 水，在水浴中加热 2 h，期间搅拌，并补水至原体积。冷却后，用滤膜过滤器过滤，如滤液浑浊，再次抽滤。用水清洗烧杯和滤渣至滤液至 100 mL，此溶液为溶液 B，用于测定溶液水可溶物和 pH。

A.4.3 分析步骤

移取 50 mL 试样溶液 B 至预先于 105 ℃±2 ℃下干燥至质量恒定的蒸发皿中，在 105 ℃±2 ℃下干燥 2 h，冷却 30 min，称量。

A.4.4 结果计算

水可溶物的质量分数 w_1 按式(A.1)计算：

$$w_1 = \frac{(m_1 - m_2) \times 100}{m \times 50} \times 100\% \qquad \cdots\cdots\cdots (A.1)$$

式中：
m_1 ——干燥后残渣和蒸发皿的质量，单位为克(g)；
m_2 ——干燥后蒸发皿质量，单位为克(g)；
100——试样溶液的体积，单位为毫升(mL)；
m ——试样的质量，单位为克(g)；
50 ——移取试样溶液的体积，单位为毫升(mL)。

试验结果以平行测定结果的算术平均值为准。在重复性条件下获得的两次独立测定结果的绝对差值不大于 0.01%。

A.5 pH 的测定

A.5.1 仪器、设备

pH 计：精度 0.02。

A.5.2 分析步骤

取适量的试样溶液 B，按 GB/T 9724 的规定测定其 pH。

A.6 干燥减量的测定

A.6.1 仪器和设备

A.6.1.1 称量瓶：$\phi 30\ mm \times 25\ mm$。

A.6.1.2 电热恒温干燥箱：105 ℃±2 ℃。

A.6.2 分析步骤

在预先于 105 ℃±2 ℃下干燥至质量恒定的称量瓶中称取约 2 g 试样，精确到 0.000 2 g，在 105 ℃±2 ℃下干燥 2 h，冷却 30 min，称量。

A.6.3 结果计算

干燥减量的质量分数 w_2 按式(A.2)计算：

$$w_2 = \frac{m_1 - m_2}{m} \times 100\% \quad \cdots\cdots (A.2)$$

式中：

m_1——试样和称量瓶的质量，单位为克(g)；

m_2——干燥后试样和称量瓶质量，单位为克(g)；

m ——试样的质量，单位为克(g)。

试验结果以平行测定结果的算术平均值为准。在重复性条件下获得的两次独立测定结果的绝对差值不大于 0.2 %。

A.7 灼烧减量的测定

A.7.1 仪器和设备

A.7.1.1 瓷坩埚：50 mL。

A.7.1.2 高温炉：1 000 ℃±50 ℃。

A.7.2 分析步骤

在预先于 1 000 ℃±50 ℃下灼烧至质量恒定的瓷坩埚中称取约 0.25 g 试样，精确到 0.000 2 g，在 1 000 ℃±50 ℃下灼烧 2 h，冷却 30 min，称量。

A.7.3 结果计算

灼烧减量的质量分数 w_3 按式(A.3)计算：

$$w_3 = \frac{m_1 - m_2}{m} \times 100\% \quad \cdots\cdots (A.3)$$

式中：

m_1——试样和瓷坩埚的质量，单位为克(g)；

m_2——灼烧后试样和瓷坩埚的质量，单位为克(g)；

m —— 试样的质量，单位为克(g)。

试验结果以平行测定结果的算术平均值为准。在重复性条件下获得的两次独立测定结果的绝对差值不大于 0.5 %。

A.8 无机砷(以 As 计)的测定

A.8.1 试剂和材料

盐酸溶液:1+3。

A.8.2 试样溶液 C 的制备

称取 10 g 试样,精确至 0.01 g。置于 250 mL 烧杯中,加入 50 mL 盐酸溶液,盖上表面皿,缓慢加热至沸,并保持沸腾 15 min,冷却,静置使不溶物沉降。将溶液过滤至 100 mL 容量瓶中,用热水洗涤烧杯三次(尽量使不溶物留在烧杯内),每次 10 mL,最后用 15 mL 热水洗涤滤纸,滤液并入 100 mL 容量瓶中。冷却后用水稀释至刻度,摇匀。此溶液定为试样溶液 C,用于无机砷、铅含量的测定。

A.8.3 分析步骤

移取 10.00 mL 试样溶液 C(A.8.2),按 GB/T 5009.11 或 GB/T 5009.76 规定的方法进行测定。

A.9 铅(Pb)的测定

移取 10.00 mL 试样溶液 C(A.8.2),按照 GB 5009.12 中第一法石墨炉原子吸收光谱法或第二法氢化物原子荧光光谱法进行测定。

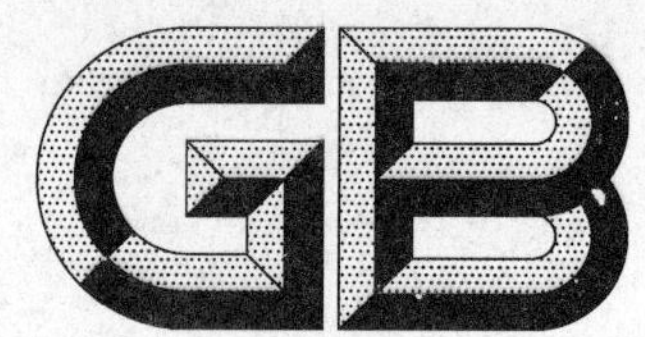

中华人民共和国国家标准

GB 31635—2014

食品安全国家标准
食品添加剂　聚苯乙烯

2014-12-24 发布　　　　2015-05-24 实施

中华人民共和国
国家卫生和计划生育委员会　发布

食品安全国家标准
食品添加剂 聚苯乙烯

1 范围

本标准适用于由苯乙烯单体经聚合反应合成的食品添加剂聚苯乙烯。

2 化学名称、结构式、分子式

2.1 化学名称

聚苯乙烯。

2.2 结构式

$$-\!\!\left(\!\!-\underset{\substack{|\\ C_6H_5}}{HC}-CH_2-\!\!\right)_n$$

2.3 分子式

$$\left[\, C_8H_8 \,\right]_n$$

3 技术要求

3.1 感官要求

应符合表1的规定。

表1 感官要求

项 目	要 求	检验方法
色泽	无色透明有光泽	取适量试样置于清洁、干燥的白瓷盘中，在自然光线下，观察其色泽和状态，并嗅其气味
状态	粉末或颗粒	
气味	无味	

3.2 理化指标

应符合表2的规定。

表 2 理化指标

项目		指标	检验方法
苯乙烯 /(mg/kg)	≤	500	GB/T 5009.59
乙苯/(mg/kg)	≤	500	GB/T 5009.59
甲苯、正丙苯、异丙苯、乙苯、苯乙烯总计 /(mg/kg)	≤	5 000	GB/T 5009.59
挥发性有机物(w)/%	≤	0.5	附录 A 中 A.4
总迁移量(w)/%	≤	4.0	A.5
铅(Pb)/(mg/kg)	≤	2.0	GB 5009.12
过氧化值		不得检出	A.6

附 录 A

检验方法

A.1 警示

本标准的检验方法中使用的部分试剂具有毒性或腐蚀性,操作时应采取适当的安全和防护的措施。

A.2 一般规定

本标准所用试剂和水在没有注明其他要求时,均指分析纯试剂和 GB/T 6682 中规定的三级水。试验中所用标准溶液、杂质测定用标准溶液、制剂及制品,在没有注明其他要求时,均按GB/T 601、GB/T 602、GB/T 603 的规定制备。试验中所用溶液在未注明用何种溶剂配制时,均指水溶液。

A.3 鉴别试验

取少量试样于燃烧匙中,置燃烧匙于酒精灯火焰中燃烧。试样易燃烧,火焰为橙黄色,试样离开火焰,试样继续燃烧,火焰为橙黄色并冒出黑烟,试样起泡、软化、产生少量的松节油气味,火焰熄灭后,燃烧匙内的试样能拉成长长的透明细丝。

A.4 挥发性有机物的测定

A.4.1 方法提要

试样经干燥后,于 90 ℃干燥 24 h 失去的质量即为挥发性有机物质。

A.4.2 试剂和材料

液氮。

A.4.3 仪器和设备

研磨仪:配有 48 μm 钛制筛网。

A.4.4 分析步骤

A.4.4.1 试样制备

颗粒试样置于液氮中冷冻数分钟,取出用研磨仪研磨,过 74 μm 和 37 μm 标准筛,取通过 74 μm 标准筛留在 37 μm 标准筛上的试样备用。

粒径小于 74 μm 粉末试样通过 74 μm 和 37 μm 标准筛,取通过 74 μm 标准筛留在 37 μm 标准筛上的试样备用。

A.4.4.2 测定

称取约 10 g 试样,将试样平铺于质量恒定的玻璃培养皿(m_0)中,置于装有无水氯化钙的干燥器,放置 48 h，称量(m_1，精确至 0.1 mg)。将称量玻璃培养皿瓶放入烘箱，于 90 ℃± 5 ℃恒温放置 24 h 取出，将称量瓶置于盛有无水氯化钙的真空干燥器中，2 h 后取出玻璃培养皿称重并记录(m_2，精确至 0.1 mg)，放回 90 ℃±5 ℃烘箱中恒温 2 h，移入盛有无水氯化钙的真空干燥器中 2 h 后称重，直至两次差值在万分之二以下为恒重。

A.4.5 结果计算

挥发性有机物质量分数 w_1 按式(A.1)计算：

$$w_1=\frac{m_1-m_2}{m_1-m_0}\times 100\% \qquad \cdots\cdots\cdots\cdots(\text{A.1})$$

式中：

m_1——经干燥器恒重后试样与玻璃培养皿的质量，单位为克(g)；

m_2——经烘箱恒重后的试样和玻璃培养皿的质量，单位为克(g)；

m_0——玻璃培养皿的质量，单位为克(g)。

试验结果以平行测定结果的算术平均值为准(计算结果保留两位有效数字)，在重复性条件下获得的两次独立测定结果的绝对差值不得超过算术平均值的 30%。

A.5 总迁移量的测定

A.5.1 方法提要

测定浸过试样的 10%乙醇溶液蒸发后的非挥发性残留物，即为总迁移量。

A.5.2 试剂和材料

乙醇溶液：10%(体积分数)。

A.5.3 仪器和设备

A.5.3.1 恒温干燥箱。

A.5.3.2 恒温振荡器。

A.5.4 分析步骤

A.5.4.1 试样制备：按照 A.4.4.1 制备。

A.5.4.2 测试液制备：称取 0.375 g 试样，于碘量瓶中，加入 500 mL 乙醇溶液，将碘量瓶置于恒温振荡器中，5 ℃± 1 ℃温度振荡 1 h，取出通过 0.2 μm 水性过滤膜或者离心分离，收集滤液作为测试液。

A.5.4.3 测定：移取 200 mL 测试液于干净的烧杯中，分次移入预先在 100 ℃ ± 5 ℃下干燥至恒重的 50 mL 玻璃蒸发皿中，取少量乙醇溶液淋洗烧杯，合并洗涤液至上述 50 mL 玻璃蒸发皿中，在水浴中蒸发至 2 mL～3 mL，置于 100 ℃ ± 5 ℃的干燥箱中干燥 2 h。取出后在干燥器内冷却 30 min 后称重，放回 100 ℃ ± 5 ℃干燥箱内干燥 1 h，移入干燥器内冷却 30 min 后称重，直至恒重，记录质量。

进行两次平行试验，随同试样进行空白试验。

A.5.4.4 结果计算：总迁移量的质量分数 w_2 按式(A.2)计算：

$$w_2=\frac{m_2-m_1-m_0}{0.375}\times\frac{500}{200}\times 100\% \qquad \cdots\cdots\cdots\cdots(\text{A.2})$$

式中：

m_2 ——经恒重后(50 mL 玻璃蒸发皿+浸泡液蒸干后迁移物)的质量，单位为克(g)；

m_1 ——经恒重后(50 mL 玻璃蒸发皿)的质量，单位为克(g)；

m_0 ——空白试验中10%乙醇蒸干后迁移物的质量,单位为克(g);

0.375—— 试样的质量,单位为克(g);

500 —— 浸泡液的体积,单位为毫升(mL);

200 —— 测试液的体积,单位为毫升(mL)。

试验结果以平行测定结果的算术平均值为准(计算结果保留两位有效数字),在重复性条件下获得的两次独立测定结果的绝对差值不得超过算术平均值的20%。

A.6 过氧化值的测定

A.6.1 方法提要

聚苯乙烯中残留的矿物油氧化过程中产生的过氧化物,与碘化钾作用,生成游离碘,使淀粉显色。

A.6.2 试剂和材料

A.6.2.1 碘化钾溶液:称取2 g碘化钾固体溶解于10 mL的水中。

A.6.2.2 淀粉指示剂:称取0.5 g淀粉,量取100 mL水,先用少量水把淀粉调成糊状,取90 mL水在电炉上加热至微沸,倒入糊状淀粉,再用剩余的水冲洗烧杯数次,洗液倒入烧杯中,煮沸3 min。

A.6.3 分析步骤

A.6.3.1 试样制备

按照A.4.4.1制备。

A.6.3.2 测试液制备

称取5.0 g试样,置于250 mL碘量瓶中,加入150 mL三氯甲烷,用锡纸包住碘量瓶震荡萃取16 h,萃取结束,过滤,收集滤液于另一碘量瓶中,用铝箔纸包好碘量瓶,往滤液中通氮气15 min。

A.6.3.3 测定

往试样溶液加入1 mL碘化钾溶液,紧密塞好瓶盖,震荡0.5 h,加50 mL煮沸并冷却的水,加1 mL~2 mL淀粉指示剂,充分摇匀,观察水层颜色,颜色未变化即为未检出。

后　记

2014年制修订国家标准共1611项，分58册出版。

1. 2014年度发布的顺延上年度标准编号的新制定的国家标准，从GB 30487—2014开始，至GB 31635—2014结束，收入在《中国国家标准汇编》2014年“制定”卷第609～637分册中，共29册，收入国家标准934项。其中1项新制定的环境保护类国家标准未在我社出版，故未收入。

2. 2014年度发布的非顺延上年度标准编号的新制定的国家标准和全部修订的国家标准，收入在2014年修订-1～修订-29分册中，共29册，收入国家标准677项。其中4项修订的环境保护类国家标准未在我社出版，故未收入。

3. GB 10054.1—2014、GB/T 17173.3—2014、GB/T 20404—2014、GB/T 30502—2014、GB/T 30674—2014五项标准因故延迟出版。

中国标准出版社

2015年8月